普通高等教育
软件工程"十二五"规划教材

12th Five-Year Plan Textbooks
of Software Engineering

计算机
组成原理

张光河 ◎ 主编

刘芳华 万隆昌 ◎ 编

周琪云 ◎ 主审

U0191460

Principles of
Computer Organization

人民邮电出版社

北 京

图书在版编目（CIP）数据

计算机组成原理 / 张光河主编；刘芳华，万隆昌编
. -- 北京：人民邮电出版社，2013.9（2022.7重印）
普通高等教育软件工程"十二五"规划教材
ISBN 978-7-115-32142-8

Ⅰ. ①计… Ⅱ. ①张… ②刘… ③万… Ⅲ. ①计算机
组成原理－高等学校－教材 Ⅳ. ①TP301

中国版本图书馆CIP数据核字(2013)第174633号

内 容 提 要

本书是"基于卓越人才培养模式的硬件课程体系建设和教学模式改革"教学改革研究课题的重要成果之一。全书按照普通高等院校计算机专业本科生的教学要求，并根据"计算机组成原理"课程教学大纲及硕士研究生入学考试的要求编写而成。共分为7章：第1章总体介绍了计算机组成原理的基本概念及应用领域；第2章介绍了计算机运算的方法，包括定点数与浮点数的算术运算；第3章介绍了存储器相关的知识，包括主存储器、高速缓冲存储器和虚拟存储器等；第4章重点介绍了计算机的核心部件中央处理器，主要包括微程序控制与设计，硬布线逻辑控制器及相关知识；第5章介绍了指令系统，包括指令的格式、方式，复杂指令集和精简指令集；第6章介绍了总线结构和分类，总线通信与控制等知识；第7章介绍了输入输出系统，包括程序中断、存储器直接存取和通道等。本书每章之后附有习题，包括基础题和提高题。基础题可用于学生日常学习或教学布置练习时使用，提高题则适用于准备考硕士研究生的同学使用。

本书可作为普通高等院校计算机组成原理课程的教材，也可供计算机及相关专业的教学人员、科研人员或其他相关人员使用。高职高专类学校也可以选用本教材，使用时可以根据学校和学生的实际情况略去某些章节。

- ◆ 主　　编　张光河
　　编　　　　刘芳华　万隆昌
　　主　　审　周琪云
　　责任编辑　刘　博
　　责任印制　彭志环　焦志炜
- ◆ 人民邮电出版社出版发行　　北京市丰台区成寿寺路11号
　　邮编　100164　电子邮件　315@ptpress.com.cn
　　网址　http://www.ptpress.com.cn
　　固安县铭成印刷有限公司印刷
- ◆ 开本：787×1092　1/16
　　印张：11.75　　　　　　　2013年9月第1版
　　字数：321千字　　　　　2022年7月河北第14次印刷

定价：29.80元

读者服务热线：(010)81055256　印装质量热线：(010)81055315
反盗版热线：(010) 81055316

前　言

　　本书根据普通高等院校计算机专业本科生的教学要求，并按照"计算机组成原理"教学大纲的规定，同时在参考全国硕士研究生入学统考《计算机组成原理》的考试大纲的基础上编写而成，全书系统地讲解了"计算机组成原理"的基础知识、基本概念和基本方法，将计算机内部运行机制全面地展现在读者眼前。作者在总结"计算机组成原理"课程教学工作经验的基础上，结合本课程及专业的发展趋势、前导课程及后续课程的情况安排了本书的内容。

　　计算机组成原理是计算机专业的一门核心课程，本课程可以相对独立地分为计算机硬件和计算机软件两大部分。其特点是涉及知识面比较广泛，内容比较丰富，无论是硬件还是软件，其发展都可以用日新月异来形容。本书始终坚持突出基础知识、基本概念和基本方法，加强实践能力的人才培养目标，力求介绍基础知识时由浅入深、由易到难的原则，行文时力求言简意赅、清晰明了，把作者主持"基于卓越人才培养模式的硬件课程体系建设和教学模式改革"教学改革研究课题的成果和心得尽可能地反映和体现在本教材之中。

　　作者在设计和挑选教材内容时，做了以下处理：

　　（1）考虑到对于大多数高校而言，尽管"数字逻辑"是本课程的先导课程，但绝大部分学生在学习本课程时都不是太记得如数制和编码、数据的表示方法这些内容，因此本书在第 2 章中增加了这些内容以便学生们更好地进入学习状态，对于学生基础相当扎实的学校，本节可以选讲甚至略过不讲；

　　（2）在第 3 章存储器介绍虚拟存储器时，简单描述了页式、段式和段页式 3 种虚拟存储器，这可能与部分操作系统中的内容重复，教师授课时亦可根据学生的实际情况跳过；

　　（3）在第 4 章中介绍流水线相关的内容，在计算机体系结构中亦有提及，教学过程中可酌情处理；

　　（4）在第 6 章中介绍总线时，为了让学生更加直观地了解总线，特意引入了PC 机上已经基本淘汰的 ISA 及 EISA 总线，也介绍了最新的 USB 总线，以此帮助学生理解总线。

　　全书共 7 章：第 1 章为概述，对计算机的由来、组成、发展、性能指标及应用进行了简要介绍；第 2 章介绍了计算机运算方法，其中数制与编码和数据的表示方法均为预备知识，而定点及浮点数的加减乘除的计算方法，则是本章的重点，掌握这些计算方法，才能更好地理解计算机运算的原理及方法；第 3 章主要介绍了存储器相关的知识，包括存储器的种类、技术指标、主存储器、高速缓冲存储器、虚拟存储器和外部存储器；第 4 章是计算机的核心部件中央处理器，主要介绍了微程序控制和设计、硬布线逻辑控制器、CPU 的最新进展；第 5 章为指令系统，主要介绍了指令格式、寻址方式，还介绍了复杂指令集和精简指令集；第 6 章介绍了总线的结构和分类、通信和控制，并列举了常用的总线；第 7 章主要介绍了程序中断处理，存储器直接存取方式、通道方式，最后简单地介绍了输入输出设备及 I/O 接口。

本书内容新颖，重点突出，语言精练易懂，便于自学，可作为高等院校计算机及相关专业的教材，也可以作为工程技术人员的参考书。本书的前导课程为数字逻辑，后续课程包括计算机系统结构。教学安排可以在 60～90（推荐学时数为 64，即每周共 4 节课，共授课 16 周）学时之间选择，并可以根据学校的实际情况适当开展基于某些教学实验箱的教学实验。此外还至少应该完成课后习题中的基础题，准备考硕的学生可以完成提高题以检验自己的水平。本书附录中 5 套试题可用于本课程期末考试时复习使用，也可用于教师检查学生的学习情况时使用。

参加本书编写的还有刘芳华老师和万隆昌老师，本书出版还得到了人民邮电出版社编辑刘博和曹慧的大力支持和帮助，在此深表感谢！感谢本书在编写过程中给予过支持和帮助的郭义榕、胡韵、彭丽丽、熊慧敏、李绵、刘收银、叶藤、殷饶斌、胡涂强和熊玮等同学！感谢在本书成书过程中其他很多不知道名字的同学所给予的支持和帮助！

作者在编写本教材的过程中，参阅了大量的相关教材和专著，也在网上找了很多资料，在此向各位原著作者致敬和致谢！

由于作者水平有限，加上时间仓促，书中难免存在各种不妥或错误，恳请读者批评指正！

作者邮箱：guanghezhang@163.com

作　者
2013 年 5 月

目 录

第1章
计算机组成概述

计算机组成（computer composition）指的是系统结构的逻辑实现，包括计算机内的数据流和控制流的组成及逻辑设计等。计算机组成的任务是在指令集系统结构确定分配给硬件系统的功能和概念结构之后，研究各组成部分的内部构造和相互联系，以实现机器指令集的各种功能和特性。这种联系包括各功能部件的内部和相互作用。计算机组成要解决的问题是在所希望达到的性能和价格下，怎样最佳、最合理地把各个设备和部件组成计算机。计算机组成设计要确定的方面应包括：

（1）数据通路宽度：数据总线上一次并行传送的信息位数。

（2）专用部件的设置：是否设置乘除法、浮点数运算、字符处理、地址运算等专用部件，设置的数量与计算机要达到的速度、价格及专用部件的使用频度等有关。

（3）各种操作对部件的共享程度：分时共享使用程度高，虽限制了速度，但价格便宜。设置部件多会降低共享程度，但因操作并行度提高，可提高速度，不过价格也会提高。

（4）功能部件的并行度：是用顺序串行，还是用重叠、流水或分布式控制和处理。

（5）控制机构的组成方式：用硬联还是微程序控制，是单机处理还是多机或功能分布处理。

（6）缓冲和排队技术：部件间如何设置及设置多大容量的缓冲器来协调它们的速度差。用随机、先进先出、先进后出、优先级，还是循环方式来安排事件处理的顺序。

（7）预估、预判技术：为优化性能用什么原则预测未来行为。

（8）可靠性技术：用什么冗余和容错技术来提高可靠性。

本章主要从整体上介绍计算机的产生、组成、发展历程及性能指标，最后给出计算机的主要应用领域。我们首先来看下第一部分：计算机是如何产生的。

1.1　计算机的由来

市场很多书籍和教材上对计算机可以追溯的历史都描述得十分清楚，我甚至见过不只一本书还提及了中国的算盘是计算机的鼻祖。事实上，从目前已经公开的资料来看，计算机的由来该从1940年1月Bell实验室的Samuel Williams和Stibitz制造成功了一个能进行复杂运算的计算机开始讲起，这个计算机大量使用了继电器，并借鉴了一些电话技术，采用了先进的编码技术。

Atanasoff和学生Berry在1941年夏季完成了能解线性代数方程的计算机，取名叫"ABC"（Atanasoff-Berry Computer），用电容作存储器，用穿孔卡片作辅助存储器，那些孔实际上是"烧"上的。时钟频率是60Hz，完成一次加法运算用时一秒。

1941年12月，德国人Zuse制作完成了Z3计算机的研制。这是第一台可编程的电子计算机。可处理7位指数、14位小数。使用了大量的真空管。每秒种能做3～4次加法运算。一次乘法需要3～5秒。

1943年到1959年的计算机通常被称作第一代计算机。这代计算机的特点是使用真空管，所有的程序都是用机器码编写，使用穿孔卡片。

在 1943 年 1 月，自动顺序控制计算机 Mark I 在美国研制成功。整个机器有 51 英尺长，重 5 吨，75 万个零部件，使用了 3 304 个继电器，60 个开关作为机械只读存储器。程序存储在纸带上，数据可以来自纸带或卡片阅读器。被用来为美国海军计算弹道火力表。

Max Newman、Wynn-Williams 和他们的研究小组在 1943 年 4 月研制成功 "Heath Robinson"，这是一台密码破译机，严格说不是一台计算机。但是其使用了一些逻辑部件和真空管，其光学装置每秒钟能读入 2 000 个字符。同样具有划时代的意义。

1943 年 9 月，Williams 和 Stibitz 完成了 "Relay Interpolator"，后来命名为 "Model II Relay Calculator"。这是一台可编程计算机，同样使用纸带输入程序和数据。其运行更可靠，每个数用 7 个继电器表示，可进行浮点运算。

在英国于 1943 年 12 月推出了最早的可编程计算机，包括 2 400 个真空管，目的是为了破译德国的密码，每秒能翻译大约 5 000 个字符，但使用完后不久就遭到了毁坏。据说是因为在翻译俄语的时候出现了错误。

ENIAC（Electronic Numerical Integrator and Computer）是第一台真正意义上的数字电子计算机。开始研制于 1943 年，完成于 1946 年。负责人是 John W. Mauchly 和 J. Presper Eckert。重 30 吨，18 000 个电子管，功率 25 千瓦。主要用于计算弹道和氢弹的研制。

1.2 计算机的组成

一台完整的计算机应该包括硬件和软件两部分，硬件与软件协同工作，才能使计算机正常运行并发挥出作用。因此，对计算机的认识不能只关注硬件部件，如 CPU、硬盘、内存和主板等，而还应该考虑到计算机软件部分，包括操作系统和上层应用软件。将整个计算机看做是一个系统，其层次结构如图 1-1 所示。

第 0 层为高级语言，如面向对象语言 Java、C#，面向过程的语言 C；第 1 层为汇编语言，如 8086 系列汇编；第 2 层为操作系统，如 Windows、Linux；第三层为机器语言；第四层为微程序设计；第 5 层为底层硬件，包括 CPU、内存、硬盘等。接下来开始分别介绍计算硬件和软件。

图 1-1 计算机组成层次结构

1.2.1 计算机硬件

计算机硬件（Computer Hardware）是指计算机系统中由电子、机械和光电元器件等组成的各种物理装置的总称。这些物理装置按系统结构的要求构成一个有机整体为计算机软件运行提供物质基础。简言之，计算机硬件的功能是输入并存储程序和数据，以及执行程序把数据加工成可以利用的形式。

从计算机之父冯·诺依曼提出的计算机运行原理和体系架构来看，计算机的硬件分成 5 大组成部件：运算器、控制器、存储器、输入设备和输出设备。其中，运算器和控制器是计算机的核心，合称中央处理单元（Central Processing Unit，CPU）或处理器。CPU 的内部还有一些高速存储单元，被称为寄存器。其中运算器执行所有的算术和逻辑运算；控制器负责把指令逐条从存储器中取出，经译码后向计算机发出各种控制命令；而寄存器为处理单元提供操作所需要的数据。

存储器是计算机的记忆部分，用来存放程序以及程序中涉及的数据。它分为内部存储器和外部存储器。内部存储器用于存放正在执行的程序和使用的数据，其成本高、容量小，但速度快。外部存储器可用于长期保存大量程序和数据，其成本低、容量大，但速度较慢。

输入设备和输出设备统称为外部设备，简称外设或 I/O 设备，用来实现人机交互和机间通信。微型机中常用的输入设备有键盘、鼠标等，输出设备有显示器、打印机等。

计算机硬件的典型结构主要包括单总线结构、双总线结构和采用通道的大型系统结构。

（1）单总线结构：图 1-2 就是单总线的计算机系统结构，即用一组系统总线将计算机的各部件连接起来，各部件之间可以通过总线交换信息。这种结构的优点是易于扩充新的 I/O 设备，并且各种 I/O 设备的寄存器和主存储器可以统一编址，使 CPU 访问 I/O 设备更方便灵活；其缺点是同一时刻只能允许挂在总线上的一对设备之间相互传送信息，即只能分时使用总线，这限制了信息传送的吞吐量。这种结构一般用在小型和微型计算机中。

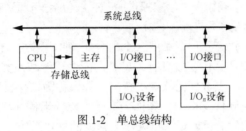

图 1-2　单总线结构

（2）双总线结构：为了消除信息传送的瓶颈，常设置多组总线，最常见的是在内存和 CPU 之间设置一组专用的高速存储总线。以 CPU 为中心的双总线结构如图 1-3 所示，将连接 CPU 和外围设备的系统总线称为输入输出（I/O）总线。这种结构的优点是控制线路简单，对 I/O 总线的传送速率要求很低，缺点是 CPU 的工作效率很低，因为 I/O 设备与主存之间的信息交换要经过 CPU 进行。

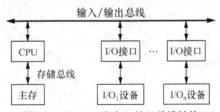

图 1-3　以 CPU 为中心的双总线结构

以存储器为中心的双总线结构如图 1-4 所示，主存储器可通过存储总线与 CPU 交换信息，同时还可以通过系统总线与 I/O 设备交换信息。这种结构的优点是信息传送速率高，缺点是需要增加新的硬件投资。

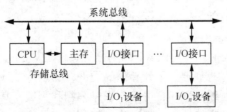

图 1-4　以存储器为中心的双总线结构

（3）采用通道的大型系统结构：为了扩大系统的功能和提高系统的效率，在大、中型计算机系统中采用通道结构。在这种结构中，一台主机可以连接多个通道，一个通道可以连接一台或多台 I/O 设备，所以它具有较大的扩展余地。另外，由通道来管理和控制 I/O 设备，减轻了 CPU 的负担，提高了整个系统的效率。

1.2.2 计算机软件

计算机软件（Computer Software）是指计算机系统中的程序及其文档。程序是计算任务的处理对象和处理规则的描述，文档是为了便于了解程序所需的阐明性资料。程序必须装入机器内部才能工作，文档一般是给人看的，不一定装入机器。软件是用户与硬件之间的接口界面。软件是计算机系统设计的重要依据，用户主要是通过软件与计算机进行交流。一般来说，计算机软件可分为系统软件和应用软件两大类。

1）系统软件

系统软件是由计算机厂家或第三方厂家提供的，一般包括操作系统、语言处理程序、计算机语言和数据库系统以及其他服务程序等。

操作系统是管理计算机软、硬件资源的一个平台。简单地说，操作系统就是一些程序，这些程序能够被硬件读懂，使计算机变成具有"思维"能力、能和人类沟通的机器。操作系统是应用程序和硬件沟通的桥梁。没有任何软件支持的计算机称为"裸机"（Bare-Computer）。现在的计算机系统是经过若干层软件支撑的计算机，操作系统位于各种软件的最底层，是与计算机硬件关系最为密切的系统软件。目前计算机配置的常见的操作系统为 Windows、UNIX、Linux、OS/2 等。

语言处理程序：对于不同的系统，机器语言并不一致，所以任何语言编制的程序，最后都需要转换成机器语言，才能被计算机执行。语言处理程序的任务，就是将各种高级语言的源程序翻译成机器语言表示的目标程序。语言处理程序按处理方式不同，可分为解释型程序与编译型程序两大类。前者对源程序的处理采用边解释边执行的方法，并不形成目标程序，称作对源程序的解释执行；后者必须先将源程序翻译成目标程序才能执行，称作对源程序的编译执行。

数据库管理系统：数据处理在计算机应用中占有很大比例，对于大量的数据如何存储、利用和管理，如何使多个用户共享同一数据资源，是数据处理中必须解决的问题，为此 20 世纪 60 年代末开发出了数据库系统，使数据处理成为计算机应用的一个重要领域。数据库系统主要由数据库（Data Base，DB）和数据库管理系统（Data Base Management System，DBMS）组成。

服务性程序：服务性程序是一类辅助性程序，它主要用于检查、诊断计算机的各种故障。

计算机语言：计算机语言是面向计算机的人工语言，它是进行程序设计的工具，又被称为程序设计语言。现在的程序设计语言一般可以分为：机器语言、汇编语言、高级语言。

机器语言：机器语言是最初级且依赖于硬件的计算机语言，是用二进制代码表示的。机器语言是计算机唯一可以直接识别和执行的语言。

汇编语言：为了克服机器语言难读、难编、难记和易出错的缺点，人们就用与二进制代码指令含义相近的英文缩写词、字母和数字等符号来取代指令代码（如用 ADD 表示运算符号"+"的机器代码），于是就产生了汇编语言。

高级语言：高级语言是人工设计的语言，因为是对具体的算法进行描述，所以又称算法语言。它是面向问题的程序设计语言，且独立于计算机的硬件，其表达方式接近于被描述的问题，易被人们理解和掌握。用高级语言编写程序，可简化程序编制和测试，其通用性和可移植性好。在计算机上，高级语言程序不能被直接执行，必须将它们翻译成具体的机器语言程序才能执行。

2）应用软件

为解决计算机各类问题而编写的程序称为应用软件，它用于计算机的各个领域，各种科学计算的软件和软件包、各种管理软件、各种辅助软件和过程控制软件等。由于计算机的应用日益普及，应用软件的种类和数量在不断增加，功能不断齐全，使用更加方便，通用性越来越强，人们只要简单掌握一些基本操作方法就可以利用这些软件进行日常工作的处理。常见的应用软件可以分为以下几种。

文字处理软件：文字处理软件主要用于编辑各类文件，对文字进行排版、存储、传送及打印等。文字处理软件可以方便地起草文件、通知、信函等，在办公自动化方面有着重要的作用。

表处理软件：表处理软件主要用于对文字和数据的表格进行编辑、计算、存储、打印等，并具有数据分析统计、绘图等功能。

数据处理软件：数据处理软件是对数据进行存储、分析、综合、排序、归并、检索、传递等操作，用户可以根据自己对数据的分析、处理的特殊要求编制程序。数据处理软件提供与多种高级语言接口，用户在高级语言编制的程序中，可调用数据库中的数据。常用的数据处理软件有 Oracle、MySQL、MSSQL 等。

专家系统：专家系统是利用某个领域的专家知识来解决某些问题的计算机系统。专家系统由知识库、推理求解以及人机接口 3 大部分组成。用户通过人机接口进行咨询，求解系统利用知识库中的推理求解后做出答复。目前，在教学、医疗、气象、石油、地质等多种教学系统投入了使用。计算机之所以能发挥其强大的功能，除了与硬件系统相关外，还与软件系统有着密切的关系。计算机软件是指挥计算机自动运行的程序系统、相关的数据及文档。软件是管理和使用计算机的技术，起着充分发挥硬件功能的作用。

1.3 计算机发展历程

整个计算机发展的历程大致可分为以下几个阶段：第一代计算机的标志是电子管；第二代计算机的标志是晶体管；第三代计算机的标志是中小规模集成电路；第四代计算机则是以大规模和超大规模集成电路为基础。很多书籍和文献都有提到第五代计算机甚至是第六代计算机，但学术界对此提法并没有达成一致。

1）第一代计算机

20 世纪 40 年代中期，美国宾夕法尼亚大学电工系由莫利奇和艾克特领导，为美国陆军军械部阿伯丁弹道研究实验室研制了一台用于炮弹弹道轨迹计算的"电子数值积分和计算机"（Electronic Numerical Integrator and Calculator，ENIAC）。这台叫做"埃尼阿克"的计算机占地面积 170 平方米，总重量 30 吨，使用了 18 000 只电子管，6 000 个开关，7 000 只电阻，10 000 只电容，50 万条线，耗电量 140 千瓦，可进行 5 000 次加法/秒运算。这个庞然大物于 1946 年 2 月 15 日在美国举行了揭幕典礼。这台计算机的问世，标志着电脑时代的开始。

20 世纪 50 年代是计算机研制的第一个高潮时期，那时的计算机中的主要元器件都是用电子管制成的，后人将用电子管制作的计算机称为第一代计算机。这个时期的计算机发展有 3 个特点：即由军用扩展至民用，由实验室开发转入工业化生产，同时由科学计算扩展到数据和事务处理。以"埃尼阿克"为代表，一批计算机迅速推向市场，形成了第一代计算机族。在这一时期，美籍匈牙利科学家冯·诺伊曼提出了"程序存储"的概念，其基本思想是把一些常用的基本操作都制成电路，每一个这样的操作都用一个数代表，于是这个数就可以只令计算机执行某项操作。程序员根据解题的要求，用这些数来编制程序，并把程序同数据一起放在计算机的内存储器里。当计算机运行时，它可以依次以很高的速度从存储器中取出程序里的一条条指令，逐一予以执行，以完成全部计算的各项操作，它自动从一个程序指令进到下一个程序指令，作业顺序通过"条件转移"指令自动完成。"程序存储"使全部计算成为真正的自动过程，它的出现被誉为电子计算机史上的里程碑，而这种类型的计算机被人们称为"冯·诺伊曼机"。

第一代计算机是以电子管为主要电路元件的电子计算机。从 1946 年至 1957 年生产的"电子管计算机"都是第一代计算机。第一代计算机的主要特点是体积较大，运算速度较低，存储容量不大，而且价格昂贵。使用也不方便，为了解决一个问题，所编制的程序的复杂程度难以表述。这一代计算机主要用于科学计算，只在重要部门或科学研究部门使用。

2）第二代计算机

第二代电子计算机是用晶体管制造的计算机。1954 年，美国贝尔实验室研制成功第一台使用晶体管线路的计算机，取名"催迪克"（TRADIC），装有 800 个晶体管。1955 年，美国在阿塔拉斯洲际导弹上装备了以晶体管为主要元器件的小型计算机。10 年以后，在美国生产的同一型号的导弹中，由于改用集成电路元器件，重量只有原来的 1/100，体积与功耗减少到原来的 1/300。

1958 年，美国的 IBM 公司制成了第一台全部使用晶体管的计算机 RCA501 型。由于第二代计算机采用晶体管逻辑元器件，及快速磁芯存储器，计算速度从每秒几千次提高到几十万次，主存储器的存贮量，从几千提高到 10 万以上。

1959 年，IBM 公司又生产出全部晶体管化的的电子计算机 IBM7090。

1958～1964 年，晶体管电子计算机经历了大范围的发展过程。从印刷电路板到单元电路和随机存储器，从运算理论到程序设计语言，不断的革新使晶体管电子计算机日臻完善。

1961 年，世界上最大的晶体管电子计算机 ATLAS 安装完毕。

1964 年，中国制成了第一台全晶体管电子计算机 441-B 型。

第二代计算机的主要特点是采用晶体管作为电子器件，生产时间大约从 1958 年到 1964 年，其运算速度比第一代计算机的速度提高了近百倍，体积为原来的几十分之一。在软件方面开始使用计算机算法语言。这一代计算机不仅用于科学计算，还用于数据处理和事务处理及工业控制。

3）第三代计算机

1958 年德州仪器的工程师 Jack Kilby 发明了集成电路（Integrated Circuit，IC），将 3 种电子元器件结合到一片小小的硅片上。这一事件揭开了第三代计算机的序幕，之后更多的元器件集成到单一的半导体芯片上，计算机变得更小，功耗更低，速度更快。第三代计算机的基本电子元器件是每个基片上集成几个到十几个电子元器件（逻辑门）的小规模集成电路和每片上几十个元器件的中规模集成电路。以小规模集成电路（每片上集成几百到几千个逻辑门）、大规模集成电路（Large-Scale Integration，LSI）来构成计算机的主要功能部件，集成电路是把多个电子元器件集中在几平方毫米的基片上形成的逻辑电路。

第三代计算机中软件技术的进一步发展，尤其是操作系统的逐步成熟是其显著特点。多处理机、虚拟存储器系统以及面向用户的应用软件的发展，大大地丰富了计算机软件资源。计算机语言发展到第三代时，就进入了"面向人类"的语言阶段。第三代语言也被人们称为"高级语言"。高级语言是一种接近于人们使用习惯的程序设计语言。它允许用英文写解题的计算程序，程序中所使用的运算符号和运算式子都和我们日常用的数学式子差不多。高级语言容易学习，通用性强，书写出的程序比较短，便于推广和交流，是很理想的一种程序设计语言。高级语言发展于 20 世纪 50 年代中叶到 70 年代，有些流行的高级语言已经被大多数计算机厂家采用，固化在计算机的内存里，如 BASIC 语言（已有不少于 128 种不同的 BASIC 语言在流行，当然其基本特征是相同的）。除了 BASIC 语言外，还有 FORTRAN（公式翻译）语言、COBOL（通用商业语言）、C 语言、DL/I 语言、PASCAL 语言、ADA 语言等 250 多种高级语言。这一时期的发展还包括使用了操作系统，使得计算机在中心程序的控制协调下可以同时运行许多不同的程序。为了充分利用已有的软件，解决软件兼容问题，出现了系列化的计算机。最有影响的是 IBM 公司研制的 IBM-360 计算机系列。

这个时期的另一个特点是小型计算机的应用。DEC 公司研制的 PDP-8 机、PDP-11 系列机以及后来的 VAX-11 系列机等，都曾对计算机的推广起了极大的作用。其特征是用晶体管代替了电子管；大量采用磁芯做内存储器，采用磁盘、磁带等做外存储器；体积缩小、功耗降低、运算速度提高到每秒几十万次基本运算，内存容量扩大到几十万字。

总的来说，第三代计算机的主要特征是以中、小规模集成电路为电子元器件，并且出现操作系统，使计算机的功能越来越强，应用范围越来越广，时间大概从 1965 年到 1971 年。它们不仅用于科学计算，还用于文字处理、企业管理、自动控制等领域，出现了计算机技术与通信技术相结合的信息管理系统，可用于生产管理、交通管理、情报检索等领域。

4）第四代计算机

第四代计算机是指从 1971 年以后采用大规模集成电路（LSI）和超大规模集成电路（Very Large-Scale Integration，VLSI）为主要电子元器件制成的计算机。通过将 CPU 浓缩在一块芯片上的微型机的出现与发展，掀起了计算机大普及的浪潮，例如，80386 微处理器，在面积约为 10mm × 10mm 的单个芯片上，可以集成大约 32 万个晶体管。

1969 年，英特尔（Intel）公司受托设计一种计算器所用的整套电路，公司的一名年轻工程师费金（Federico Fagin）成功地在 4.2 × 3.2 的硅片上，集成了 2 250 个晶体管。这就是第一个微处理器——Intel 4004。它是 4 位的。在它之后，1972 年初又诞生了 8 位微处理器 Intel 8008。1973 年出现了第二代微处理器（8 位），如 Intel 8080（1973）、M6800（1975，M 代表摩托罗拉公司）、Z80（1976，Z 代表齐洛格公司）等。1978 年出现了第三代微处理器（16 位），如 Intel 8086、Z8000、M68000 等。1981 年出现了第四代微处理器（32 位），如 iAPX432、i80386、MAC-32、NS-16032、Z80000、HP-32 等。它们的性能都与 20 世纪 70 年代大中型计算机大致相匹敌。微处理器的两三年就换一代的速度，是任何技术也不能比拟的。

第四代计算机的一个重要分支是以大规模、超大规模集成电路（VLSI）为基础发展起来的微处理器和微型计算机，这一阶段，软件行业一日千里，出现了数据库管理系统、网络管理系统和面向对象语言，这些产品使 IT 行业成为全球经济的亮点之一。

上述四代计算机的特点可以总结如表 1-1 所示。

表 1-1   四代计算机的特点

分类	特点	起止时间
第一代计算机	电子管	1946～1957 年
第二代计算机	晶体管	1958～1964 年
第三代计算机	中小规模集成电路	1965～1971 年
第四代计算机	大规模和超大规模集成电路	1972 年至今

需要指出的是，作者查了很多关于四代计算机的起止时间的书籍和资料，结果发现每一代计算机的起止时间并不一致，如第一代计算机有的资料就认为终止时间是 1958 年，即以美国的 IBM 公司制成了第一台全部使用晶体管的计算机 RCA501 为标志。又如第三代计算机的结束时间，有些资料认为是 1971 年，但有些资料认为是 1970 年，笔者认为其标志该是 1969 年英特尔（Intel）公司设计了一个集成电路。

5）最新发展情况

计算机网络是计算机技术和通信技术紧密结合的产物，它涉及通信与计算机两个领域。它的诞生使计算机体系结构发生了巨大变化，在当今社会经济中起着非常重要的作用，它对人类社会的进步作出了巨大贡献。从某种意义上讲，计算机网络的发展水平不仅反映了一个国家的计算机科学和通信技术水平，而且已经成为衡量其国力及现代化程度的重要标志之一。

从 20 世纪 50 年代开始，人们及各种组织机构使用计算机来管理他们信息的速度迅速增长。早期限于技术条件使得当时的计算机都非常庞大和非常昂贵，任何机构都不可能为雇员个人提供使用整个计算机，主机一定是共享的，它被用来存储和组织数据、集中控制和管理整个系统。所有用户都有连接系统的终端设备，将数据库录入到主机中处理，或者是将主机中的处理结果通过集中控制的输出设备取出来。它最典型的特征是：通过主机系统形成大部分的通信流程，构成系统的所有通信协议都是系统专有的，大型主机在系统中占据着绝对的支配作用，所有控制和管理功能都是由主机来完成的。

专家们认为，在 21 世纪超级计算机将是决定谁能在经济和科学技术上居于领先地位的关键因素。美国国防部曾声称"超级计算机是计算技术的顶峰。如果超级计算机的研究与开发落后于外国，国家安全将受到威胁"。美、日以及西欧各国围绕超级计算机，即万亿次量级的超级巨型计算机，已开展激烈的争夺战，都想捷足先登，先发制人。为此，他们各施高招组织人力、物力、财力，制订了发展超级计算机的 5 年或 10 年计划。

a）超级计算机

美国政府制订了"超级计算机与通信"（HPC&C）的发展计划。美国国防部也把超级计算列为"21 世纪科研关键技术"之一，仅此项，投资就达 17 亿美元。为了保证在 1995～2000 年分别研制成功万亿次和百万亿次量级的高性能超级巨型计算机，美国国防部还准备拨款 21 亿美元以支持此项研究任务的按期完成。如果此项计划得以圆满完成，将使美国今后十年的国民经济总产值增加 2 000～3 000 亿美元。

日本也不甘落后，他们对美国发展万亿次量级的巨型机极为关注，计算机业界反应十分强烈，积极主张动用三倍于美国的巨额投资，集中人力、物力、财力，开展高技术基础设施的建设（包括 10 个巨型机中心）。日本政府依据知识阶层与计算机业界的强烈呼声，于 1992 年制订了国家直接领导、统一指挥，组织政府相关部门、计算机界厂商、高等学府联合研究、成果共享、全面开发的国策，并把大规模并行计算机列为国家 20 世纪 90 年代的重点发展项目。日本政府依据此国策制订了为期 10 年的"真实世界计算机计划"（RWC 计划），其中有两项是发展万亿次量级超级巨型计算机的计划。日本计算机业界则雄心勃勃，企图从美国人的手中抢占巨型机霸主的世界领导权。

西欧对于并行处理技术的研究以及并行机产品的研制也已有良好的基础，特别是德、英、法对发展并行机系统十分重视，并于 1991 年制订了"Tera-Flop 计划"（即研制万亿次量级的大规模并行计算机），旨在 5 年内推出万亿次量级的超级巨型计算机。

近五年来的实践表明，要实现万亿次量级超级巨型机非并行机型莫属，即唯有大规模并行处理机才能胜任。传统向量多处理系统是不行的，这是因为单个 CPU 的速度总会受到物理极限的制约，其性能总是有限的，即使采用多处理机结构形式，因其紧耦合势必制约了微处理器的数量，最终导致系统性能有限而无法攻克万亿、百万亿次量级的难关。因此，只有并行机才能担负攀登万亿次量级的大关，挑起计算机业界的历史使命。

b）量子计算机

量子计算机，早先由理查德·费曼提出，一开始是从物理现象的模拟而来的。可他发现当模拟量子现象时，因为庞大的希尔伯特空间使资料量也变得庞大，一个完好的模拟所需的运算时间变得相当可观，甚至是不切实际的天文数字。理查德·费曼当时就想到，如果用量子系统构成的计算机来模拟量子现象，则运算时间可大幅度减少。量子计算机的概念从此诞生。量子计算机在 20 世纪 80 年代多处于理论推导等纸上谈兵状态。一直到 1994 年彼得·秀尔（Peter Shor）提出量子质因子分解算法后，因其对于通行于银行及网络等处的 RSA 加密算法可以破解而构成威胁之后，量子计算机变成了热门的话题。除了理论之外，也有不少学者着力于利用各种量子系统来实现量子计算机。

2007 年 2 月，加拿大 D-Wave 系统公司宣布研制成功 16 位量子比特的超导量子计算机（尚未经科学检验），如果他们是诚信的，这个工作的意义就非常重大，或许可实际应用的量子计算机会在几年内出现，量子计算机的时代真的要开始了！

2010 年 3 月 31 日，德国于利希研究中心发表公报：德国超级计算机成功模拟 42 位量子计算机，该中心的超级计算机 JUGENE 成功模拟了 42 位的量子计算机，在此基础上研究人员首次能够仔细地研究高位数量子计算机系统的特性。

2009 年 11 月 15 日，世界首台可编程的通用量子计算机正式在美国诞生，据美国《新科学家》网站报道，世界上首台可编程的通用量子计算机近日在美国面世。不过根据初步的测试程序显示，该计算机还存在部分难题需要进一步解决和改善。科学家们认为，可编程量子计算机距离实际应用已为期不远。

早在一年前，美国国家标准技术研究院的科学家们已经研制出一台可处理 2 量子比特数据的量子计算机。由于量子比特比传统计算机中的"0"和"1"比特可以存储更多的信息，因此量子计算机的运行效率和功能也将大大突破传统计算机。据科学家介绍，这种量子计算机可用作各种大信息量数据的处理，如密码分析和密码破译等。

在传统计算机中，采用的是二进制"0"和"1"比特物理逻辑门技术来处理信息，而在量子计算机中，采用的则是量子逻辑门技术来处理数据。对于这种技术，美国国家标准技术研究院科学家大卫—汉内克解释说，"例如，一个简单的单一量子比特门，可以从'0'转换成'1'，也可以从'1'转换成为'0'"。这种转换就使得计算机存储能力不仅仅是以倍数级增加。与传统计算机的物理逻辑门不同的是，美国国家标准技术研究院所研制的这台可编程量子计算机中的量子逻辑门均已编码成为一个激光脉冲。这台实验量子计算机使用铍离子来存储量子比特。当激光脉冲量子逻辑门对量子比特进行简单逻辑操作时，铍离子就开始旋转运行。制造一个量子逻辑门的方法首先要设计一系列激光脉冲来操纵铍离子进行数据处理，然后再利用另一个激光脉冲来读取计算结果。

这台可编程量子计算机的核心部件是一个标有金黄图案的铝晶片，其中包含了一个直径大约 200 微米的微型电磁圈。在这个电磁圈中，科学家放置了四个离子，其中两个是镁离子，两个是铍离子。镁离子的作用是"稳定剂"，它可以消除离子链的意外振动，以保持计算机的稳定性。由于量子比特可能产生多种操作可能，因此科学家们在实验中随机选取了 160 次可能操作，进行演示来验证处理器的通用性。每次操作都用 31 个不同的量子逻辑门去将 2 个量子比特编码至一个激光脉冲中。

科学家们将这 160 种程序每一种都运行了 900 次。通过对测试数据对比和理论预测，科学家们发现，这个芯片基本可以按既定程序工作。不过，科学家们也承认，它的准确率目前只有 79%。汉内克表示，"每个量子逻辑门的准确率均为 90%以上，但是当所有量子逻辑门都综合起来使用，整体准确率却下降到 79%"。对此，科学家认为，造成这种误差主要是因为每次激光脉冲的强度不同。汉内克解释说，"由于这些脉冲不是直线的，它们是波动的，因此就会引起这种误差。此外，光线的散射和反射等原因，也会造成这种误差的产生"。

科学家们相信，随着更多的测试和改进，这种误差将会越来越小。通过改进激光的稳定性和减少光学硬件设备的误差，可以提高芯片运行的准确率，直到芯片的准确率提升到 99.99%，它才可以作为量子计算机的主要部件使用，这台可编程量子计算机才可真正地投入实际应用。

1.4　计算机的性能指标

计算机的性能指标主要由机器字长、存储容量和运算速度三方面来决定，实际衡量时可用性价比这一指标。

1）机器字长

机器字长是指计算机进行一次整数运算所能处理的二进制数据的位数（整数运算即定点数运算）。机器字长也就是运算器进行定点数运算的字长，通常也是 CPU 内部数据通路的宽度。即字长越长，数的表示范围也越大，精度也越高。机器的字长也会影响机器的运算速度。倘若 CPU 字长较短，又要运算位数较多的数据，那么需要经过两次或多次的运算才能完成，这样势必影响整机的运行速度。微型计算机的机器字长已经从 4 位、8 位、16 位发展到 32 位，并正进入 64 位的时代。

机器字长与主存储器字长通常是相同的，但也可以不同。不同的情况下，一般是主存储器字长小于机器字长，如机器字长是 32 位，主存储器字长可以是 32 位，也可以是 16 位，当然，两者都会影响 CPU 的工作效率。

机器字长对硬件的造价也有较大的影响。它将直接影响加法器（或 ALU）、数据总线以及存储字长的位数。所以机器字长的确不能单从精度和数的表示范围来考虑。

2）存储容量

存储容量是指存储器可以容纳的二进制信息量，用存储器中存储地址寄存器 MAR 的编址数与存储字位数的乘积表示。

主存容量可以以字为单位计算，也可以以字节为单位来计算。在以字节为单位时，约定以 8 位二进制代码为一个字节（Byte，缩写为 B）。主存容量变化范围是较大的，同一台机器能配置的容量大小也有一个允许的变化范围。

如下表所示，习惯上将 1024B 表示为 1KB，1024KB 为 1MB，1024MB 为 1GB，1024GB 为 1TB。

表 1-2　　　　　　　　　　　　　　　存储容量的单位

单位	进制	bit
KB	1KB =1024B	2^{10}
MB	1MB=1024KB	2^{20}
GB	1GB=1024MB	2^{30}
TB	1TB =1024GB	2^{40}

3）运算速度

运算速度是衡量计算机性能的一项重要指标。通常所说的计算机运算速度（平均运算速度），是指单位时间内所能执行的指令条数，一般用"百万条指令/秒"（Million Instructions Per Second，MIPS）来描述。微机一般采用主频来描述运算速度，主频越高，运算速度就越快。

1946 年诞生的 ENIAC，每秒只能进行 300 次各种运算或 5000 次加法，是名副其实的计算用的机器。此后的 50 多年，计算机技术水平发生着日新月异的变化，运算速度越来越快，每秒运算已经跨越了亿次、万亿次级。2002 年 NEC 公司为日本地球模拟中心建造的一台"地球模拟器"，每秒能进行的浮点运算次数接近 36 万亿次，堪称超级运算的冠军。

运算速度是评价计算机性能的重要指标，其单位应该是每秒执行多少条指令。而计算机内各类指令的执行时间是不同的，各类指令的使用频度也各不相同。计算机的运算速度与许多因素有关，对运算速度的衡量有不同的方法。

为了确切地描述计算机的运算速度，一般采用"等效指令速度描述法"。根据不同类型指令在使用过程中出现的频繁程度，乘以不同的系数，求得统计平均值，这时所指的运算速度是平均运算速度。

4）性价比

性能价格比（Performance/Cost）简称性价比，是性能与价格的比值（Performance/Cost）。它的比值越大性价比越高。需要说明的是，性能和价格都是广义的。性能包括产品使用、审美和服务。价格包括购买价格和使用过程发生的维修费用，即整个产品生命周期的费用。性价比即"性能价格比"，是用来权衡商品在客观的可买性上所做的量化。性价比=性能/价格（Capacity/Price），反映了单位付出所购得的商品性能。性价比高，则物超所值，买家可考虑出手。性价比的变化可能分为 3 种。性价比增加，可能由于性能增加的速率大于价格增加的速率，也可能由于性能减少的速率低于价格降低的速率，或因为性能增长而同时价格下调；性价比减少，则与上述关系相反；性价比不变，说明性能和价格的变化率相同。性价比增加的一个典型事例是当今电子商品和信息产品，随着科技的进步，电子商品的性能上升飞速，但由于制造水平的提高及成本的下跌，同型号产品的价格不断下跌，造成了性价比的提高。在买家购买商品时，将性价比作为考虑是十分有帮助的。相反，只关注价格的低廉往往会忽视性能的不足。

在其他语言中也有类似性价比的概念，但经常将性能和价格倒置，即其度量与汉语的性价比成反比。如英语（price/performance ratio）。

1.5　计算机的应用

计算机的诞生及其飞速的发展，正在影响着人们的生活。自 1946 年世界上第一台计算机在美国问世至今不过半个多世纪，可现在人们很难设想没有计算机的生活会怎样。计算机应用分为数值计算和非数值应用两大领域。非数值应用又包括工厂自动化、办公室自动化、家庭自动化和人工智能等领域。从基础科学到近代尖端科学技术，从宇宙宏观世界到原子微观世界，计算机帮助人们发现新的科学规律，使实验性科学成为更严密的科学，已出现像计算化学、计算生物学、计算天文学等一些新的分支学科。以下为计算机的应用领域：

1. 科学计算

科学计算也称为数值计算，早期的计算机主要用于科学计算。目前，科学计算仍然是计算机应用的一个重要领域。如高能物理、工程设计、地震预测、气象预报、航天技术等。由于计算机具有高运算速度和精度以及逻辑判断能力，因此出现了计算力学、计算物理、计算化学、生物控制论等新的学科。

2. 过程检测与控制

利用计算机对工业生产过程中的某些信号自动进行检测，并把检测到的数据存入计算机，再根据需要对这些数据进行处理，这样的系统称为计算机检测系统。特别是仪器仪表引进计算机技术后所构成的智能化仪器仪表，将工业自动化推向了一个更高的水平。

3. 信息管理

信息管理也可称为数据处理，是目前计算机应用最广泛的一个领域，是利用计算机来加工、管理与操作任何形式的数据资料，如企业管理、物资管理、报表统计、账目计算、信息情报检索等。近年来，国内许多机构纷纷建设自己的管理信息系统（MIS）。生产企业也开始采用制造资源规划软件（MRP），商业流通领域则逐步使用电子信息交换系统（EDI），即所谓无纸贸易。

4. 计算机辅助系统

计算机辅助设计、制造、测试（CAD/CAM/CAT）。用计算机辅助进行工程设计、产品制造、性能测试；办公自动化：用计算机处理各种业务、商务，处理数据报表文件，进行各类办公业务的统计、分析和辅助决策；经济管理：国民经济管理，公司企业经济信息管理、计划与规划、分析统计、预测、决策，物资、财务、劳资、人事等管理；情报检索：图书资料、历史档案、科技资源、环境等信息检索自动化，建立各种信息系统；自动控制：工业生产过程综合自动化，工艺过程最优控制、武器控制、通信控制、交通信号控制；模式识别：应用计算机对一组事件或过程进行鉴别和分类，它们可以是文字、声音、图像等具体对象，也可以是状态、程度等抽象对象。

5. 人工智能

开发一些具有人类某些智能的应用系统，用计算机来模拟人的思维判断、推理等智能活动，使计算机具有自学习适应和逻辑推理的功能，如计算机推理、智能学习系统、专家系统、机器人等，帮助人们学习和完成某些推理工作。

6. 多媒体

随着计算机应用的逐步深入，普通用户更多地被计算机的娱乐应用深深吸引住了，在多媒体方面，包括声音、图像、动画和视频，而不再是早期的文本。越来越多的用户除了使用计算机做计算和文字工作，还会用来看电影、听歌和玩游戏等。现在新的趋势是智能手机的广泛应用，这一设备不能简单地认为是普通的通话工具，而该被认为是计算机微型化的结果。

有人会问，如此高性能的计算机与老百姓生活有什么关系呢？从应用的角度看，计算机的应用是潮流，更是财富。以日本和韩国的造船业为例，由于采用先进的计算机技术，这两个国家的造船工人人数从十几万下降到两万多，年造船排水量近千万吨，我国有 30 万造船工人，年造船 300 万吨排水量，效率相差数十倍。在当今时代，制造业拼人力是不行的，一定要靠计算机技术提高产业水平。

在谈到计算机的应用时我们总会提到普及率，这与计算机对社会的影响和贡献有什么必然的联系吗？当然有。简单理解，计算机普及率低说明应用水平落后。计算机在我国的普及率不到 10%，而美国是 50%以上。从统计上来说，任何一项技术普及率到 50%时，才可以说对社会经济生活产生巨大效益。在美国波音公司，飞机从设计到制造，全部是计算机来完成的，整个过程看不到一张图纸。日本的造船也是如此，从船的设计到造完全是无纸化的。计算机的外形也不是我们过去熟悉的样子，对我们生活的影响无处不在。未来计算机不仅具有非凡的记忆功能，而且具有判断能力，真正成为人脑的延伸。但目前的计算机的功能与人脑相比还相差很远。现代计算机虽然"智商"很高，具有人无法相比的计算速度，但"情商"很低。未来的计算机网络就像今天的电网一样，我们一按开关，信息就流进来。

1.6 小 结

本章主要介绍了计算机的由来、组成、发展历程、性能指标和应用。计算机的发展是随着微电子技术、半导体制造技术的发展而发展的，微型计算机是计算机发展到第四代才出现的一个非常重要的分支，它的发展是以微处理器的发展为标志的。

微型计算机（Microcomputer）由微处理器、存储器和 I/O 接口电路以及输入/输出设备组成。微处理器又称为中央处理单元，即 CPU（Central Processing Unit），是微型计算机的核心，它是将运算器和控制器集成在一块硅片上而制成的集成电路芯片。

存储器（又称为主存或内存）用来存储程序或数据。计算机要执行的程序以及要处理的数据都要事先装入到内存中才能被 CPU 执行或访问。有关位、字节、字、字长、存储单元地址、存储容量等概念以及内存读/写操作原理等。

输入/输出接口是微机与输入/输出设备之间信息交换的桥梁。不同的外设必须通过不同的 I/O 接口才能与微机相连。因此，I/O 接口是微型计算机应用系统不可缺少的重要组成部件。

　　微型计算机体系结构的特点之一是采用总线结构，通过总线将微处理器、存储器以及 I/O 接口电路等连接起来。所谓总线，是指计算机中各功能部件间传送信息的公共通道。总线可分为三类：地址总线 AB（Address Bus)、数据总线 DB（Data Bus)、控制总线 CB（Control Bus)。

　　计算机的工作就是运行程序，通过逐条地从存储器中取出指令并执行指令规定的操作来实现某些特定的功能，因此软件是微型计算机系统不可缺少的组成部分。微型计算机的软件包括系统软件和用户（应用）软件两大类。

习 题 1

（一）基础题

一、综合应用题

1. 电子计算机的发展已经经历了 4 代，这 4 代计算机的主要元件分别是（　　）。
    A. 电子管、晶体管、中小规模集成电路、激光器件
    B. 晶体管、中小规模集成电路、激光器件、光介质
    C. 电子管、晶体管、中小规模集成电路、大规模集成电路
    D. 电子管、数码管、中小规模集成电路、激光器件

2. 微型计算机中直接执行的语言和用助记符编写的语言分别是（　　）。
    I. 机器语言　II. 汇编语言　III. 高级语言　IV. 操作系统原语　V. 正则语言
    A. II、III　　　　B. II、IV　　　　C. I、II　　　　D. I、V

3. 到目前为止，计算机中所有的信息仍以二进制方式表示的理由是（　　）。
    A. 节约元器件　　　　　　　B. 运算速度快
    C. 由物理器件的性能决定　　D. 信息处理方便

4. 下列关于 CPU 存取速度的比较中，正确的是（　　）。
    A. Cache>内存>寄存器　　　B. Cache>寄存器 >内存
    C. 寄存器>Cache>内存　　　D. 寄存器>内存>Cache

5. 下列说法中正确的是（　　）。
    A. 寄存器的设置对汇编语言是透明的
    B. 实际应用程序的测试结果能够全面代表计算机的性能
    C. 系列机的基本特性是指令系统向后兼容
    D. 软件和硬件在逻辑功能上是等价的

6. 关于相联存储器，下列说法正确的是（　　）。
    A. 只可以按地址寻址
    B. 只可以按内容寻址
    C. 即可以按地址寻址也可以按内容寻址
    D. 以上说法均不完善

7. 计算机操作的最小单位时间（　　）。
    A. 时钟周期　　　B. 指令周期　　　C. CPU 周期　　　D. 中断周期

8. 当前设计高性能计算机的重要技术是（　　）。
    A. 提高 CPU 主频　　　　　　B. 扩大主存容量

    C. 采用非冯·诺依曼　　　　　　　D. 采用并行处理技术

二、综合应用题

1. 什么是存储程序原理？按此原理，计算机应具有哪几大功能？

2. 微机 A 和 B 是采用不同主频的 CPU 芯片，片内逻辑电路完全相同。

1）若 A 机的 CPU 主频为 8MHz，B 机为 12MHz，则 A 机的 CPU 时钟周期为多少？

2）若 A 机的平均指令执行周期为 0.4MIPS，那么 A 机的平均指令执行速度为多少？

（二）提高题

1.【2009 年计算机联考真题】冯·诺依曼计算机中指令和数据均以二进制形式存放在存储器中，CPU 区分它们的依据是（　　　）。

    A. 指令操作码的译码结果　　　　　B. 指令和数据的寻址方式

    C. 指令周期的不同阶段　　　　　　D. 指令和数据所在的存储单元

2.【2010 年计算机联考真题】下列选项中，能缩短程序执行时间的措施是（　　　）。

    I. 提高 CPU 的时钟频率　　II. 优化数据通路结构　　　III. 对程序进行编译优化

    A. 仅 I 和 II　　　　B. 仅 I 和 III　　　　C. 仅 II 和 III　　　　D. I、II、III

3.【2011 年计算机联考真题】下列选项中，描述浮点数操作速度指标的是（　　　）。

    A. MIPS　　　　　B. CPI　　　　　C. IPC　　　　　D. MFLOPS

第2章
计算机运算方法

　　计算机内部的信息可分为数据信息和控制信息。数据信息是计算机加工处理的对象，控制信息是控制着数据信息加工处理的全过程。本章主要讲述数制与编码、数据的表示方法、定点数加减法运算、乘法和除法运算、浮点数运算和算术逻辑单元。尽管我们在本课程的前导课程数字逻辑中均已经学过本章第一节和第二节的部分甚至全部内容，但对大部分同学而言，很有必要简单快速地复习一遍以便我们更好地学习本书的内容。

2.1　数制与编码

　　对于非计算机专业的人来说，可能接触的最多的是十进制数，因为从幼儿园甚至更早开始，我们接触到的就是十进制。但在我们认识了时钟之后，我们就会渐渐懂得十进制以外的事情。本节我们会依次介绍数制及其转换，BCD 码和检验码。

2.1.1　数制及其转换

1. 二进制、八进制、十进制、十六进制的基本概念

　　数制也称计数制，是指用一组固定的符号和统一的规则来表示数值的方法。按进位的方法进行计数，称为进位计数制。在日常生活中和计算机中，采用的都是进位计数制。一般来说，比较常用的进位计数制包括二进制、八进制、十进制、十六进制。

　　二进制：二进制是计算机技术中使用最广泛的一种数制，使用 0 和 1 两个数码来表示。在计算机中，则是以电平的高低来表示，通常高电平代表"1"，低电平代表"0"。它的基数为 2，进位规则是"逢二进一"，借位规则是"借一当二"，由 18 世纪德国数理哲学大师莱布尼兹发现。二进制具有实现简单、适合计算机运算、可靠性高等优点，但也存在着一定的不足，如表示效率太低、书写不便等。如$(255)_{10}=(11111111)_2$，十进制 255 需要二进制的 8 位来表示，当数码很大时，书写起来相当费事。由此便引进了八进制和十六进制。

　　十进制：日常生活中的进位计数制都是十进制。表示方法有：$(1234567890)_{10}$、1234567890。

　　八进制：规则和二进制相似，八进制由 0~7 表示数码，进位规则是"逢八进一"，借位规则是"借一当八"。八进制表示方式$(12345670)_8$、12345670Q。

　　十六进制由 0~9、A~F(a~f)表示数码，A~F(a~f)分别对应十进制的 10~15，进位规则是"逢十六进一"，借位规则是"借一当十六"。十六进制表示方式$(1234567890ABCDEF)_{16}$、1234567890ABCDEFH、0x1234567890ABCDEF（编程中使用十六进制，如内存地址都是用十六进制表示的）。

之所以"引进"这两种机制，主要是为了书写方便，在机器内表示其实并无差别，仍是二进制。

2. 数制转换

（1）二进制转换为八进制和十六进制

对于一个二进制混合数（既包含整数部分，又包含小数部分），在转换时应以小数点为界。其整数部分，从小数点开始往左数，将一串二进制数分为 3 位（八进制）一组或 4 位（十六进制）一组，在数的最左边可根据需要加"0"补齐；对于小数部分，从小数点开始往右数，也将一串二进制数分为 3 位一组或 4 位一组，在数的最右边也可根据需要加"0"补齐。最终使总的位数成为 3 或 4 的整数倍，然后分别用对应的八进制或十六进制取代。

同样，由八进制或十六进制转换成二进制，只需将每一位改为 3 或 4 位二进制数即可（必要时去掉整数最高位或者小数最低位的 0）。八进制和十六进制之间的转换也能方便地实现，十六进制转换为八进制（或八进制转换为十六进制）时，先将十六进制（八进制）转换为二进制，然后由二进制转换为八进制（十六进制）较为方便。

（2）任意进制转换为十进制

将任意进制的数各位数码与它们的权值相乘，再把乘积相加，就得到了一个十进制数。这种方法称为按权展开相加法。例如，

$$(11011.1)_2 = 1 \times 2^4 + 1 \times 2^3 + 0 \times 2^2 + 1 \times 2^1 + 1 \times 2^0 + 1 \times 2^{-1} = 27.5$$

（3）十进制转换为任意进制

一个十进制数转换为任意进制数，常采用基数乘除法。这种转换方法对十进制数的整数部分和小数部分将分别进行处理，对于整数部分用除基取余法；对于小数部分用乘基取整法，最后将整数部分与小数部分的转换结果拼接起来。

除基取余法（整数部分的转换）：整数部分除基取余，最先取得的余数为数的最低位，最后取得的余数为数的最高位（即除基取余，先余为低，后余为高），商为 0 时结束。

乘基取整法（小数部分的转换）：小数部分乘基取整，最先取得的整数为数的最高位，最后取得的整数为数的最低位（即乘基取整，先整为高，后整为低），乘积为 0（或满足精度要求）时结束。

【例 2-1】将十进制数 123.6875 转换成二进制数。

整数部分：

	除基	取余	
2	1 2 3	1	最低位
2	6 1	1	
2	3 0	0	
2	1 5	1	
2	7	1	
2	3	1	
2	1	1	最高位
	0		

故整数部分 $123 = (1111011)_2$

小数部分：

乘基取整

$$0.6875$$
$$\times \quad 2$$
$$\overline{1.3750} \qquad 1 \qquad 最高位$$
$$\times \quad 0.3750$$
$$\underline{\quad 2}$$
$$0.7500 \qquad 0$$
$$\times \quad 2$$
$$\overline{1.5000} \qquad 1$$
$$0.5000$$
$$\times \quad 2$$
$$\overline{1.0000} \qquad 1 \qquad 最低位$$

故小数部分 $0.6875=(0.1011)_2$

所以，$123.6875=(1111011.1011)_2$

2.1.2　BCD 码

二进制编码的十进制数（Binary-Coded Decimal，BCD）通常采用 4 位二进制数表示 1 位十进制数中的 0～9 十个数码。这样的编码方法能快速实现二进制和十进制之间的转换。由于 4 位二进制数可以实现 16 种编码，所以定有 6 种状态为冗余状态。下面列出几种常用的 BCD 码。

1. 8421 码

8421 码是一种最为常用的有权码，设其各位的数值为 b_3、b_2、b_1、b_0，则权值从高到低依次为 8、4、2、1，则它表示的十进制数为 $D=8b_3+4b_2+2b_1+1b_0$。如十进制数 8 的 8421 码为 1000，9 的 8421 码为 1001。

如果两个 8421 码相加之和小于或等于 $(1001)_2$，即 $(9)_{10}$，则不需要修正；如果相加之和大于或等于 $(1010)_2$，也即 $(10)_{10}$，则需要加 6 修正（从 1010 到 1111 这 6 个为无效编码，当运算结果落于这个区间时，需要将运算结果加上 6），并向高位进位，进位可以在首次相加或修正时产生。

		4+9=13		9+7=16	
1+8=9		0100		1001	
0001		+ 1001		+ 0111	
+ 1000		1101		10000	进位
1001		+ 0110	修正	+ 0110	修正
不需要修正		10011	进位	10110	

2. 2421 码

2421 码也是一种有权码，权值由高到低分别为 2、4、2、1，特点是大于等于 5 的 4 位二进制数中最高位为 1，小于 5 的最高位为 0。

例如：十进制数 5 的 2421 码是 1011 而不是 0101。

3. 余 3 码

这是一种无权码，是在 8421 码的基础上加上 $(0011)_2$ 形成的，因为每个数都多余 "3"，所以称为余 3 码。

如：十进制数 8 的余 3 码为 1011，9 的余 3 码为 1100。

2.1.3 校验码

校验码是指能够发现或能够自动纠正错误的数据编码，也称为检错纠错编码。校验码的原理是通过增加一些冗余码来检验或纠错编码。

通常某种编码都由许多码字构成，任意两个合法码字之间各位值不同的二进制位数的最小值，称为数据校验码的码距。对于码距不小于 2 的数据校验码，开始具有检错的能力。码距越大，检、纠错能力就越强，而且检错能力总是大于或等于纠错能力。下面介绍 3 种常用的校验码。

1. 奇偶校验码

该编码是在原编码的基础上再加一个校验位（一般位于原编码的最左边或最右边），它的码距等于 2，可以检测出奇数位错误，但是不能确定出错的位置，不能检测出偶数位错误，增加的冗余位称为奇偶校验位。

奇偶校验实现方法：由若干位有效信息（如一个字节），再加上一个二进制位（校验位）组成校验码。校验位的取值为"0"或"1"使得整个校验码中"1"的个数为奇数或偶数，所以有两种供选择的校验规律。

奇校验：整个校验码（包含有效信息位和校验位）中"1"的个数为奇数。

偶校验：整个校验码（包含有效信息位和校验位）中"1"的个数为偶数。

奇偶校验码具有局限性，奇偶校验只能发现数据代码中奇数位出错情况，但不能纠正错误，因此奇偶校验码属于检错码。常用于对存储器数据的检查或者传输数据的检查。

【例 2-2】给出两个编码 1001101 和 1010111 的奇校验码和偶校验码。

设最高位为校验位，余 7 位是信息位，则对应的奇偶校验码为：

| 1001101 | 11001101（奇校验） | 01001101（偶校验） |
| 1010111 | 01010111（奇校验） | 11010111（偶校验） |

下面将要介绍的海明校验码和循环冗余校验码均属纠错码。

2. 海明校验码

海明码是广泛采用的一种有效的校验码，它实际上是一种多重奇偶校验码。其实现原理是在有效信息位中加入几个校验位形成海明码，并把海明码的每一个二进制位分配到几个奇偶校验组中，当某一位出错后，就会引起有关的几个校验位的值发生变化，这可以发现错位，还能指出出错的位置，为自动纠错提供了依据。

这里只介绍具有检出和校正一位错误的海明码。前述的奇偶校验方法，将整个有效信息作为一组进行奇偶校验，每次只能提供一位检错信息，用以指示出错，而不能指出出错位。如果将有效信息按某种规律分成若干组，每组安排一个校验位，做奇偶测试，就能提供多位检错信息，以指出最大可能是哪位出错，从而将其纠正。这就是海明校验的基本思想。从这种意义上讲，海明校验实质上是一种多重奇偶校验。

1）校验位的位数

对有效信息进行分组测试，校验位的位数与有效信息的长度有关。

设校验码为 N 位，其中有效信息位为 n 位，校验位为 k 位，分成 k 组作奇偶校验，这样能产生 k 位检错信息。这 k 位信息可指出 2^k 种状态，其中的一种状态表示无错，其余的组合状态就能指出 2^k-1 位中某位出错。

如果要求海明码能指出并纠正一位错误，则它应满足如下关系式：

$$N=n+k \leqslant 2^k-1$$

例如，$k=3$，则 $N=n+k\leq7$，所以 $n\leq4$。

也就是 4 位有效信息应配上 3 位校验位。根据上述关系式，可以算出不同长度有效信息编成海明码所需要的最少校验位数。

2）分组原则

在海明码中，位号数（1，2，3，…，n）为 2 的权值的那些位作为奇偶校验位（2^0，2^1，2^2，…，2^{r-1} 位），并记作 P_1，P_2，P_3，…，P_r，余下各位则为有效信息位。

例如，与 $N=1$、$n=7$、$k=4$ 相应的海明码可示意为

位号　　　1　2　3　4　5　6　7　8　9　10　11

P_i 占位　P_1　P_2　×　P_3　×　×　×　P_4　×　×　×

其中，×均为有效信息。海明码中的每一位被 P_1，P_2，P_3，…，P_r 中的一至若干位所校验。

例如，N_5 即校验码中第 5 位被 P_1 和 P_3 所校验，N_7 即校验码中第 7 位被 P_1、P_2 和 P_3 所校验。

这里有一个规律：第 i 位由校验位位号之和等于 i 的那些校验位所校验。每一个校验位，可校验它以后的一些确定位置上的有效信息，并包括它本身，例如，P_1 可校验海明码中第 1、第 3、第 5、第 7、第 9、第 11 位，P_2 可校验第 2、第 3、第 6、第 7、第 10、第 11 位。每个校验位校验到的各位形成一个组，校验位的取值仍采用奇偶校验方式确定。

3）编码、查错与纠错

以 4 位有效信息和 3 位校验位，来说明编码、查错和纠错规则。

设 4 位有效信息为 b_1、b_2、b_3、b_4，3 位校验位为 P_1、P_2、P_3，海明校验码的序号和分组如表 2-1 所示。

表 2-1　　　　　　　　　　　　　$n=4$，$k=3$ 的海明码序号和分组

海明码序号	1	2	3	4	5	6	7
含义	P_1	P_2	b_1	P_3	b_2	b_3	b_4
第 3 组				4	5	6	7
第 2 组		2	3			6	7
第 1 组	1		3		5		7

表中的每个小组只有一位校验位，第一组是 P_1，第二组是 P_2，第三组是 P_3；每个校验位，校验着它本身和它后面的一些确定位。

编码规则：若有效信息 $b_1b_2b_3b_4=1011$，则先将它分别填入第 3、第 5、第 6、第 7 位，再分组进行奇偶统计，分别填入校验位 P_1、P_2、P_3 的值。这里每个分组均采用偶校验，因此要保证 3 组校验位的取值都满足偶校验规则。如第 1 组为 $P_1b_1b_2b_4$，又 $b_1b_2b_4$ 含偶数个 1，所以 P_1 应取值位 0；同理可得，$P_2=1$，$P_3=0$。这样就得到了海明码编码为 $P_1P_2b_1P_3b_2b_3b_4=0110011$。

查错与纠错规则：分组校验，能指出错误所在的准确位置。分 3 组校验时若每组都产生一个检错信息，则 3 组共 3 个检错信息便构成指误字。这里的指误字由 $G_3G_2G_1$ 组成，其中，$G_3=P_3\oplus b_2\oplus b_3\oplus b_4$，$G_2=P_2\oplus b_1\oplus b_3\oplus b_4$，$G_1=P_1\oplus b_1\oplus b_2\oplus b_4$。采用偶校验，在没有出错的情况下，$G_3G_2G_1=000$。因为在分组时，就确定了每一位参加校验的组别，所以指误字能准确地指出错误所在位置。例如，第 3 位 b_1 出错，由于 b_1 参加了第 1 组和第 2 组的校验，必然破坏了第 1 组和第 2 组的奇偶性质，从而使 G_1 和 G_2 为 1，又由于 b_1 没有参加第 3 组校验，故 G_3 仍为 0，这就构成了一个指误字 $G_3G_2G_1=011$，它指出第 3 位出错。反之，若 $G_3G_2G_1=111$，则表示海明码第 7 位 b_4 出错，因为只有第 7 位 b_4 参加了 3 个小组的校验，而且第 7 位出错才能破坏 3 个小组的奇偶性质。纠错只需将错误位的信息变反就能还原成正确的数码。

【例 2-3】在 n=4、k=3 时，求 1010 的海明码。

（1）确定海明码的位数

设 n 为有效信息位的位数，k 为校验位的位数，则信息位 n 和校验位 k 应满足：

$$n+k \leqslant 2^k - 1$$

海明码位数为 $n+k=7 \leqslant 2^3 - 1$ 成立，则 n、k 有效。设信息位 $b_4b_3b_2b_1$（1010），校验位 $P_3P_2P_1$，对应的海明码 $H_7H_6H_5H_4H_3H_2H_1$。

（2）确定校验位的分配

规定校验位 P_i 在海明码位号为 2^{i-1} 的位置上，其余各位为信息位，因此：

P_1 的海明码位号为 $2^{1-1}=2^0=1$，即 H_1 为 P_1。

P_2 的海明码位号为 $2^{2-1}=2^1=2$，即 H_2 为 P_2。

P_3 的海明码位号为 $2^{3-1}=2^2=4$，即 H_4 为 P_3。

将信息位按原来的顺序插入，则海明码各位的分配如下。

H_7	H_6	H_5	H_4	H_3	H_2	H_1
b_4	b_3	b_2	P_3	b_1	P_2	P_1

（3）分组及编码

被校验数据位的海明码位号等于校验该数据位的各校验位海明码位号之和。校验位不需要再被校验。

3=1+2，所以 b_1 由 P_2P_1 校验。

5=1+4，所以 b_2 由 P_3P_1 校验。

6=2+4，所以 b_3 由 P_3P_2 校验。

7=1+2+4，所以 b_4 由 $P_3P_2P_1$ 校验。

反之，P_1 校验的位数有 3、5、7，所以 $b_4b_2b_1P_1$ 为一组，同理，$b_4b_3b_1P_2$、$b_4b_3b_2P_3$ 也各为一组。根据编码规则采用偶校验使每一组保持偶性，则得 $P_1=0$，$P_2=1$，$P_3=0$。

所以，1010 对应的海明码为 101 **00** 1**0**（粗体为校验位，其他位为信息位）

（4）海明码的检错与纠错

每个校验组分别利用校验位和参与该校验位的信息位进行奇偶校验检查，就构成了 k 个校验方程：

$$G_1=P_1 \oplus b_1 \oplus b_2 \oplus b_4$$
$$G_2=P_2 \oplus b_1 \oplus b_3 \oplus b_4$$
$$G_3=P_3 \oplus b_2 \oplus b_3 \oplus b_4$$

若 $G_3G_2G_1=000$，则说明无错；否则出错，而且 $G_3G_2G_1$ 的值就是错误位的位号，如 $G_3G_2G_1=001$，说明第 1 位出错，即 H_1 出错，直接将该位取反就达到了纠错的目的。

3. 循环冗余校验（CRC）码

广泛应用的 CRC 码是一种基于模 2 运算建立编码规律的校验码，它可以通过模 2 运算来建立有效信息和校验位之间的约定关系，即要求 N=K+R 位的某数能被某一约定的数除尽，其中 K 是待编码有效信息，R 是校验位。

设待编码的有效信息以多项式 M(x) 表示，用约定的一个多项式 G(x) 去除，一般情况下得到一个商 Q(x) 和余数 R(x)，即

$$M(x)=Q(x)G(x)+R(x)$$

将 M(x) 减去余数肯定能被 G(x) 除尽。所以，M(x)–R(x) 的值信息作为校验码时，用约定的多项式 G(x) 去除，若余数为 0，则表明该校验码正确；若余数不为 0，则表明有错，再进一步由余数值确定哪一位出错，从而加以纠正。

CRC 码的编码：将 K 位二进制信息码左移 R 位，将它与生成多项式 G(x) 做模 2 除法，得到

一 R 位余数，并将其附加在信息码后，构成一个新的二进制码（CRC 码），共有 K+R 位。

生成多项式的最高幂次为 R，转换成对应的二进制数有 R+1 位。例如，生成多项式 x^3+x^2+1 对应的二进制数为 1101，而二进制数 1011 对应的多项式为 x^3+x^1+1。

该编码常用于信息的传送，如计算机网络中就经常用到 CRC 码作为发送端到接收端信息的检错。

【例 2-4】对 4 位有效信息（1100）作 CRC 编码，约定的生成多项式 G(x)=1011。

R=生成多项式最高幂次=3，K=有效信息码长度=4，N=K+R=7。

（1）移位

将原信息码左移 R 位，低位补 0。得到 1100000。

（2）模 2 除

对移位后的信息码，用生成多项式进行模 2 除法，产生余数。

模 2 除法：模 2 加法和模 2 减法的结果相同，都是做异或运算，模 2 除法和算术除法类似，但每一位除（减）的结果不影响其他位（即不借位），步骤如下。

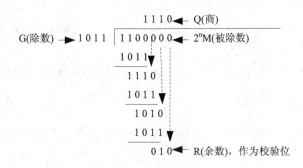

用除数对被除数最高几位做模 2 减（异或），不借位。

除数右移一位，若余数最高位为 1，商为 1，并对余数做模 2 减。若余数最高位为 0，商为 0，除数继续右移一位。

循环直到余数位数小于除数时，该余数为最终余数。

该例模 2 除法得到的余数为 010，则信息码经编码后的 CRC 码为 1100 **010**（粗体为校验位）。

（3）检错和纠错

对于得到的 CRC 码，用生成多项式 G(x) 做模 2 除法，若余数为 0，则码字无错。

若得到的 CRC 码为 $C_7C_6C_5C_4C_3C_2C_1$=1100011，将这个数据与 1011 进行模 2 除法，得到的余数为 001，则说明 C_1 出错，将 C_1 取反即可。

2.2　数据的表示方法

现实世界中数据的表示方法有很多种，在计算机中，数据形式的表示主要有两大类：数值型和字符型（非数值）。数值型变量是指定义成的数值形式的数据。这种数据可以直接进行加、减、乘、除等运算，运算的结果也是数值型的，所表达的是实数，具有计算上的意义。另一种数据形式为非数值型的数据，如字符型数据，所表达的是字符，如，'A'、'B'、'C' 等，具有存储意义。在计算机中可以识别的字符，一般都对应有一个 ASCII 码，ASCII 码为数值型的数据。ASCII 码值的改变，对应的字符也会改变。所以非数值型的数据，本质上也是数值型的数据。为了接近人的思维习惯，方便程序的编写，计算机高级语言划分了数据的类型。数值型数据有：整型、单精度型、双精度型；非数值类型数据有：字符型、布尔型、字符串型。现实世界中无论是数值数据，还是非数值数据（字符型），在计算机内部均转换为二进制数据处理。本节主要介绍字符（非数值）、定点数和浮点数（数值）的表示方法。

2.2.1　真值和机器数

日常生活中，常用正负号加上绝对值表示数值，这种形式表示的原值在计算机技术中称为真值。它包含以常规正负符号表示的数符（正负号可省略），以及用十进制或二进制表示数值的数码。计算机不认识正、负号，因此，计算机对正负号也需要数字化，用二进制"0""1"来表示正、负两种状态，这种在计算机中连同符号一起"数字化"了的数，就称为机器数。

实际上，在计算机中参与运算的机器数有两大类，即无符号数和有符号数。

1．无符号数

指整个机器字长的二进制位均为数值位，没有符号位，相当于数的绝对值。若机器字长为 8 位，则数的表示范围为 $0 \sim 2^8-1$，即 $0 \sim 255$。

2．有符号数

有符号数用"0"表示"正"号，用"1"表示"负"号，将符号位数值化，通常约定二进制的最高位为符号位，组成有符号数。

有符号机器数有四种表示方法：原码、反码、补码和移码，将在定点数的讲述中介绍。

2.2.2　字符与字符串

由于计算机内部只能识别和处理二进制代码，所以字符都必须按照一定的规则用一组二进制编码来表示。

1．字符编码 ASCII 码

国际上普遍采用的一种字符系统是 7 位二进制编码的 ASCII 码（American Standard Code for Information Interchange，美国国家信息交换标准字符码），可表示 10 个十进制数码、52 个英文大写字母和小写字母（A～Z，a～z）和一定数量的专用符号（如$、%、=等），共 128 个字符。

ASCII 编码里，编码值 0～31 为控制字符，用于通信控制或设备的功能控制；编码值 127 是 DEL 码；编码值 32 是空格 SP；编码值 32～126 为可打印字符。

在计算机中，用一个字节表示一个 ASCII 码，其最高一位（b_7）填 0，余下的 7 位可以给出 128 个编码，表示 128 个不同的字符和控制码。在进行奇偶校验时，也可以用最高位（b_7）作为校验位。表 2-2 所示的是 ASCII 码表。

表 2-2　　　　　　　　　　　　　　　　　　ASCII 码表

ASCII 编码 字符集	$b_6b_5b_4$	000	001	010	011	100	101	110	111
$b_3b_2b_1b_0$	十六进制数	0	1	2	3	4	5	6	7
0000	0	NUL 空白	DLE 数据链转义	间隔	0	@	P	、	p
0001	1	SOH 标题开始	DC1 设备控制 1	!	1	A	Q	a	q
0010	2	STX 正文开始	DC2 设备控制 2	"	2	B	R	b	r
0011	3	ETX 正文结束	DC3 设备控制 3	#	3	C	S	c	s
0100	4	EOT 传输结束	DC4 设备控制 4	$	4	D	T	d	t
0101	5	ENQ 询问	NAK 否认	%	5	E	U	e	u

续表

ASCII 编码字符集	$b_6b_5b_4$	000	001	010	011	100	101	110	111
$b_3b_2b_1b_0$	十六进制数	0	1	2	3	4	5	6	7
0110	6	ACK 承认	SYN 同步空转	&	6	F	V	f	v
0111	7	BEL 告警	ETB 组传输结束	,	7	G	W	g	w
1000	8	BS 退格	CAN 作废	(	8	H	X	h	x
1001	9	HT 横向制表	EM 媒体结束	)	9	I	Y	i	y
1010	A	LF 换行	SUB 取代	*	:	J	Z	j	z
1011	B	VT 纵向制表	ESC 转义	+	;	K	[	k	{
1100	C	FF 换页	FS 文卷分隔	,	<	L	\	l		
1101	D	CR 回车	GS 组分隔	-	=	M	]	m	}
1110	E	SO 移出	RS 记录分隔	.	>	N	^	n	~
1111	F	SI 移入	US 单元分隔	/	?	O	-	o	DEL

在微机中使用的是扩展的 ASCII 码，它可表示 256 个编码。

2. 汉字的表示和编码

为了适应中文信息处理的需要，1981 年国家标准局公布了 GB2312—80《信息交换用汉字编码字符集——基本集》，收集了常用汉字 67763 个，并给这些汉字分配了代码。

用计算机进行汉字信息处理，首先必须将汉字代码化，即对汉字进行编码，称为汉字输入码。汉字输入码送入计算机后还必须转换成汉字内部码，才能进行信息处理。处理完毕之后，再把汉字内部码转换成汉字字形码，才能在显示器或打印机输出。因此汉字的编码有输入码、内码、字形码三种。

（1）汉字的输入码

目前，计算机一般是使用西文标准键盘输入的，为了能直接使用西文标准键盘输入汉字，必须给汉字设计相应的输入编码方法。其编码方案有很多种，主要的分为三类：数字编码、拼音码和字形编码。

数字编码常用的是国标区位码，用数字串表示一个汉字输入。区位码是将国家标准局公布的6763 个两级汉字分为 94 个区，每个区分 94 位，实际上把汉字表示成二维数组，每个汉字在数组中的下标就是区位码。区码和位码各两位十进制数字，因此输入一个汉字需按键四次。例如，"中"字位于第 54 区 48 位，区位码为 5448。数字编码输入的优点是无重码，输入码与内部编码的转换比较方便，缺点是代码难以记忆。

拼音码是以汉语拼音为基础的输入方法。凡掌握汉语拼音的人，无需训练和记忆，即可使用，但汉字同音字太多，输入重码率很高，因此按拼音输入后还必须进行同音字选择，影响了输入速度。

字形编码是用汉字的形状来进行的编码。汉字总数虽多，但是由一笔一划组成，全部汉字的部件其实是有限的。因此，把汉字的笔划部件用字母或数字进行编码，按笔划的顺序依次输入，就能表示一个汉字了。例如，五笔字型编码是最有影响的一种字形编码方法。

（2）汉字的内码

同一个汉字以不同输入方式进入计算机时，编码长度以及 0、1 组合顺序差别很大，使汉字信息进一步存取、使用、交流十分不方便，必须转换成长度一致、且与汉字唯一对应的能在各种计算机系统内通用的编码，满足这种规则的编码叫汉字内码。

汉字内码是用于汉字信息的存储、交换检索等操作的机内代码，一般采用两个字节表示。英文字符的机内代码是七位的 ASCII 码，当用一个字节表示时，最高位为"0"。为了与英文字符能够区别，汉字机内代码中两个字节的最高位均规定为"1"。

有些系统中字节的最高位用于奇偶校验位或采用扩展 ASCII 码，这种情况下用三个字节表示汉字内码。

（3）汉字字形码

存储中计算机内的汉字需要在屏幕上显示或在打印机上输出时，需要知道汉字的字形信息，汉字内码并不能直接反映汉字的字形，而要采用专门的字形码。

目前的汉字处理系统中，字形信息的表示大体上有两类形式：一类是用活字或文字版的母体字形形式，另一类是点阵表示法、矢量表示法等形式，其中最基本的，也是大多数字形库采用的是以点阵的形式存储汉字字形编码的方法。

点阵字形是将字符的字形分解成若干"点"组成的点阵，将此点阵置于网状上，每一小方格是点阵中的一个"点"，点阵中的每一个点可以有黑白两种颜色，有字形笔画的点用黑色，反之用白色，这样就能描写出汉字字形了。图 2-1 是汉字"次"的点阵，如果用十进制的"1"表示黑色点，用"0"表示没有笔画的白色点，每一行 16 个点用两字节表示，则需 32 个字节描述一个汉字的字形，即一个字形码占 32 个字节。

	高字节								低字节								
	7	6	5	4	3	2	1	0	7	6	5	4	3	2	1	0	
0										●							00, 80
										●							00, 80
			●							●							20, 80
3				●						●							10, 80
				●				●		●	●	●	●	●	●		11, FE
						●		●							●		05, 02
					●			●			●			●			09, 24
7					●		●				●		●				0A, 28
				●							●						10, 20
				●							●						10, 20
		●	●							●		●					60, 50
11			●							●		●					20, 50
			●						●				●				20, 88
			●						●				●				20, 88
			●					●							●		21, 04
15						●	●								●	●	06, 03

图 2-1 汉字的字形点阵及编码

一个计算机汉字处理系统常配有宋体、仿宋、黑体、楷体等多种字体。同一个汉字不同字体的字形编码是不相同的。

根据汉字输出的要求不同，点阵的多少也不同。简易型汉字为 16×16 点阵，提高型汉字为

24×24 点阵、32×32 点阵，甚至更高。点阵越大，描述的字形越细致美观，质量越高，所占存储空间也越大。汉字点阵的信息量是很大的，以 16×16 点阵为例，每个汉字要占用 32 个字节，国标两级汉字要占用 256K 字节。因此字模点阵只能用来构成汉字库，而不能用于机内存储。

通常，计算机中所有汉字的字形码集合起来组成汉字库（或称为字模库）存放在计算机里，当汉字输出时由专门的字形检索程序根据这个汉字的内码从汉字库里检索出对应的字形码，由字形码再控制输出设备输出汉字。汉字点阵字形的汉字库结构简单，但是当需要对汉字进行放大、缩小、平移、倾斜、旋转、投影等变换时，汉字的字形效果不好，若使用矢量汉字库、曲线字库的汉字，其字形用直线或曲线表示，能产生高质量的输出字形。

综上所述，汉字从送入计算机到输出显示，汉字信息编码形式不尽相同。汉字的输入编码、汉字内码、字形码是计算机中用于输入、内部处理、输出三种不同用途的编码，不要混为一谈。

3. 字符串的存放

字符串是连续的一串字符，通常，它们占用主存中连续的多个字节，每个字节存储一个字符。主存字由 2 个或 4 个字节组成时，在同一个主存字中，既可按先存储低位字节、后存储高位字节的顺序存放字符串的内容（又称为小端模式），也可按先存储高位字节、后存储低位字节的顺序存放字符串的内容（又称大端模式）。这两种存放方式都是常用的，不同计算机可以选用其中任何一种（同时采用也可以）。例如，字符串：IF_A>B_THEN_WRITE(C)，其以大端模式存放在主存中，如图 2-2 所示。

I	F	空	A
>	B	空	T
H	E	N	空
W	R	I	T
E	(	C	)

图 2-2　字符串存放（大端）

其中主存单元长度（字长）由 4 个字节组成。每个字节中存放相应字符的 ASCII 值，空格 "_" 也占用 1 个字节的空间。因此，每个字节分别存放值的十进制形式为 73、70、32、65、62、66、32、84、72、69、78、32、87、82、73、84、69、40、67、41。

2.2.3　定点数表示法

1. 机器数的定点表示

计算机中小数的小数点并不是用某个数字来表示的，而是用隐含的小数点的位置来表示。

若约定小数点的位置固定不变，则称为定点数。有两种形式的定点数：定点整数（纯整数，小数点定在最低有效数值位之后）和定点小数（纯小数，小数点在最高有效位之前）。若数据 X 的形式为 $X=X_0.X_1X_2\cdots X_{n-1}$（其中 X_0 为符号位，$X_1 \sim X_n$ 是数值的有效部分，也称为尾数，X_1 为最高有效位），则在计算机中的表示形式如图 2-3 所示。

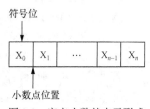

图 2-3　定点小数的表示形式

所谓定点格式，即约定机器中所有数据的小数点位置是固定不变的。在计算机中通常采用两种简单的约定：将小数点的位置固定在数据的最高位之前，或者是固定在最低位之后。一般常称前者为定点小数，后者为定点整数。

定点小数是纯小数，约定的小数点位置在符号位之后、有效数值部分最高位之前。

一般来说，如果最末位 $X_n=1$，前面各位都为 0，则数的绝对值最小，即 $|X|_{min}=2^{-n}$。如果各位均为 1，则数的绝对值最大，即 $|X|max=1-2^{-n}$。所以定点小数的表示范围是：

$$2^{-n} \leqslant |X| \leqslant 1-2^{-n}$$

定点整数是纯整数，约定的小数点位置在有效数值部分最低位之后。若数据 X 的形式为

$X=X_0X_1X_2\cdots X_{n-1}$（其中 X_0 为符号位，$X_1\sim X_n$ 是尾数，X_n 为最低有效位），则在计算机中的表示形式，如图 2-4 所示。

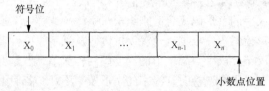

图 2-4　定点整数的表示形式

定点整数的表示范围是：

$$1\leqslant |X|\leqslant 2^n-1$$

当数据小于定点数能表示的最小值时，计算机将它们作 0 处理，称为下溢；大于定点数能表示的最大值时，计算机将无法表示，称为上溢；上溢和下溢统称为溢出。计算机采用定点数表示时，对于既有整数又有小数的原始数据，需要设定一个比例因子，数据按其缩小成定点小数或扩大成定点整数再参加运算，运算结果根据比例因子还原成实际数值。若比例因子选择不当，往往会使运算结果产生溢出或降低数据的有效精度。用定点数进行运算处理的计算机被称为定点机。

2. 原码、补码、反码、移码

（1）原码表示法

原码是最容易理解的一种数据表示法。根据小数点约定的位置不同，计算机中的数据分为定点小数和定点整数，相应有两种形式的源码定义。符号位用 0 表示正数，用 1 表示负数，数值部分用二进制数的绝对值表示的方法称为原码表示法。

纯小数时，设 $X=X_0.X_1X_2\cdots X_{n-1}$，其中 X_0 为符号位，共 n 位字长，则

$$[X]_{\text{原}}=\begin{cases} X & 0\leqslant X<1 \\ 1-X=1+|X| & -1<X\leqslant 0 \end{cases}$$

例如：若 $X_1=+0.1001$，$X_2=-0.1011$，字长为 8 位，则其原码分别为：

$[X_1]_{\text{原}}=0.1001000$

$[X_2]_{\text{原}}=1+0.1011000=1.1011000$，其中最高位是符号位。

根据纯小数原码定义，对于真值零，其原码有正零和负零两种形式，即：

$[+0]_{\text{原}}=0.00\cdots00$，$[-0]_{\text{原}}=1.00\cdots00$

若字长为 n，则反码的表示范围为 $-(1-2^{-(n-1)})\leqslant X\leqslant 1-2^{-(n-1)}$（关于原点对称）。

纯整数时，设 $X=X_0X_1X_2\cdots X_{n-1}$，其中 X_0 为符号位，共 n 位字长，则

$$[X]_{\text{原}}=\begin{cases} X & 0\leqslant X<2^{(n-1)} \\ 2^{(n-1)}-X=2^{(n-1)}+|X| & -2^{(n-1)}<X\leqslant 0 \end{cases}$$

例如：若 $X_1=+1011$，$X_2=-1011$，字长为八位，则其原码分别为：

$[X_1]_{\text{原}}=00001011$

$[X_2]_{\text{原}}=2^7+0001011=10000000+0001011=10001011$，其中最高位是符号位。

根据纯整数原码定义，对于真值零，其原码有正零和负零两种形式，即：

$[+0]_{\text{原}}=000\cdots00$，$[-0]_{\text{原}}=100\cdots00$

若字长为 n，则反码的表示范围为 $-(2^{(n-1)}-1)\leqslant X\leqslant 2^{(n-1)}-1$（关于原点对称）。

（2）补码表示法

由于补码在做二进制加、减法时比较方便，所以在计算机中广泛采用补码表示二进制数。首

先介绍什么叫做"模"。通常模就是计量器具的容积，或称模数。在计算机中，机器数表示数据的字长即位数是固定的。对于 n 位数来说，其模数 M 的大小是：n 位数全为 1 后，再在最末位加 1。如果一个数有 n 位整数（包括一位符号位），则它的模数为 2^n 如果是 n 位小数（包括一位符号位）则它的模数总是为 2。例如，某一台计算机的字长为 8 位，则它所能表示的二进制数为 00000000～11111111，共 256 个，即 2^8 就是其模。在计算机中，若运算结果大于等于模数，则说明该值已经超出了机器所能表示的范围，模数自然丢掉。

补码定义为机器数的最高位作为符号位，用 0 表示正数，用 1 表示负数。

纯小数时，设 $X=X_0.X_1X_2\cdots X_{n-1}$，其中 X_0 为符号位，共 n 位字长，则

$$[X]_{\dot\textrm{补}} = \begin{cases} X & 0 \leq X < 1 \\ 2+X = 2-|X| & -1 \leq X < 0 \end{cases} \quad (\textrm{mod}\ 2)$$

例如，若 $X_1=+0.1011$，$X_2=-0.1011$，字长为 8 位，则其补码分别为：$[X_1]_{\dot\textrm{补}}=0.1011000$，$[X_2]_{\dot\textrm{补}}=2-0.1011000=1.0101000$ 其中最高位是符号位，在机器中小数点为隐含值。

对于 0，在补码情况下只有一种表示形式，即

$[+0]_{\dot\textrm{补}}=[-0]_{\dot\textrm{补}}=0.000\cdots 0$

若字长为 n，则反码的表示范围为 $-1 \leq X \leq 1-2^{-(n-1)}$（比原码多 -1）。

对于定点整数设 $X=X_0X_1X_2\cdots X_{n-1}$，其中 X_0 为符号位，共 n 位字长补码表示的定义是：

$$[X]_{\dot\textrm{补}} = \begin{cases} X & 0 \leq X < 2^{(n-1)} \\ 2^n+X = 2^n-|X| & -2^{(n-1)} \leq X \leq 0 \end{cases} \quad (\textrm{mod}\ 2^n)$$

例如，若 $X_1=+1011$，$X_2=-1011$，字长为 8 位，则其补码分别为：$[X_1]_{\dot\textrm{补}}=00001011$，$[X_2]_{\dot\textrm{补}}=2^8-0001011=100000000-0001011=11110101$，其中最高位是符号位。

若字长为 n，则反码的表示范围为 $-2^{(n-1)} \leq X \leq 2^{(n-1)}-1$（比原码多 $-2^{(n-1)}$）。

采用补码表示法进行减法运算就比原码方便多了。因为不论数是正还是负，机器总是做加法，减法运算可变成加法运算。但根据补码定义，正数的补码与原码形式相同，而求负数的补码要减去 $|X|$。为了用加法代替减法，结果还得在求补码时作一次减法，这显然是不方便的。从下面介绍的反码表示法中可以获得求负数补码的简便方法，解决负数的求补问题。

由补码与原码的定义知，对于正数，$[X]_{\dot\textrm{补}}=[X]_{\dot\textrm{原}}$；对于负数，原码符号位不变，数值部分按位取反，末位加 1（该行为即为"取反加 1"），即得负数相应的补码。该规则同样适用于补码向原码的转换。

补码的算术移位：将 $[X]_{\dot\textrm{补}}$ 的符号位与数值位一起右移一位并保持原符号位的值不变，可实现除法功能（除以 2）。

变形补码：又称模 4 补码，双符号位的补码小数，其定义为：

$$[X]_{\dot\textrm{补}} = \begin{cases} X & 0 \leq X < 1 \\ 4+X = 4-|X| & -1 \leq X < 0 \end{cases} \quad (\textrm{mod}\ 4)$$

模 4 补码双符号位 00 表示正，11 表示负，被用在完成算术运算的 ALU 部件中。

（3）反码表示法

反码又称为"对 1 的补数"。用反码表示时，左边第一位也为符号位，符号位为 0 代表正数，

符号位为 1 代表负数。对于负数，反码的数值是将原码数值按位求反，即原码的某位为 1，反码的相应位就为 0；或者原码的某位为 0，反码的相应位就为 1。而对于正数，反码和原码相同。所以，反码数值的形成与它的符号位有关。反码表示法中，符号的表示法与原码相同。正数的反码与正数的原码形式相同；负数的反码符号位为 1，数值部分通过将负数原码的数值部分各位取反（0 变 1，1 变 0）得到。

若定点小数的反码形式为 $X=X_0.X_1X_2\cdots X_{n-1}$，则反码表示的定义是：

$$[X]_{反} = \begin{cases} X & 0 \leq X < 1 \\ & (\mathrm{mod}\ 2 - 2^{-(n-1)}) \\ (2 - 2^{-(n-1)}) + X & -1 < X \leq 0 \end{cases}$$

对于 0，在反码情况下只有两种表示形式，即：

$[+0]_{反} = 0.000\cdots0$，$[-0]_{反} = 1.111\cdots1$

若字长为 n，则反码的表示范围为 $-(1-2^{-(n-1)}) \leq X \leq 1-2^{-(n-1)}$（关于原点对称）。

对于定点整数 $X_0X_1X_2\cdots X_{n-1}$，反码表示的定义是：

$$[X]_{反} = \begin{cases} X & 0 \leq X < 2^{(n-1)} \\ & (\mathrm{mod}\ 2^n - 1) \\ (2^n - 1) + X & 2^{(n-1)} < X \leq 0 \end{cases}$$

若字长为 n，则反码的表示范围为 $-(2^{(n-1)}-1) \leq X \leq 2^{(n-1)}-1$（关于原点对称）。

（4）移码表示法

移码通常用于表示浮点数的阶码。移码只能表示整数。

移码就是在真值 X 上加上一个常数（偏移值），通常这个值取 $2^{(n-1)}$，相当于 X 在数轴上向正方向偏移了若干单位，这也是"移码"的由来。假定定点整数移码形式为 $X_0X_1X_2\cdots X_{n-1}$ 时，移码的定义是：

$$[X]_{移} = 2^{(n-1)} + X \ (\ 2^{(n-1)} > X \geq -2^{(n-1)}\ )$$

由移码的定义式可知，对于同一个整数，其移码与其补码数值位完全相同，而符号位正好相反。

在上面所述数据的四种机器表示法中，移码表示法主要用于表示浮点数的阶码。由于补码表示对加减运算十分方便，因此目前机器中广泛采用补码表示法。在这类机器中，数用补码表示、补码存储、补码运算。也有些机器，数用原码进行存储和传送，运算时改用补码。还有些机器在做加减法时用补码运算，在作乘法时用原码运算。

【例 2-5】将十进制真值 X=-127，-1，0，+1，+127 分别表示为 8 位原码、反码、补码、移码值。

解：

	原码	反码	补码	移码
-127	11111111	10000000	10000001	00000001
-1	10000001	11111110	11111111	01111111
-0	10000000	11111111	00000000	10000000
+0	00000000	00000000	00000000	10000000
+1	00000001	00000001	00000001	10000001
+127	01111111	01111111	01111111	11111111

【例2-6】设机器字长 16 位，定点表示，尾数 15 位，数符 1 位，问：

（1）定点原码整数表示时，最大正数是多少？最小负数是多少？

（2）定点原码小数表示时，最大正数是多少？最小负数是多少？

解：

（1）定点原码整数表示

最大正数值$=(2^{15}-1)_{10}=(+32767)_{10}$

0	111 111 111 111 111

最小负数值$=-(2^{15}-1)_{10}=(-32767)_{10}$

1	111 111 111 111 111

（2）定点原码小数表示

最大正数值$=(1-2^{-15})_{10}=(+0.111\cdots11)_2$

最小负数值$=-(1-2^{-15})_{10}=(-0.111\cdots11)_2$

2.2.4　浮点数表示法

1. 浮点数的表示格式

所谓浮点表示，是指数中小数点的位置不固定，或者说是浮动的。浮点数的一般表示形式为：

$$N=2^J \times S$$

其中，S 表示数 N 的尾数，J 表示数 N 的阶码，2 为阶码的基数。

浮点数由两部分组成表示数的符号和有效数位，第一部分是指数部分，表示小数点浮动的位置；第二部分是尾数部分，在计算机中，小数点的移动是通过尾数的移动及阶码的相应变化来实现的。

与科学计数法相似，任意一个 J 进制数 N，总可以写成：

$$N=J^E \times M$$

式中，M 称为数 N 的尾数（Mantissa），是一个纯小数；E 为数 N 的阶码（Exponent），是一个整数；J 称为比例因子 J^E 的底数。这种表示方法相当于数的小数点位置随比例因子的不同而在一定范围内可以自由浮动，所以称为浮点表示法。

底数是事先约定好的（常取 2），在计算机中不出现。在机器中表示一个浮点数时，一是要给出尾数，用定点小数形式表示。尾数部分给出有效数字的位数，因而决定了浮点数的表示精度。二是要给出阶码，用整数形式表示，阶码指明小数点在数据中的位置，因而决定了浮点数的表示范围。浮点数也要有符号位。一个机器浮点数应当由阶码和尾数及其符号位组成，如图 2-5 所示。

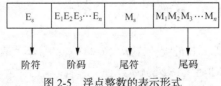

图 2-5　浮点整数的表示形式

其中，E_s 表示阶码的符号，占一位，$E_1 \sim E_n$ 为阶码值，占 n 位，尾符是数 N 的符号，也要占一位。当底数取 2 时，二进制数 N 的小数点每右移一位，阶码减小 1，相应尾数右移一位；反之，小数点每左移一位，阶码加 1，相应尾数左移一位。

2. 规格化浮点数

若不对浮点数的表示作出明确规定，同一个浮点数的表示就不是唯一的。例如，11.01 也可以表示成 $0.01101×2^{-3}$，$0.1101×2^{-2}$ 等。为了提高数据的表示精度，当尾数的值不为 0 时，其绝对值应大于等于 0.5，即尾数域的最高有效位应为 1，否则要以修改阶码同时左右移小数点的方法，使其变成这一要求的表示形式，这称为浮点数的规格化表示。

当一个浮点数的尾数为 0 时，无论其阶码为何值，或者当阶码的值遇到比它能表示的最小值还小时，不管其尾数为何值，计算机都把该浮点数看成 0 值，称为机器零。

浮点数所表示的范围比定点数大。假设机器中的数由 8 位二进制数表示（包括符号位）：在定点机中这 8 位全部用来表示有效数字（包括符号）；在浮点机中若阶符、阶码占 3 位，尾符、尾数占 5 位，在此情况下，若只考虑正数值，定点机小数表示的数的范围是 0.0000000 到 0.1111111，相当于十进制数的 0 到 127/128，而浮点机所能表示的数的范围则是 $2^{-11}×0.0001$ 到 $2^{11}×0.1111$，相当于十进制数的 1/128 到 7.5。显然，都用 8 位，浮点机能表示的数的范围比定点机大得多。

尽管浮点表示能扩大数据的表示范围，但浮点机在运算过程中，仍会出现溢出现象。下面以阶码占 3 位，尾数占 5 位（各包括 1 位符号位）为例来讨论这个问题。图 2-6 给出了相应的规格化浮点数的数值表示范围。

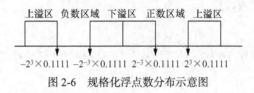

图 2-6 规格化浮点数分布示意图

图 2-6 中，可表示的"负数区域"和可表示的"正数区域"及"0"，是机器可表示的数据区域；上溢区是数据绝对值太大，机器无法表示的区域；下溢区是数据绝对值太小，机器无法表示的区域。若运算结果落在上溢区，就产生了溢出错误，使得结果不能被正确表示，要停止机器运行，进行溢出处理。若运算结果落在下溢区，也不能正确表示之，机器当 0 处理，称为机器零。

左规：当浮点数运算的结果为非规格化时要进行规格化处理，将尾数左移一位，阶码减 1（基数为 2 时）的方法称为左规。

右规：当浮点数运算结果尾数出现溢出（双符号位为 01 或 10）时，将尾数右移一位，阶码加 1（基数为 2 时），这种方法称为右规。

规格化浮点数的尾数 M 的绝对值应满足：$1/J \leq |M| \leq 1$。

如果 J=2，则有 $1/2 \leq |M| \leq 1$。规格化表示的尾数形式如下。

（1）原码规格化后：

正数为 $0.1××\cdots×$ 的形式，其最大值表示为 $0.11\cdots1$；最小值表示为 $0.100\cdots0$。

尾数的表示范围为 $1/2 \leq |M| \leq (1-2^{-n})$。

负数为 $1.1××\cdots×$ 的形式，其最大值表示为 $1.10\cdots0$；最小值表示为 $1.11\cdots1$。

尾数的表示范围为 $-(1-2^{-n}) \leq |M| \leq -1/2$。

（2）补码规格化后：

正数为 $0.1××\cdots×$ 的形式，其最大值表示为 $0.11\cdots1$；最小值表示为 $0.100\cdots0$。

尾数的表示范围为 $1/2 \leq |M| \leq (1-2^{-n})$。

负数为 $1.0××\cdots×$ 的形式，其最大值表示为 $1.01\cdots1$；最小值表示为 $1.00\cdots0$。

尾数的表示范围为 $-1 \leq |M| \leq -(1/2+2^{-n})$。

当浮点数尾数的基数为 2 时，原码规格化数的尾数最高位一定是 1，补码规格化数的尾数最高位一定与尾数符号位相反。基数不同，浮点数的规格化形式也不同。当基数为 4 时，原码规格化形式的尾数最高两位不全为 0；当基数为 8 时，原码规格化形式的尾数最高 3 位不全为 0。

　　一般来说，增加尾数的位数，将增加可表示区域数据点的密度，从而提高了数据的精度；增加阶码的位数，能增大可表示的数据区域。

3. IEEE 745 标准

　　根据 IEEE 745 标准，常用的浮点数的格式如图 2-7 所示。

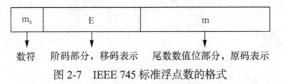

图 2-7　IEEE 745 标准浮点数的格式

　　IEEE 745 标准规定常用的浮点数格式有短浮点数（单精度、float 型）、长浮点数（双精度、double 型）、临时浮点数，见表 2-3。

表 2-3　　　　　　　　　　　　　　IEEE 745 标准常用浮点数的格式

类型	数符	阶码	位数数值	总位数	偏置值	
					十六进制	十进制
短浮点数	1	8	23	32	7FH	127
长浮点数	1	11	52	64	3FFH	1023
临时浮点数	1	15	64	80	3FFFH	16383

　　IEEE 745 标准的浮点数（除临时浮点数外），是尾数用采取隐藏位策略的原码表示，且阶码用移码表示的浮点数。

　　以短浮点数作为例子，最高位为数符位；其后是 8 位阶码，以 2 为底，用移码表示，阶码的偏置值是 $2^{8-1}-1=127$；其后 23 位是原码表示的尾数数值位。对于规格化的二进制浮点数，数值的最高位总是"1"，为能使尾数多表示一位有效位，将这个"1"隐含，因此尾数实际上是 24 位。隐含的"1"是一位整数。在浮点数格式中表示出来的 23 位尾数是纯小数。例如，$(12)_{10}=(1100)_2$，将它规格化后结果为 1.1×2^3，其中整数部分的"1"将不存储在 2^3 位尾数内。

　　阶码是以移码形式存储的。存储浮点数阶码部分之前，偏置值要先加到阶码真值上。上述例子中，阶码值为 3，故在短浮点数中，移码表示的阶码为 127+3=130（82H）；同理，在长浮点数中，阶码为 1023+3=1026（402H）。

　　IEEE 745 标准中，规格化的短浮点数的真值为：

$$(-1)^s \times 1.f \times 2^{E-127}$$

　　规格化的长浮点数的真值为：

$$(-1)^s \times 1.f \times 2^{E-1023}$$

其中，s=0 表示正数，s=1 表示负数；短浮点数 E 的取值为 1～254（8 位表示），f 为 23 位，共 32 位；长浮点数 E 的取值为 1～2046（11 位表示），f 为 52 位，共 64 位。

　　（1）单精度浮点数正数的表示范围

　　最小值时，E=1，M=0，值为 $1.0 \times 2^{1-127}=2^{-126}$。

　　最大值时，E=254，m=.111…，值为 $1.11 \cdots 1 \times 2^{254-127}=2^{127} \times (2-2^{-23})$。

　　（2）双精度浮点数正数的表示范围

　　最小值时，E=1，M=0，值为 $1.0 \times 2^{1-1023}=2^{-1022}$。

　　最大值时，E=2046，m=.111…，值为 $1.11 \cdots 1 \times 2^{2046-1023}=2^{1023} \times (2-2^{-52})$。

　　负数时可作同样讨论。

2.3 定点数加减法运算

本节主要介绍计算机内部定点数的加法和减法运算规则，运算实例和溢出判断方法。定点数是计算机中采用的一种数的表示方法，其特点是参与运算的数的小数点位置固定不变。

2.3.1 运算规则

补码加法的公式是：

$$[X]_\text{补} + [Y]_\text{补} = [X + Y]_\text{补}$$

公式的含义是：两个数的补码之和等于两个数之和的补码。下面以定点小数为例，分四种情况来证明。证明的先决条件是 $|X| < 1$，$|Y| < 1$，$|X + Y| < 1$。

（1）$X > 0$，$Y > 0$ 则 $X + Y > 0$

由于参加运算的数都为正数，故运算结果也一定为正数。又由于正数的补码与真值有相同的表示形式，所以根据补码定义可得：

$$[X]_\text{补} + [Y]_\text{补} = X + Y = [X + Y]_\text{补}$$

（2）$X > 0$，$Y < 0$，则 $X + Y > 0$ 或 $X + Y < 0$

由于参加运算的两个数一个为正、一个为负，则相加结果有正、负两种可能。根据补码定义，有：

$$[X]_\text{补} = X, \quad [Y]_\text{补} = 2 + Y$$

所以

$$[X]_\text{补} + [Y]_\text{补} = X + 2 + Y = 2 + (X + Y)$$

当 $X + Y > 0$ 时，$2 + (X + Y) > 2$，进位 2 必丢失，又因为 $X + Y > 0$，所以

$$[X]_\text{补} + [Y]_\text{补} = 2 + (X + Y) = [X + Y]_\text{补}$$

当 $X + Y < 0$ 时，$2 + (X + Y) < 2$，又因为 $X + Y < 0$，所以

$$[X]_\text{补} + [Y]_\text{补} = 2 + (X + Y) = [X + Y]_\text{补}$$

（3）$X < 0$，$Y > 0$，则 $X + Y > 0$ 或 $X + Y < 0$

这种情况和第 2 种情况一样，把 X 和 Y 的位置对调即可得证。

（4）$X < 0$，$Y < 0$，则 $X + Y < 0$

由于参加运算的数都为负数，故运算结果也一定为负数。根据补码定义可得：

$$[X]_\text{补} = 2 + X, \quad [Y]_\text{补} = 2 + Y$$

所以

$$[X]_\text{补} + [Y]_\text{补} = 2 + X + 2 + Y = 2 + (2 + X + Y)$$

由于 $X + Y < 0$，其绝对值又小于 1，那么 $(2 + X + Y)$ 一定是小于 2 而大于 1 的数，所以上式等号右边的 2 必然丢掉，又因为 $X + Y < 0$，所以

$$[X]_\text{补} + [Y]_\text{补} = 2 + (X + Y) = [X + Y]_\text{补}$$

至此我们证明了，在模 2 意义下，任意两数的补码之和等于该两数之和的补码。这是补码加法的理论基础，其结论也适用于定点整数。

负数的加法要利用补码化为加法来做，减法运算当然也要设法化为加法来做。其所以使用这种方法而不使用直接减法，是因为它可以和常规的加法运算使用同一加法器电路，从而简化了计算机的设计。

补码减法的公式是：

$$[X-Y]_\text{补}=[X]_\text{补}-[Y]_\text{补}=[X]_\text{补}+[-Y]_\text{补}$$

这里只要证明$-[Y]_\text{补}=[-Y]_\text{补}$，上式即得证。现证明如下：

∵ $\qquad [X]_\text{补}+[Y]_\text{补}=[X+Y]_\text{补}$

∴ $\qquad [Y]_\text{补}=[X+Y]_\text{补}-[X]_\text{补}$ $\hspace{6cm}$（1）

∵ $\qquad [X-Y]_\text{补}=[X+(-Y)]_\text{补}=[X]_\text{补}+[-Y]_\text{补}$

∴ $\qquad [-Y]_\text{补}=[X-Y]_\text{补}-[X]_\text{补}$ $\hspace{6cm}$（2）

将式（1）与（2）式相加，得

$$[-Y]_\text{补}+[Y]_\text{补}=[X+Y]_\text{补}+[X-Y]_\text{补}-[X]_\text{补}-[X]_\text{补}$$
$$=[X+Y+X-Y]_\text{补}-[X]_\text{补}-[X]_\text{补}$$
$$=[X+X]_\text{补}-[X]_\text{补}-[X]_\text{补}=0$$

所以，$[-Y]_\text{补}=-[Y]_\text{补}$ $\hspace{7cm}$（3）

不难发现，只要能通过$[Y]_\text{补}$求得$[-Y]_\text{补}$，就可以将补码减法运算化为补码加法运算。已知$[Y]_\text{补}$求$[-Y]_\text{补}$的法则是：对$[Y]_\text{补}$各位（包括符号位）取反且末位加 1，就可以得到$[-Y]_\text{补}$。

$$[-Y]_\text{补}=-[Y]_\text{补}+2^{-n} \hspace{6cm}（4）$$

2.3.2 运算实例

下面以基本的二进制加法/减法器为例。

设字长为 n 位，两个操作数分别为

$$X=X_0.X_1X_2\cdots X_{n-1}$$
$$Y=Y_0.Y_1Y_2\cdots Y_{n-1}$$

其中，X_0，Y_0 为符号位。

补码运算的二进制加法/减法器（采用的变形补码运算）的逻辑结构图如图 2-8 所示。

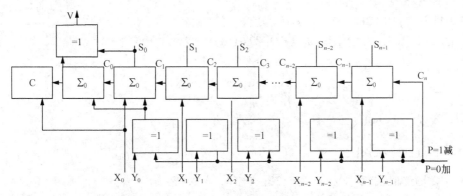

图 2-8　补码运算的二进制加法/减法器的逻辑结构图

【例 2-7】$X=0.1010$，$Y=0.0101$，求$[X]_\text{补}+[Y]_\text{补}=?$

解：

$[X]_\text{补}=0.1010$，$[Y]_\text{补}=0.0101$

$$
\begin{array}{r}
[X]_\text{补} \qquad 0.1010 \\
+\ [Y]_\text{补} \qquad \underline{0.0101} \\
[X+Y]_\text{补} \qquad 0.1111
\end{array}
$$

所以，$X+Y=+0.11111$

【例2-8】X = +0.1011，Y = -0.0101，求[X]$_补$+[Y]$_补$=?

解：

[X]$_补$=0.1011，[Y]$_补$=1.1011

$$
\begin{array}{r}
[X]_补 \quad 0.1011 \\
+\ [Y]_补 \quad 1.1011 \\
\hline
[X+Y]_补 \quad 10.0110
\end{array}
$$

↑1 丢掉

所以，X+Y=0.0110

【例2-9】X = -0.1010，Y = -0.0101，求[X]$_补$+[Y]$_补$=?

解：[X]$_补$=1.0110，[Y]$_补$=1.1011

$$
\begin{array}{r}
[X]_补 \quad 1.0110 \\
+\ [Y]_补 \quad 1.1011 \\
\hline
[X+Y]_补 \quad 11.0001
\end{array}
$$

↑1 丢掉

所以，X+Y=1.0001

由以上几例看到，补码加法的特点，一是符号位要作为数的一部分一起参加运算，二是要在模2的意义下相加，即超过2的进位要丢掉。

【例2-10】X = 0.1100，Y = 0.0110，求[X]$_补$-[Y]$_补$=?

解：[X]$_补$=0.1100，[Y]$_补$=0.0110，[-Y]$_补$=1.1010

$$
\begin{array}{r}
[X]_补 \quad 0.1100 \\
+\ [-Y]_补 \quad 1.1010 \\
\hline
[X-Y]_补 \quad 10.0110
\end{array}
$$

↑1 丢掉

所以，X-Y=+0.0111

【例2-11】X = -0.1100，Y = -0.0110，求[X]$_补$-[Y]$_补$=?

解：[X]$_补$=1.0100，[Y]$_补$=1.1010，[-Y]$_补$=0.0110

$$
\begin{array}{r}
[X]_补 \quad 1.0100 \\
+\ [-Y]_补 \quad 1.0110 \\
\hline
[X-Y]_补 \quad 0.1010
\end{array}
$$

所以，X-Y= -0.0110

2.3.3 溢出判断

【例2-12】已知机器字长 n=8，X=120，Y=10，求 X+Y=?

解：[X]$_补$=01111000，[Y]$_补$=00001010，

$$
\begin{array}{r}
[X]_补 =01111000 \\
+\ [Y]_补 =00001010 \\
\hline
10000010
\end{array}
$$

[X+Y]$_补$=10000010，[X+Y]$_原$=11111110

X+Y 的真值= -1111110=(-126)$_{10}$

运算结果超出机器数值范围发生溢出错误。8位计算机数值表达范围：-128～+127。

溢出判断规则与判断方法：

两个相同符号数相加，其运算结果符号与被加数相同，若相反则产生溢出；

两个相异符号数相减，其运算结果符号与被减数相同，否则产生溢出。

相同符号数相减，相异符号数相加不会产生溢出。

溢出判断方法：1. 双符号法，2. 进位判断法。

（1）双符号位溢出判断法 Sf1 ⊕ Sf2（也被称为变形补码）

双符号含义：00 表示运算结果为正数；01 表示运算结果正向溢出；10 表示运算结果负向溢出；11 表示运算结果为负数。

亦即：$OVR=S_{f1} \oplus S_{f2}=1$　　　有溢出

　　　$OVR=S_{f1} \oplus S_{f2}=0$　　　无溢出

第一位符号位为运算结果的真正符号位。

例：X=0.1001，Y=0.0101，求[X＋Y]

解：

$$[X]_{补} =00.1001$$
$$+ \quad [Y]_{补} =00.0101$$
$$[X+Y]_{补} =00.1110$$

两个符号位相同，运算结果无溢出，X+Y=+0.1110。

（2）进位溢出判断法 S ⊕ C

两单符号位的补码进行加减运算时，若最高数值位向符号位的进位值 C 与符号位产生的进位输出值 S 相同时则无溢出，否则溢出。

例：

$$[X]_{补} =1.101$$
$$+ \quad [Y]_{补} =1.001$$
$$[X+Y]_{补} =10.110$$
$$C=0，S=1，有溢出$$
$$[X]_{补} =1.110$$
$$+ \quad [Y]_{补} =0.100$$
$$[X+Y]_{补} =10.010$$
$$C=1，S=1，无溢出$$

2.4　定点数乘法运算

本节主要介绍计算机内部定点数的乘法运算，包括原码形式的一位和二位乘法，初码形式的一位和二位乘法。

2.4.1　原码一位乘法

在定点计算机中，两个原码表示的数相乘的运算规则是：乘积的符号位由两数的符号按异或运算而乘积的数值部分则是两个正数相乘之积。设 n 位被乘数和乘数用定点小数表示（定点整数也同样适用）：

被乘数 $[X]_原=X_f.X_0X_1X_2...X_n$

乘数 $[Y]_原=Y_f.Y_0Y_1Y_2...Y_n$，则：

乘积 $[z]_原=(X_f \oplus Y_f).(0.X_0X_1X_2...X_n)(0.Y_0Y_1Y_2...Y_n)$

式中，X_f 为被乘数符号，Y_f 为乘数符号。

乘积符号的运算法则是：同号相乘为正，异号相乘为负。由于被乘数和乘数和符号组合只有（$X_f Y_f$=00，01，10，11），因此积的符号可按"异或"（按位加）运算得到。数值部分的运算方法与普通的十进制小数乘法相类似，不过对于用二进制表达的数来说，其更为简单一些：从乘数 Y 的最低位开始，若这一位为"1"，则将被乘数 X 写下；若这一位为 0，写下 0。然后再对乘数 Y 的高一位进行乘法运算，其规则同上，不过这一位乘数的权与最低位不一样，因此被乘数 X 要左移一位。依次类推，直到乘数各位乘完为止，最后将它们统统加起来得到最后乘积 Z。

设 X= 0.1011，Y= 0.1101，让我们先用习惯方法求其乘积，其过程如下：

$$
\begin{array}{r}
0.1101 \,(Y) \\
\times \quad 0.1011 \,(X) \\
\hline
1101 \\
1101 \\
0000 \\
+ \quad 1101 \\
\hline
0.10001111 \,(z)
\end{array}
$$

如果被乘数和乘数用定点整数表示，我们也会得到同样的结果。但是，人们习惯的算法不完全适用。原因之一，机器通常只有 n 位长，两个 n 位数相乘，乘积可能为 2n 位。原因之二个操作数相加的加法器，难以胜任将 n 个位积一次相加起来的运算。为了简化结构，机器通常只有并且只有两个操作数相加的加法器。为此，必须修改上述乘法的实现方法，将 X·Y 改写成适应定点机的形式。

一般而言，设被乘数 X、乘数 Y 都是小于 1 的 n 位定点正数：

$X=0.X_1 X_2 \cdots X_n$；$Y=0.Y_1 Y_2 \cdots Y_n$

其乘积为

$X \cdot Y = X \cdot (0.Y_1 Y_2 \cdots Y_n)$

$= X \cdot (Y_1 \cdot 2^{-1} + Y_2 \cdot 2^{-2} + \cdots + Y_n \cdot 2^{-n})$

$= 2^{-1}(Y_1 X + 2^{-1}(Y_2 X + 2^{-1}(\cdots + 2^{-1}(Y_{n-1} X + 2^{-1}(Y_n X+0))\cdots)))$

令 Z_i 表示第 i 次部分积，则上式可写成如下递推公式：

$Z_0=0$

$Z_1=2^{-1}(Y_n X + Z_0)$

   …

$Z_i=2^{-1}(Y_{n-i+1} X + Z_{i-1})$

   …

$Z_m=X \cdot Y=2^{-1}(Y_1 X + Z_{m-1})$

显然，欲求 X·Y，则需设置一个保存部分积的累加器。乘法开始时，令部分积的初值 $Z_0=0$，然后求加上 $Y_n X$，右移 1 位得第 1 个部分积，又将加上 $Y_{n-1} X$，再右移 1 位得第 2 个部分积。依此类推，直到求得 $Y_1 X$ 加上 Z_{m-1} 再右移 1 位得最后部分积，即得 X·Y。显然，两个 n 位数相乘，需重复进行 n 次"加"及"右移"操作，才能得到最后乘积。这就是实现原码一位乘法的规则，如下图所示为原码一位乘的示意图。

A、X、Q 均是 n+1 位移位和加，受末位乘数控制。

两操作数的绝对值相乘，符号位单独处理。

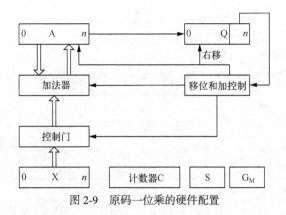

图 2-9　原码一位乘的硬件配置

寄存器 A，B 均设置双符号位，第 1 符号位始终是部分积符号，每次在右移时第 1 符号位要补 0。

操作步数由乘数的尾数位数决定，用计数器 Cd 来计数。即作 n 次累加和移位。

最后是加符号位，根据 $SX \oplus SY$ 决定。

【例 2-13】已知 X=$-$0.1110，Y=0.1101，求 $[X \cdot Y]_原$。

解： 数值部分的运算：

部分积	乘数	说明
0.0000	1101	部分积　初态 $z_0 = 0$
0.1110		
0.1110		
0.0111	0110	→ 　1，得 z1
0.0000		
0.0111	0	→ 　1，得 z2
0.0011	1011	
0.1110		
1.0001	10	→ 　1，得 z3
0.1000	1101	
0.1110		
1.0110	110	→ 　1，得 z4
0.1011	0110	

结果：

乘积的符号位：$X_0 \oplus Y_0 = 1 \oplus 0 = 1$

数值部分按绝对值相乘：$X \cdot Y = 0.10110110$

则 $[X \cdot Y]_原 = 1.10110110$

特点：

绝对值运算、用移位的次数判断乘法是否结束、逻辑移位。

2.4.2　原码二位乘法

为了提高乘法的执行速度，可以考虑每次对乘数的两位进行判断以确定相应的操作，这就是两位乘法。

原码两位乘法的运算规则为：

1）符号位不参加运算，最后的符号 Pf= Xf⊕Yf。

2）部分积与被乘数均采用三位符号，乘数末位增加一位 C，其初值为 0。

3）按表 2-4 所示的操作。

4）若尾数 n 为偶数，则乘数用双符号，最后一步不移位。若尾数 n 为奇数，则乘数用单符号，最后一步移一位。

表 2-4 原码两位乘法算法

Yn-1	Yn	C	操 作
0	0	0	加 0，右移两位，0->C
0	0	1	加 X，右移两位，0->C
0	1	0	加 X，右移两位，0->C
0	1	1	加 2X，右移两位，0->C
1	0	0	加 2X，右移两位，0->C
1	0	1	减 X，右移两位，0->C
1	1	0	减 X，右移两位，0->C
1	1	1	加 0，右移两位，1->C

【例 2-14】X=-0.1101，Y=0.0110，求[X×Y]$_原$=？

解：|X|=000.1101，2|X|=001.1010（用三符号表示），|Y|=00.0110（用双符号表示），具体如下表所示：

部分积	乘数　C	说　明
000.0000	00.01100	Y$_{n-1}$Y$_n$C=100，加 2|X|
+ 001.1010		
001.1010	00.011	右移两位　　　0→C
000.011010		Y$_{n-1}$Y$_n$C=010，加|X|
+ 001.1010		
010.000010	00.0	右移两位　　　0→C
000.10000010		

Y$_{n-1}$Y$_n$C=000，最后一步不移位，故[X×Y]$_原$=0.10000010

2.4.3 补码一位乘法

原码乘法的主要问题是符号位不能参加运算，单独用一个异或门产生乘积的符号位。故自然提出能否让符号数字化后也参加乘法运算，补码乘法就可以实现符号位直接参加运算。为了得到补码一位乘法的规律，先从补码和真值的转换公式开始讨论。

1. 补码与真值的转换公式

设[X]$_补$=X$_0$.X$_1$X$_2$…X$_n$，有：

$$X=-X_0 + \sum_{i=1}^{n} x_i 2^{-i} \sum X_i 2^{-i}$$

等式左边 X 为真值。此公式说明真值和补码之间的关系。

2. 补码的右移

正数右移一位，相当于乘 1/2（即除 2）。负数用补码表示时，右移一位也相当于乘 1/2。因此，在补码运算的机器中，一个数不论其正负，连同符号位向右移一位，若符号位保持不变，就等于乘 1/2。

3. 补码乘法规则

设被乘数 $[X]_{补}=X_0.X_1X_2\cdots X$ 和乘数 $[Y]_{补}=Y_0.Y_1Y_2\cdots Y_n$ 均为任意符号，则有补码乘法算式

$$[X \cdot Y]_{补}=[X]_{补} \cdot (-Y_0 + \sum_{i=1}^{n} y_i 2^{-i} \sum Y_i 2^{-i})$$

为了推出串行逻辑实现分步算法，将上式展开加以变换：

$$[X \cdot Y]_{补}=[X]_{补} \cdot [-Y_0 + Y_1 2^{-1} + Y_2 2^{-2} + \cdots + Y_n 2^{-n}]$$

$$=[X]_{补} \cdot [-Y_0 + (Y_1-Y_1 2^{-1}) + (Y_2 2^{-1}-Y_2 2^{-2}) + \cdots + (Y_n 2^{-(n-1)}-Y_n 2^{-n})]$$

$$=[X]_{补} \cdot [(Y_1-Y_0) + (Y_2-Y_1)2^{-1} + \cdots + (Y_n-Y_{n-1})2^{-(n-1)} + (0-Y_n)2^{-n}]$$

$$=[X]_{补} \cdot \sum_{i=1}^{n}(Y_{i+1} - Y_i)2^{-i} \ (Y_{n+1}=0)$$

写成递推公式如下：

$[Z_0]_{补}=0$

$[Z_1]_{补}=2^{-1}\{[Z_0]_{补} + (Y_{n+1}-Y_n)[X]_{补}\}(Y_{n+1}=0)$

$[Z_i]_{补}=2^{-1}\{[Z_{i-1}]_{补} + (Y_{n-i+2}-Y_{n-i+1})[X]_{补}\}$

$[Z_n]_{补}=2^{-1}\{[Z_{n-1}]_{补} + (Y_2-Y_1)[X]_{补}\}$

$[Z_{n+1}]_{补}=[Z_n]_{补} + (Y_1-Y_0)[X]_{补}=[X \cdot Y]_{补}$

开始时，部分积为 0，即 $[Z_0]_{补}=0$。然后每一步都是在前次部分积的基础上，由 $(Y_{i+1}-Y_i)$ $(i=0，1，2，\cdots，n)$ 决定对 $[X]_{补}$ 的操作，再右移一位，得到新的部分积。如此重复 $n+1$ 步，最后一步不移位，便得到 $[X \cdot Y]_{补}$，这就是有名的布斯公式。

实现这种补码乘法规则时，在乘数最末位后面要增加一位补充位 Y_{n+1}。开始时，由 Y_nY_{n+1} 判断第一步该怎么操作；然后再由 $Y_{n-1}Y_n$ 判断第二步该怎么操作。因为每做一步要右移一位，故做完第一步后，$Y_{n-1}Y_n$ 正好移到原来 Y_nY_{n+1} 的位置上。依此类推，每步都要用 Y_nY_{n+1} 位置进行判断，我们将这两位称为判断位。

如果判断位 $Y_nY_{n+1}=01$，则 $Y_{i+1}-Y_i=1$，做加 $[X]_{补}$ 操作；如果判断位 $Y_nY_{n+1}=10$，则 $Y_{i+1}-Y_i=-1$，做加 $[-X]_{补}$ 操作；如果判断位 $Y_nY_{n+1}=11$ 或 00，则 $Y_{i+1}-Y_i=0$，$[Z_i]$ 加 0，即保持不变。

4. 补码一位乘法运算规则

（1）如果 $Y_n=Y_{n+1}$，部分积 $[Z_i]$ 加 0，再右移一位；

（2）如果 $Y_nY_{n+1}=01$，部分积加 $[X]_{补}$，再右移一位；

（3）如果 $Y_nY_{n+1}=10$，部分积加 $[-X]_{补}$，再右移一位。

这样重复进行 $n+1$ 步，但最后一步不移位。包括一位符号位，所得乘积为 $2n+1$ 位，其中 n 为尾数位数。

实现一位补码乘法的逻辑原理图如图 2-10 所示，它与一位原码乘法的逻辑结构非常类似，所不同的有以下几点：

（1）被乘数的符号和乘数的符号都参加运算。

（2）乘数寄存器 R_1 有附加位 Y_{n+1}，其初始状态为 "0"。当乘数和部分积每次右移时，部分积最低位移至 R_1 的首位位置，故 R_1 必须是具有右移功能的寄存器。

（3）被乘数寄存器 R_2 的每一位用原码（即触发器 Q 端）或反码（即触发器 Q 端）经多路开关传送到加法器对应位的一个输入端，而开关的控制位由和 Y_n 的 Y_{n+1} 输出译码器产生。当 $Y_nY_{n+1}=01$ 时，送 $[X]_{补}$；当 $Y_nY_{n+1}=10$ 时，送 $[-X]_{补}$，即送的反码且在加法器最末位上加 "1"。

（4）R_0 保存部分积，它也是具有右移功能的移位寄存器，其符号位与加法器符号位始终一致。

（5）当计数器 $i=n+1$ 时，封锁 LDR_0 和 LDR_1 控制信号，使最后一位不移位。

执行补码一位乘法的总时间为

$$t_m=(n+1)t_a+nt_r$$

其中，n 为尾数位数，t_a 为执行一次加法操作的时间，t_r 为执行一次移位操作的时间。如果加法操作和移位操作同时进行，则 t_r 项可省略。

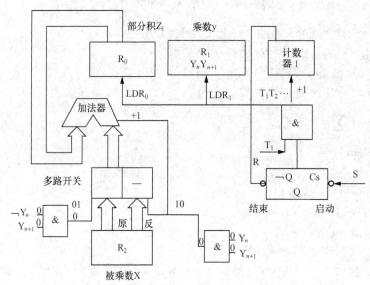

图 2-10　补码一位乘法逻辑原理图

2.4.4　补码二位乘法

运算规则：

（1）符号位参加运算，两数均用补码表示。

（2）部分积与被乘数均采用三位符号表示，乘数末位增加一位 Y_{n+1}，其初值为 0。

（3）按表 2-5 所示的操作。

（4）若尾数 n 为偶数，则乘数用双符号，最后一步不移位。若尾数 n 为奇数，则乘数用单符号，最后一步移一位。

表 2-5　　　　　　　　　　　　补码两位乘法算法

Y_{n-1}	Y_n	Y_{n+1}	操　　作
0	0	0	加 0，右移两位
0	0	1	加 $[X]_补$，右移两位
0	1	0	加 $[X]_补$，右移两位
0	1	1	加 $2[X]_补$，右移两位
1	0	0	加 $2[-X]_补$右移两位
1	0	1	加 $[-X]_补$，右移两位
1	1	0	加 $[-X]_补$，右移两位
1	1	1	加 0，右移两位

【例 2-15】 $X=-0.1101$，$Y=0.0110$，求 $[X \times Y]_补=?$

解：$[X]_补=111.0011$

2[-X]$_补$=001.1010

2[X]$_补$=110.0110（用三符号表示）

[Y]$_补$=00.0110（用双符号表示）

部分积	乘数 Y$_{n+1}$	说明
000.0000	00.01<u>100</u>	Y$_{n-1}$Y$_n$Y$_{n+1}$Y=100，加2[-X]$_补$
+　　001.1010		
001.1010		
000.011010	00.<u>011</u>	右移两位
+110.0110		Y$_{n-1}$Y$_n$Y$_{n+1}$Y=011，加2[X]$_补$
110.110010		
110.110010	00.0	右移两位
		Y$_{n-1}$Y$_n$Y$_{n+1}$Y=100，最后一步不移位
→		
111.10110010		

故[X×Y]$_补$=1.10110010

2.5　定点数除法运算

本节主要介绍计算机内部定点数的除法运算，包括原码形式的一位除法，补码形式的一位除法。

2.5.1　原码一位除法

设被除数[X]$_原$=X$_f$.X$_1$X$_2$⋯X$_n$，除数[Y]$_原$=Y$_f$.Y$_1$Y$_2$⋯Y$_n$，则有

$$[X \div Y]_原 = (X_f \oplus Y_f) + (0.X_1X_2 \cdots X_n / 0.Y_1Y_2 \cdots Y_n)$$

对于定点小数，为使商不发生溢出，必须保证|X| < |Y|；对于定点整数，为使商不发生溢出，必须保证双字|X|的高位字部分 < |Y|。

计算机实现原码除法，有恢复余数法和不恢复余数法两种方法。

1. 恢复余数法

设被除数 X=0.1001，除数 Y=0.1011，X÷Y 的人工计算过程如下：

```
                    0.1101
        0.1011 )  0.10010
                  −1011
                  ───────
                   1110
                  −1011
                  ───────
                   1100
                  −1011
                  ───────
                      1
```

所以，X÷Y=0.1101，余数=0.00000001。

由于每次商 0 之前都要先恢复余数，因此这种方法称为恢复余数法。

2. 不恢复余数法

不恢复余数法又称加减交替法，它是恢复余数法的一种变形。设 r$_i$ 表示第 i 次运算后所得的

余数，按照恢复余数法，有：

若 $r_i > 0$，则商 1，余数和商左移 1 位，再减去除数，即

$$r_{i+1}=2r_i-Y$$

若 $r_i < 0$，则先恢复余数，再商 0，余数和商左移 1 位，再减去除数，即

$$r_{i+1}=2(r_i + Y)-Y=2r_i + Y$$

由以上两点可以得出原码加减交替法的运算规则：

若 $r_i > 0$，则商 1，余数和商左移 1 位，再减去除数，即 $r_{i+1}=2r_i-Y$；

若 $r_i < 0$，则商 0，余数和商左移 1 位，再加上除数，即 $r_{i+1}=2r_i + Y$。

由于此种方法在运算时不需要恢复余数，因此称为不恢复余数法。原码加减交替法是在恢复余数的基础上推导而来的，当末位商 1 时，所得到的余数与恢复余数法相同，是正确的余数。但当末位商 0 时，为得到正确的余数，需增加一步恢复余数，在恢复余数后，商左移一位，最后一步余数不左移。

【例 2-16】已知 X=-0.1001，Y=-0.1011，求[X/Y]$_原$。

解：|X|=00.1001，|Y|=00.1011

$[-|Y|]_补$=11.0101（用双符号表示）

被除数 /余数		商	说明
	00.1001		减去除数
$+ [-|Y|]_补$	11.0101		
	11.1110		
←	11.1100	0	余数为负，商上 0
$+ [|Y|]_补$	00.1011	0	余数和商左移一位
	00.0111		加上余数
←	00.1110	0.1	余数为正，商上 1
$+ [-|Y|]_补$	11.0101	0.1	余数和商左移一位
	00.0011		减去余数
←	00.0110	0.11	余数为正，商上 1
$+ [-|Y|]_补$	11.0101	0.11	余数和商左移一位
	11.1011		加上余数
←	11.0110	0.110	余数为负，商上 0
$+ [|Y|]_补$	00.1011	0.110	余数和商左移一位
	00.0001		加上余数
	00.0001	0.1101	余数为正，商上 1

商的符号位为 $X_f \oplus Y_f$=1 ⊕ 1=0，[X/Y]$_原$=0.1101，余数$[r]_原$=1.0001 × 2^{-4}（余数与被除数同号）。

由例 2-16 可以看出，运算过程中每一步所上的商正好与当前运算结果的符号位相反，在原码加减交替除法硬件设计时每一步所上的商便是由运算结果的符号位取反得到的。由例子还可以看出，当被除数（余数）和除数为单符号时，运算过程中每一步所上的商正好与符号位运算向前产生的进位相同，在原码阵列除法器硬件设计时每一步所上的商便是由单符号位运算向前产生的进位得到的。

2.5.2 补码一位除法

补码除法的被除数、除数用补码表示，符号位和数值位一起参加运算，商的符号位与数值位

由统一的算法求得。

1. 补码加减交替法算法

在补码一位除法中也必须比较被除数（余数）和除数的大小，并根据比较的结果来上商。另外，为了避免溢出，商的绝对值不能大于1，即被除数的绝对值一定要小于除数的绝对值。

补码加减交替除法的算法规则如下：

（1）被除数与除数同号，被除数减去除数；被除数与除数异号，被除数加上除数。

（2）余数和除数同号，商为1，余数左移一位，下次减除数；余数和除数异号，商为0，余数左移一位，下次加除数。

（3）重复步骤（2），包括符号位在内，共做$n+1$步。

为了统一并简化控制线路，一开始就根据$[X]_\text{补}$和$[Y]_\text{补}$的符号位是否相同，上一次商q'_0。这位商q'_0不是真正的商的符号，故称其为假商。如果$[X]_\text{补}$和$[Y]_\text{补}$的符号位相同，商1，正好控制下次做减法：第一次一定不够减，才得到商的正确符号位$q_0=0$；如果$[X]_\text{补}$和$[Y]_\text{补}$的符号位不同，商0，正好控制下次做加法：第一次一定不够减，才得到商的正确符号$q_0=1$。以后按同样的规则运算下去。显然，第一次上的假商q'_0只是为除法做准备工作，共进行$n+1$步操作。最后，第一次上的商q'_0移出寄存器，而需要的商数位则保留在商数寄存器中。

做一次补码一位除法的总时间为

$$t_d=(n+1)(t_a+t_r)+t_r$$

其中n为尾数位数。当加法操作与移位操作在同一操作步骤中完成时

$$t_d=(n+1)t_a+t_r$$

2. 商的校正

补码一位除法的算法是在商的末位"恒置1"的舍入条件下推导的。按照这种算法所得到的有限位商为负数时，是反码形式。而正确需要得到的商是补码形式，两者之间至多是相关末位的一个"1"，这样引起的最大误差是2^{-n}。在对商的精度没有特殊要求的情况下，一般采用商的末位"恒置1"的方式进行舍入，这样处理的好处是操作简单，便于实现。

如果要求进一步提高商的精度，可以不用"恒置1"的方式舍入，而按上述法则多求一位后，再采用如下校正方法对商进行处理：

（1）刚好能除尽时，如果除数为正，商不必校正；如果除数为负，则商加2^{-n}。

（2）不能除尽时，如果商为正，则不必校正；如果商为负，则商加2^{-n}。

【例 2-17】$X=-0.1001$，$Y=+0.1101$，用补码加减交替法求$X \div Y$。

解： $[X]_\text{补}=11.0111$，$[Y]_\text{补}=00.1101$，$[-Y]_\text{补}=11.0011$

求解过程如下：

被除数 X/余数 r		商数 q	说明
	11.0111	1	$[X]_\text{补}$和$[Y]_\text{补}$异号，$q_0=0$
$+[Y]_\text{补}$	00.1101		加除数
	00.0100		
←	00.1000	01	余数和除数同号
$+[-Y]_\text{补}$	11.0011		左移1位，商1
	11.1011		减除数
	11.0110	010	余数和除数异号
$+[Y]_\text{补}$	00.1101		左移1位，商0
	00.0011		加除数

00.0110	0101	余数和除数同号
+ [−Y]补　11.0011		左移 1 位，商 1
11.1001		减除数
11.0010	01010	余数和除数异号
+ [Y]补　00.1101		左移 1 位，商 0
11.1111		减除数
11.1111	1.0100	余数和除数异号
		左移 1 位，商 0，余数
		不左移

解得：[q]补=1.0100+0.0001(校正量)=1.0101

　　　[r]补=1.1111

2.6　浮点数算术运算

所谓浮点数就是小数点在逻辑上是不固定的，值得指出的是，浮点数并不一定等于小数，定点数也并不一定就是整数，但定点数只能表示小数点固定的数值，具体用浮点数或定点数表示某哪一种数由用户规定。本节将介绍计算机内部浮点数的算术运算，包括加减乘除及运算器。

2.6.1　浮点数加减运算

设有两个浮点数 X 和 Y，它们分别为 $X = 2^{EX} \cdot M_X$　$Y = 2^{EY} \cdot M_Y$

其中 EX 和 EY 分别为数 X 和 Y 的阶码，M_X 和 M_Y 为数 X 和 Y 的尾数。两浮点数进行加法和减法的运算规则是 $X \pm Y = (M_X 2^{EX-EY} \pm M_Y)2^{EY}$，$EX \leqslant EY$ 完成浮点加减运算的操作过程分为以下几步。

（1）0 操作数检查

浮点加减运算过程比定点运算过程复杂。如果判知两个操作数 X 或 Y 中有一个数为 0，即可得知运算结果而没有必要再进行后续的一系列操作以节省运算时间。0 操作数检查步骤则用来完成这一功能。

（2）对阶

对阶的目的是使两个操作数的小数点位置对齐，也就是说要使两个数的阶码相等。为此，要先求阶码之差，然后以小阶看大阶的原则，将阶码小的尾数右移。之所以进行的是尾数右移，是因为尾数右移虽引起最低有效位的丢失，但造成误差较小。而尾数左移会引起最高有效位的丢失，造成很大误差。

小阶看大阶的原则是将阶码小的尾数右移，尾数右移一位（基数为 2），阶加 1，直到两数的阶码相等为止。尾数右移时，舍弃掉的有效位会产生误差，影响精度。

（3）尾数求和运算

对阶结束后，即可进行尾数的求和运算。不论加法运算还是减法运算，都按加法进行操作，其方法与定点加减法运算完全一样。

（4）结果规格化

结果规格化是指使运算结果成为规格化数。

以双符号位为例，当尾数大于 0 时，其补码规格化形式为：00.1×××…×，当尾数小于 0

时，其补码规格化形式为：$11.0 \times \times \times \cdots \times$。

若运算结果不是以上形式时就需要进行规格化。规格化分为左规和右规两种。

1）左规：当尾数出现 $00.0 \times \times \times \cdots \times$ 或 $11.1 \times \times \times \cdots \times$ 时，需要进行左规，即尾数左移一位，和的阶码减1，直到尾数为 $00.1 \times \times \times \cdots \times$ 或 $11.0 \times \times \times \cdots \times$。

2）右规：当尾数求和结果溢出（如尾数为 $01. \times \times \cdots \times \times$ 或 $10. \times \times \cdots \times \times$ 时），需要进行右规，即尾数右移一位，和的阶码加1。

（5）舍入处理

在对阶或向右规格化时，尾数要向右移位，这样，被右移的尾数的低位部分会被丢掉，从而造成一定误差，因此要进行舍入处理。简单的舍入方法有两种：一种是"0 舍 1 入"法，即如果右移时，被丢掉数位的最高位为"0"时，则舍去，为"1"则将尾数的末位加"1"。另一种是"恒置 1"法，即只要数位被移掉，就在尾数的末尾恒置"1"。在 IEEE754 标准中，舍入处理提供了四种可选方法：

就近舍入。其实质就是通常所说的"四舍五入"。例如，尾数超出规定的 23 位的多余位数字是 10010，多余位的值超过规定的最低有效位值的一半，故最低有效位应增 1。若多余的 5 位是 01111，则简单的截尾即可。对多余的 5 位是 10000 这种特殊情况：若最低有效位现为 0，则截尾；若最低有效位现为 1，则向上进一位使其变为 0。

朝 0 舍入。即朝数轴原点方向舍入，就是简单的截尾。无论尾数是正数还是负数，截尾都使取值的绝对值比原值的绝对值小。这种方法容易导致误差积累。

朝 $+\infty$ 舍入。对正数来说，只要多余位不全为 0 则向最低有效位进 1；对负数来说，则是简单的截尾。

朝 $-\infty$ 舍入。处理方法正好与朝 $+\infty$ 舍入情况相反。对正数来说，只要多余位不全为 0 则简单截尾；对负数来说，向最低有效位进 1。

（6）浮点数的溢出

在定点运算中，当运算结果超出数的表示范围时，就发生溢出。而在浮点运算中，运算结果超出数表示范围却不一定溢出，只有规格化后阶码超出所能表示的范围时，才发生溢出。

在浮点数规格化中已指出，当尾数之和（差）出现 $01. \times \times \cdots \times \times$ 或 $10. \times \times \cdots \times \times$ 时，并不表示溢出，只有将此数右规后，再根据阶码来判断浮点数运算结果是否溢出。

浮点数的溢出与否是由阶码的符号来决定的。以双符号位补码为例，当阶码的符号位出现"01"时，即阶码大于最大阶码，表示上溢，进入中断处理；当阶码的符号位出现"10"时，即阶码小于最小阶码，表示下溢，按机器零来处理。实际上原理还是阶码符号位不同就溢出，且真实符号和最高位符号位一致。

【例 2-18】设 $X=2^{010} \times 0.11011011$，$Y=2^{100} \times (-0.10101100)$，求 $X+Y$。

解：

为了便于直观理解，假设两数均以补码表示，阶码采用双符号位，尾数采用单符号位，则它们的浮点表示分别为

$[X]_浮 = 00\ 010,\ 0.11011011$

$[Y]_浮 = 00\ 100,\ 1.01010100$

（1）求阶差并对阶

$\triangle E = E_X - E_Y = [E_X]_补 + [-E_Y]_补 = 00\ 010 + 11\ 100 = 11\ 110$

即 $\triangle E$ 为 -2，X 的阶码小，应使 M_X 右移两位，E_X 加 2。

$[X]_浮 = 00\ 100,\ 0.00110110(11)$

其中(11)表示 M_X 右移 2 位后移出的最低两位数。

（2）尾数求和

$$
\begin{array}{r}
0.00110110\,(11) \\
+\quad 1.01010100 \\
\hline
1.10001010
\end{array}
$$

（3）规格化处理

尾数运算结果的符号位与最高数值位同值，应执行左规处理，结果为 1.00010101(10)，阶码为 00 011。

（4）舍入处理

采用 0 舍 1 入法处理，则有

$$
\begin{array}{r}
1.00010101 \\
+\qquad\qquad 1 \\
\hline
1.00010110
\end{array}
$$

（5）判断溢出

阶码符号位为 00，不溢出，故得最终结果为

$$
X+Y=2^{011} \times (-0.11101010)
$$

2.6.2　浮点数乘除运算

（1）浮点乘、除法运算规则

设有两个浮点数 X 和 Y：

$$
X = 2^{EX} \cdot S_X
$$
$$
Y = 2^{EY} \cdot S_Y
$$

则浮点乘法运算的规则是：

$$
X \times Y = 2^{(EX+EY)} \cdot (S_X \times S_Y)
$$

可见，乘积的尾数是相乘两数的尾数之积，乘积的阶码是相乘两数的阶码之和。当然，这里也有规格化与舍入等步骤。

浮点除法运算的规则是：

$$
X \div Y = 2^{(EX-EY)} \cdot (S_X \div S_Y)
$$

可见，商的尾数是相除两数的尾数之商，商的阶码是相除两数的阶码之差。当然也有规格化和舍入等步骤。

（2）浮点乘法运算步骤

浮点乘法可以分为如下三个步骤：

1）阶码相加

两个数的阶码相加可以在加法器中完成。当阶码和尾数两个部分并行操作时，可另设一个加法器专门实现对阶码的求和；串行操作时，可用同一加法器分别完成阶码求和、尾数求积的运算，并且先完成阶码求和运算。阶码相加后有可能产生溢出，若发生溢出，则相应部件将给出溢出信号，指示计算机作溢出处理。

2）尾数相乘

两个运算数的尾数部分相乘就可得到积的尾数。尾数相乘可按定点乘法运算的方式进行运算。

3）结果规格化

当运算结果需要进行规格化操作时，就应进行规格化操作。规格化及舍入方法与浮点加、减法处理的方法相同。

（3）浮点除法运算步骤

浮点除法可以分为如下四个步骤：

1）检查被除数的尾数

检查被除数的尾数是否小于除数的尾数（从绝对值考虑）。如果被除数的尾数大于除数的尾数，则将被除数的尾数右移一位并相应地调整阶码。由于操作数在运算前是规格化的数，所以最多只作一次调整。这一步的操作可防止商的尾数出现混乱。

2）阶码求差

由于商的阶码等于被除数的阶码减去除数的阶码，所以要进行阶码求差运算。阶码求差可以很简单地在阶码加法器中实现。

3）尾数相除

商的尾数由被除数的尾数除以除数尾数获得。由于操作数在运算前已规格化并且调整了尾数，所以尾数相除的结果是规格化定点小数。两个尾数相除与定点除法相类似，这里不再讨论。

4）结果规格化

当运算结果需要进行规格化操作时，就应进行规格化操作。规格化及舍入方法与浮点加、减法处理的方法相同。

2.6.3　浮点运算器

1. 浮点运算器的一般结构

浮点运算器是计算机内专门用于浮点数运算的部件。浮点数是由阶码和尾数这两部分组成的。阶码是定点整数形式，尾数是定点小数形式，对这两部分执行的操作并不相同。因此，计算机中的浮点运算器总是由处理阶码和处理尾数的两部分组成。浮点运算器可用两个松散连接的定点运算部件来实现：即阶码部件和尾数部件，如图 2-11 所示。

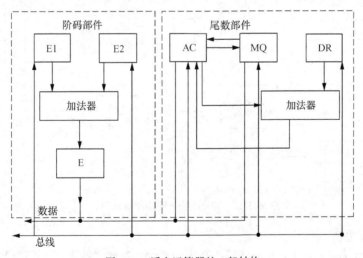

图 2-11　浮点运算器的一般结构

尾数部件实质上就是一个通用的定点运算器，要求该运算器能实现加、减、乘、除四种基本算术运算。其中三个单字长寄存器用来存放操作数：AC 为累加器，MQ 为乘商寄存器，DR 为数据寄存器。AC 和 MQ 连起来还可组成左右移位的双字长寄存器 AC – MQ。并行加法器用来完成数据的加工处理，其输入来自 AC 和 DR，而结果回送到 AC。MQ 寄存器在乘法时存放乘数，而除法时存放商数，所以称为乘商寄存器。DR 用来存放被乘数或除数，而结果（乘积或商与余数）

则存放在 AC – MQ。在四则运算中，使用这些寄存器的典型方法如下：

运算类别	寄存器关系
加法	AC + DR→AC
减法	AC – DR→AC
乘法	DR × MQ→AC – MQ
除法	AC ÷ DR→AC – MQ

对阶码部件来说，只要能进行阶码相加、相减和比较操作即可。在图 2-12 中，操作数的阶码部分放在寄存器 E1 和 E2，它们与并行加法器相连以便计算。浮点加法和减法所需要的阶码比较是通过 E1 – E2 来实现的，相减的结果放入计数器 E 中，然后按照 E 的符号决定哪一个阶码较大。在尾数相加或相减之前，需要将一个尾数进行移位，这是由计数器 E 来控制的，目的是使 E 的值按顺序减到 0。E 每减一次 1，相应的尾数则向右移 1 位。一旦尾数调整完毕，它们就可按通常的定点方法进行处理。运算结果的阶码值仍放到计数器 E 中。

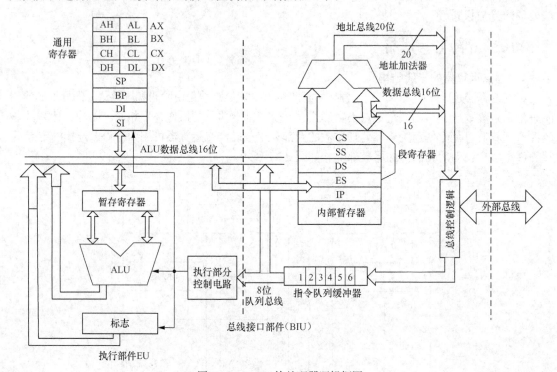

图 2-12　80X87 协处理器逻辑框图

2. 浮点协处理器

80X87是美国Intel公司为处理浮点数等数据的算术运算和多种函数计算而设计生产的专用算术运算处理器。由于它们的算术运算是配合 80 × 86CPU 进行的，所以又称为协处理器。如图 2-12 所示，现在我们以 80 × 87 为例来讨论浮点运算器部件的组成。浮点协处理器的主要功能如下：

（1）可与配套的 CPU 芯片异步并行工作。80 × 87 相当于 386 的一个 I／O 部件，本身有它自己的指令，但不能单独使用，它只能作为 386 主 CPU 的协处理器才能运算。因为真正的读写主存的工作不是 80 × 87 完成，而是由 386 执行的。如果 386 从主存读取的指令是 80 × 87 浮点运算指令，则它们以输出方式把该指令送到 80 × 87，80 × 87 接收后进行译码并执行浮点运算。在 80 ×

87 进行运算期间, 386 可取下一条其他指令予以执行, 因而实现了并行工作。如果在 80×87 执行浮点运算指令过程中 386 又取来一条 80×87 指令, 则 80×87 以给出"忙"的标志信号加以拒绝, 使 386 暂停向 80×87 发送命令。只有待 80×87 完成浮点运算而取消"忙"的标志信号以后, 386 才可以进行一次发送操作。

（2）高性能的 80 位字长的内部结构, 有 8 个 80 位字长的以堆栈方式管理的寄存器组。

80×87 从存储器取数和向存储器写数时, 均用 80 位的临时实数和其他 6 种数据类型执行自动转换。全部数据在 80×87 中均以 80 位临时实数的形式表示。因此 80×87 具有 80 位的内部结构, 并有八个 80 位字长以"先进后出"方式管理的寄存器组, 又称寄存器堆栈。这些寄存器可以按堆栈方式工作, 此时, 栈顶被用作累加器。也可以按寄存器的编号直接访问任一个寄存器。

（3）浮点数的格式, 完全符合 IEEE 制定的国际标准。

（4）能处理包括二进制浮点数、二进制整数和十进制数串三大类共 7 种数据。此 7 种数据类型在寄存器中表示如下：

短整数（32 位整数）	S	31 位	
长整数（64 位整数）	S	63 位	
短实数（32 位浮点数）	S	指数	尾数（23 位）
长实数（64 位浮点数）	S	指数	尾数（52 位）
临时实数（80 位浮点数）	S	指数	尾数（64 位）
十进数串（十进制 18 位）	S	− −	$d_{17}d_{16}…d_1d_0$

此处 S 为一位符号位, 0 代表正, 1 代表负。三种浮点数阶码的基值均为 2。阶码值用移码表示, 尾数用原码表示。尾数有 32 位、64 位、80 位三种。

由图可知它不仅仅是一个浮点运算器, 还包括了执行数据运算所需要的全部控制线路, 就运算部分讲, 有处理浮点数指数部分的部件和处理尾数部分的部件, 还有加速移位操作的移位器线路, 它们通过指数总线和小数总线与八个 80 位字长的寄存器堆栈相连接。

（5）内部的出错管理功能

为了保证操作的正确执行, 80×87 内部还设置了三个各为 16 位字长的寄存器, 即特征寄存器、控制寄存器和状态寄存器。特征寄存器用每两位表示寄存器堆栈中每个寄存器的状态, 即特征值为 00 ~ 11 四种组合时表明相应的寄存器有正确数据、数据为 0、数据非法、无数据四种情况。控制寄存器用于控制 80×87 的内部操作。其中 PC 为精度控制位域（2 位）: 00 为 24 位, 01 为备用, 10 为 53 位, 11 为 64 位。RC 为舍入控制位域（2 位）: 00 为就近舍入, 01 朝 – 方向舍入, 10 朝 + 方向舍入, 11 朝 0 舍入。IC 为无穷大控制位: 该位为 0 时 + 与 – 作同值处理, 该位为 1 时 + 与 – 不作同值处理。控制寄存器的低 6 位作异常中断屏蔽位: IM 为非法处理, DM 为非法操作数, ZM 为 0 作除数, OM 为上溢, UM 为下溢, PM 为精度下降。状态字寄存器用于表示 80×87 的结果处理情况, 如当"忙"标志为 1 时, 表示正在执行一条浮点运算指令, 为 0 则表示 80×87 空闲。状态寄存器的低 6 位指出异常错误的 6 种类型, 与控制寄存器低 6 位相同。当控制寄存器位为 0（未屏蔽）而状态寄存器位为 1 时, 因发生某种异常错误而产生中断请求。

3. CPU 内的浮点运算器

奔腾 CPU 将浮点运算器包含在芯片内。浮点运算部件采用流水线设计。

指令执行过程分为 8 段流水线。前 4 段为指令预取（DF）、指令译码（D1）、地址生成（D2）、取操作数（EX）, 在 U、V 流水线中完成; 后 4 段为执行 1（X1）、执行 2（X2）、结果写回寄存器堆（WF）、错误报告（ER）, 在浮点运算器中完成。一般情况下, 由 V 流水线完成一条浮点操作指令。

浮点部件内有浮点专用的加法器、乘法器和除法器，有 8 个 80 位寄存器组成的寄存器堆，内部的数据总线为 80 位宽。因此浮点部件可支持 IEEE754 标准的单精度和双精度格式的浮点数。另外还使用一种称为临时实数的 80 位浮点数。对于浮点数的取数、加法、乘法等操作，采用了新的算法并用硬件来实现，其执行速度是 80486 的 10 倍多。

2.7 算术逻辑单元

算术逻辑单元（Arithmetic-Logic Unit，ALU）是中央处理器（CPU）的执行单元，是所有中央处理器的核心组成部分。

2.7.1 算术逻辑单元简介

算术逻辑单元（Arithmetic Logic Unit，ALU）是进行整数运算的结构。现阶段是用电路来实现，应用在电脑芯片中。在计算机中，算术逻辑单元（ALU）是专门执行算术和逻辑运算的数字电路。ALU 是计算机中央处理器的最重要组成部分，甚至连最小的微处理器也包含 ALU 作计数功能。在现代 CPU 和 GPU 处理器中已含有功能强大和复杂的 ALU，一个单一的元件也可能含有 ALU。

早在 1945 年数学家冯·诺伊曼在一篇介绍被称为 EDVAC 的一种新型电脑的基础构成的报告中提出 ALU 的概念。

1946 年，冯·诺伊曼与同事合作为普林斯顿高等学习学院（IAS）设计计算机。随后 IAS 计算机成为后来计算机的原形。在论文中，冯·诺伊曼提出他相信计算机中所需的部件，其中包括 ALU。冯·诺伊曼写到，ALU 是计算机的必备组成部分，因为已确定计算机一定要完成基本的数学运算，包括加减乘除。他据此提出"计算机"（之所以打引号，是因为那时大家还不知道这个世界上有一个东西叫计算机）应该含有专门完成此类运算的部件。

ALU 必须与数字电路其他部分使用同样的格式进行数字处理。对现代处理器而言，几乎全都使用二进制补码表示方式。早期的计算机曾使用过很多种数字系统，包括反码、符号数值码，甚至是十进制码，每一位用十个管子。以上每一种数字系统所对应的 ALU 都有不同的设计，而这也影响了当前对二进制补码的优先选择，因为二进制补码能简化 ALU 加法和减法的运算。

绝大部分计算机指令都是由 ALU 执行的。ALU 从寄存器中取出数据，数据经过处理将运算结果存入 ALU 输出寄存器中。其他部件负责在寄存器与内存间传送数据。控制单元控制着 ALU，通过控制电路来告诉 ALU 该执行什么操作。大部分 ALU 都可以完成以下运算：整数算术运算（加、减，有时还包括乘和除，不过成本较高）；位逻辑运算（与、或、非、异或）；移位运算（将一个字向左或向右移位或浮动特定位，而无符号延伸），移位可被认为是乘以 2 或除以 2。

工程师可设计能完成任何运算的 ALU，不论运算有多复杂。问题在于运算越复杂，ALU 成本越高，在处理器中占用的空间越大，消耗的电能越多。工程师们经常计算一个折中的方案，提供给处理器（或其他电路）一个能使其运算高速的 ALU，但同时又避免 ALU 设计得太复杂而价格昂贵。

设想你需要计算一个数的平方根，数字工程师将评估以下的选项来完成此操作：设计一个极度复杂的 ALU，它能够一步完成对任意数字的平方根运算。这被称为单时钟脉冲计算。设计一个非常复杂的 ALU，它能够分几步完成一个数字的平方根运算。不过，这里有个诀窍，中间结果经过一连串电路，就像是工厂里的生产线。这甚至使得 ALU 能够在完成前一次运算前就接受新的数字。这使得 ALU 能够以与单时钟脉冲同样的速度产生数字，虽然从 ALU 输出的结果有一个初始延迟。这被称为计算流水线。设计一个复杂的 ALU，它能够分几步计算一个数字的平方根。这被称为互动计算，经常依赖于带有嵌入式微码的复杂控制单元。在处理器中设计一个简单的 ALU，去掉一个昂贵的专门用于此运算的处理器，再选择以上三个选项之一。这被称为协处理器。告诉编程人员没有协处理器和仿真设备，于是他们必须自己写出算法来用软件计算平方根。

对协处理器进行仿真，也就是说，只要一个程序想要进行平方根的计算，就让处理器检查当前有没有协处理器。如果有的话就使用其进行计算，如果没有的话，中断程序进程并调用操作系统通过软件算法来完成平方根的计算。这被称为软件仿真。虽然甚至是最简单的计算机也能计算最复杂的公式，但是最简单的计算机经常需要耗费大量时间，通过若干步才能完成。强大的处理器，如英特尔酷睿和 AMD64 系列对一些简单的运算采用 1 号选项，对最常见的复杂运算采用 2 号选项，对极为复杂的运算采用 3 号选项。这是具有在处理器中构造非常复杂 ALU 的能力为前提的。

2.7.2　多功能算术逻辑单元

我们曾介绍由一位全加器（FA）构成的行波进位加法器，它可实现补码数的加法运算和减法运算。但是这种加法/减法器存在两个问题：一是由于串行进位，它的运算时间很长。假如加法器由 n 位全加器构成，每一位的进位延迟时间为 20ns，那么最坏情况下，进位信号从最低位传递到最高位而最后输出稳定，至少需要 $n \times 20$ns，这在高速计算中显然是不利的。二是就行波进位加法器本身来说，它只能完成加法和减法两种操作而不能完成逻辑操作。为此，本节我们先介绍多功能算术/逻辑运算单元（ALU），它不仅具有多种算术运算和逻辑运算的功能，而且具有先行进位逻辑，从而能实现高速运算。

1. 基本思想

一位全加器（FA）的逻辑表达式为：

$$F_i = A_i \oplus B_i \oplus C_i$$
$$C_{i+1} = A_i B_i + B_i C_i + C_i A_i$$

式中 F_i 是第 i 位的和数，A_i、B_i 是第 i 位的被加数和加数，C_i 是第 i 位的进位输入，C_{i+1} 是第 i 位的进位输出。

如图 2-13 所示，为了将全加器的功能进行扩展以完成多种算术/逻辑运算，我们先不将输入 A_i、B_i 和下一位的进位数 C_i 直接进行全加，而是将 A_i 和 B_i 先组合成由控制参数 S_0、S_1、S_2、S_3 控制的组合函数 X_i 和 Y_i，然后再将 X_i、Y_i 和下一位进位数通过全加器进行全加。这样不同的控制参数可以得到不同的组合函数，因而能够实现多种算术和逻辑运算。因此，一位算术/逻辑运算单元的逻辑表达式为：

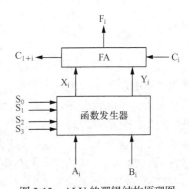

图 2-13　ALU 的逻辑结构原理图

$$F_i = X_i \oplus Y_i \oplus C_{n+i}$$
$$C_{n+i+1} = X_i Y_i + Y_i C_{n+i} + C_{n+i} X_i$$

上式上进位下标用 $n+i$ 代替原来的一位全加器中的 i，i 代表集成在一片电路上的 ALU 的二进制位数，对于 4 位一片的 ALU，$i=0$、1、2、3。n 代表若干片 ALU 组成更大字长的运算器时每片电路的进位输入，例如，当 4 片组成 16 位字长的运算器时，$n=0$、4、8、12。

2. X_i、Y_i 与控制参数和输入量的关系

控制参数 S_0、S_1、S_2、S_3 分别控制输入 A_i 和 B_i，产生 X_i 和 Y_i 的函数。其中 Y_i 是受 S_0、S_1 控制的 A_i 和 B_i 的组合函数，而 X_i 是受 S_2、S_3 控制的 A_i 和 B_i 的组合函数，其函数关系如表

2-6 所示。

表 2-6

X_i、Y_i 与控制参数和输入量的关系

$S_0 S_1$	Y_i	$S_2 S_3$	X_i
0 0	A_i	0 0	1
0 1	$A_i B_i$	0 1	$A_i + B_i$
1 0	$A_i \overline{B_i}$	1 0	$A_i + \overline{B_i}$
1 1	0	1 1	A_i

根据上面所列的函数关系，即可列出 X_i 和 Y_i 的逻辑表达式：

$$X_i = \overline{S_2} S_3 + S_2 \overline{S_3}(A_i + B_i) + \overline{S_2} S_3(A_i + \overline{B_i}) + S_2 S_3 A_i$$

$$Y_i = \overline{S_0} S_1 A_i + S_0 \overline{S_1} A_i \overline{B_i} + S_0 S_1 A_i B_i$$

进一步化简可得：

$$F_i = Y_i \oplus X_i \oplus C_{n+i}$$
$$C_{n+i+1} = Y_i + X_i C_{n+i}$$

4 位之间采用先行进位公式，每一位的进位公式可递推如下：

第 0 位向第 1 位的进位公式为

$$C_{n+1} = Y_0 + X_0 C_n$$

其中 C_n 是向第 0 位（末位）的进位。

第 1 位向第 2 位的进位公式为

$$C_{n+2} = Y_1 + X_1 C_{n+1} = Y_1 + Y_0 X_1 + X_0 X_1 C_n$$

第 2 位向第 3 位的进位公式为

$$C_{n+3} = Y_2 + X_2 C_{n+2} = Y_2 + Y_1 X_1 + Y_0 X_1 X_2 + X_0 X_1 X_2 C_n$$

第 3 位的进位输出（即整个 4 位运算进位输出）公式为

$$C_{n+4} = Y_3 + X_3 C_{n+3} = Y_3 + Y_2 X_3 + Y_1 X_2 X_3 + Y_0 X_1 X_2 X_3 + X_0 X_1 X_2 X_3 C_n$$

设

$$G = Y_3 + Y_2 X_3 + Y_1 X_2 X_3 + Y_0 X_1 X_2 X_3$$

$$P = X_0 X_1 X_2 X_3$$

则

$$C_{n+4} = G + P C_n$$

这样，对一片 ALU 来说，可有三个进位输出。其中 G 称为进位发生输出，P 称为进位传送输出。在电路中多加这两个进位输出的目的，是为了便于实现多片（组）ALU 之间的先行进位，为此还需一个配合电路，称为先行进位发生器（CLA），下面还要介绍。C_{n+4} 是本片（组）的最后进位输出。逻辑表达式表明，这是一个先行进位逻辑，换句话说，第 0 位的进位输入 C_n 可以直接传送到最高进位位上去，因而可以实现高速运算。图 2-14 给出了用负逻辑表示的 4 位算术/逻辑运算单元 74181ALU 的逻辑电路图，它是根据上面的原始推导公式用 TTL 电路实现的。显然，这个器件执行的正逻辑输入/输出方式的一组算术运算和逻辑操作与负逻辑输入/输出方式的一组算术运算和逻辑操作是等效的。也就是说，这个器件把逻辑输入信号都反相所产生的功能，仍然在这个集合之中。

3. 算术逻辑运算的实现

图 2-14 中除了 $S_0 \sim S_3$ 四个控制端外，还有一个控制端 M，它是用来控制 ALU 是进行算术运算还是进行逻辑运算的。

当 M = 0 时，M 对进位信号没有任何影响。此时 F_i 不仅与本位的被操作数 Y_i 和操作数 X_i 有关，而且与向本位的进位值 C_{n+i} 有关，因此 M = 0 时，进行算术操作。

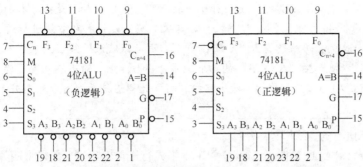

图 2-14　负逻辑或正逻辑操作数方式的 74181ALU 方框图

当 $M=1$ 时，封锁了各位的进位输出，即 $C_{n+i}=0$，因此各位的运算结果 F_i 仅与 Y_i 和 X_i 有关，故 $M=1$ 时，进行逻辑操作。

表 2-7 列出了 74181ALU 的运算功能表，它有两种工作方式。对正逻辑操作数来说，算术运算称高电平操作，逻辑运算称正逻辑操作（即高电平为 "1"，低电平为 "0"）。对于负逻辑操作数来说，正好相反。由于 $S_0 \sim S_3$ 有 16 种状态组合，因此对正逻辑输入与输出而言，有 16 种算术运算功能和 16 种逻辑运算功能。同样，对于负逻辑输入与输出而言，也有 16 种算术运算功能和 16 种逻辑运算功能。

表 2-7　　　　　　　　　　　　　　　74181ALU 算术/逻辑运算功能表

工作方式选择 $S_3S_2S_1S_0$	负逻辑输入与输出		正逻辑输入与输出	
	逻辑(M=H)	算术运算(M=L)(C_n=L)	逻辑(M=H)	算术运算(M=L)(C_n=H)
LLLL	A	A 减 1	A	A
LLLH	AB	AB 减 1	A + B	A + B
LLHL	A + B	AB 减 1	AB	A + B
LLHH	逻辑 1	减 1	逻辑 0	减 1
LHLL	A + B	A 加(A + B)	AB	A 加 AB
LHLH	B	AB 加(A + B)	B	(A + B)加 AB
LHHL	A ⊕ B	A 减 B 减 1	A ⊕ B	A 减 B 减 1
LHHH	A + B	A + B	AB	AB 减 1
HLLL	AB	A 加(A + B)	A + B	A 加 AB
HLLH	A ⊕ B	A 加 B	A ⊕ B	A 加 B
HLHL	B	AB 加(A + B)	B	(A + B)加 AB
HLHH	A + B	A + B	AB	AB 减 1
HHLL	逻辑 0	A 加 A*	逻辑 1	A 加 A*
HHLH	AB	AB 加 A	A + B	(A + B)加 A
HHHL	AB	AB 加 A	A + B	(A + B)加 A
HHHH	A	A	A	A 减 1

表 2-7 中算术运算操作是用补码来表示的。其中"加"是指算术加，运算时要考虑进位，而符号"＋"是指"逻辑加"。其次，减法是用补码方法进行的，其中数的反码是内部产生的，而结果输出"A 减 B 减 1"，因此做减法时须在最末位产生一个强迫进位（加 1），以便产生"A 减 B"的结果。另外，"A＝B"输出端可表示两个数相等，因此它与其他 ALU 的"A＝B"输出端按"与"逻辑连接后，可以检测若干部件的全"1"条件。

4. 两级先行进位的 ALU

前面说过，74181ALU 设置了 P 和 G 两个本组先行进位输出端。如果将四片 74181 的 P、G 输出端送入到 74182 先行进位部件（CLA），又可实现第二级的先行进位，即组与组之间的先行进位。

假设 4 片（组）74181 的先行进位输出依次为 P_0、G_0、P_1、G_1、P_2、G_2、P_3、G_3，那么参考进位逻辑表达式，先行部件 74182CLA 所提供的进位逻辑关系如下：

$$C_{n+X} = G_0 + P_0C_n$$
$$C_{n+Y} = G_1 + P_1C_{n+X} = G_1 + G_0P_1 + P_0P_1C_n$$
$$C_{n+z} = G_2 + P_2C_{n+Y} = G_2 + G_1P_2 + G_0P_1P_2 + P_0P_1P_2C_n$$
$$C_{n+4} = G_3 + P_3C_{n+z} = G_3 + G_2P_3 + G_1P_1P_2 + G_0P_1P_2P_3 + P_0P_1P_2P_3C_n = G^* + P^*C_n$$

其中

$$P^* = P_0P_1P_2P_3$$
$$G^* = G_3 + G_2P_3 + G_1P_1P_2 + G_0P_1P_2P_3$$

根据以上表达式，用 TTL 器件实现的成组先行进位部件 74182 的逻辑电路图如图 2-15 所示。其中 G^* 称为成组进位发生输出，P^* 称为成组进位传送输出。

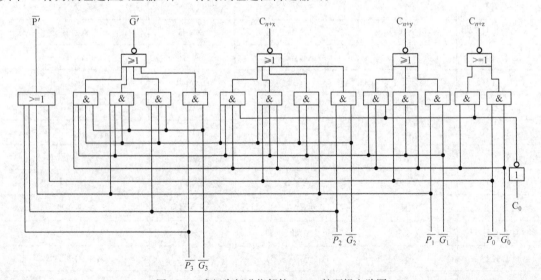

图 2-15　成组先行进位部件 74182 的逻辑电路图

下面介绍如何用若干个 74181ALU 位片，与配套的 74182 先行进位部件 CLA 在一起，构成一个全字长的 ALU。

图 2-16 给出了用两个 16 位全先行进位部件级联组成的 32 位 ALU 逻辑方框图。在这个电路中使用了八个 74181ALU 和两个 74182ALU 器件。很显然，对一个 16 位来说，CLA 部件构成了第二级的先行进位逻辑，即实现四个小组（位片）之间的先行进位，从而使全字长 ALU 的运算

时间大大缩短。

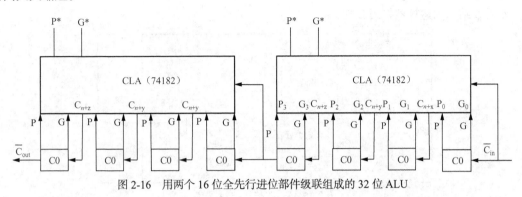

图 2-16　用两个 16 位全先行进位部件级联组成的 32 位 ALU

2.7.3　运算器

　　定点运算器的基本结构包括 ALU、阵列乘除器、寄存器、多路开关、三态缓冲器、数据总线等逻辑部件。运算器的设计，主要是围绕着 ALU 和寄存器同数据总线之间如何传送操作数和运算结果而进行的。在决定方案时，需要考虑数据传送的方便性和操作速度，在微型机和单片机中还要考虑在硅片上制作总线的工艺。计算机的运算器大体有如下三种结构形式：

1.　单总线结构的运算器

　　单总线结构的运算器如图 2-17 所示。

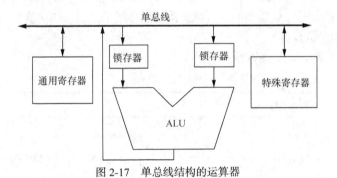

图 2-17　单总线结构的运算器

　　由于所有部件都接到同一总线上，所以数据可以在任何两个寄存器之间，或者在任一个寄存器和 ALU 之间传送。如果具有阵列乘法器或除法器，那么它们所处的位置应与 ALU 相当。

　　对这种结构的运算器来说，在同一时间内，只能有一个操作数放在单总线上。为了把两个操作数输入到 ALU，需要分两次来做，而且还需要 A、B 两个缓冲寄存器。例如执行一个加法操作时，第一个操作数先放入 A 缓冲寄存器，然后再把第二个操作数放入 B 缓冲寄存器。只有两个操作数同时出现在 ALU 的两个输入端，ALU 才执行加法。当加法结果出现在单总线上时，由于输入数已保存在缓冲寄存器中，它并不会打扰输入数。然后，再由第三个传送动作，以便把加法的"和"选通到目的寄存器中。由此可见，这种结构的主要缺点是操作速度较慢。

　　虽然在这种结构中输入数据和操作结果需要三次串行的选通操作，但它并不会对每种指令都增加很多执行时间。例如，如果有一个输入数是从存储器来的，运算结果又送回存储器，那么限制数据传送速度的主要因素是存储器访问时间。只有在对全都是 CPU 寄存器中的两个操作数进行操作时，单总线结构的运算器才会造成一定的时间损失。但是由于它只控制一条总线，故控制电路比较简单。

2. 双总线结构的运算器

双总线结构的运算器如图 2-18 所示。

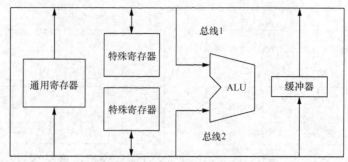

图 2-18　双总线结构的运算器

在这种结构中，两个操作数同时加到 ALU 进行运算，只需要一次操作控制，而马上就可以得到运算结果。图中，两个总线各自把其数据送至 ALU 的输入端。特殊寄存器分成两组，它们分别与一条总线交换数据。这样，通用寄存器中的数不可以进入到任一组特殊寄存器中去，从而使数据传送更为灵活。

ALU 的输出不能直接加到总线上去。这是因为当形成操作结果的输出时，两条总线都被输入数占据，因而必须在 ALU 输出端设置缓冲寄存器。为此，操作的控制要分两步来完成：第一步，在 ALU 的两个输入端输入操作数，形成结果并送入缓冲寄存器；第二步，把结果送入目的寄存器。假如在总线 1、2 和 ALU 输入端之间再各加一个输入缓冲寄存器，并把两个输入数先放至这两个缓冲寄存器，那么，ALU 输出端就可以直接把操作结果送至总线 1 或总线 2 上去。

3. 三总线结构的运算器

三总线结构的运算器如图 2-19 所示。

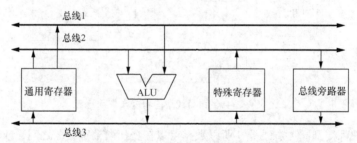

图 2-19　三总线结构的运算器

在三总线结构中，ALU 的两个输入端分别由两条总线供给，而 ALU 的输出则与第三条总线相连。这样，算术逻辑操作就可以在一步的控制之内完成。由于 ALU 本身有时间延迟，所有打入输出结果的选通脉冲必须考虑到包括这个延迟。另外，设置了一个总线旁路器。如果一个操作数不需要修改，而直接从总线 2 传送到总线 3，那么可以通过控制总线旁路器把数据传出；如果一个操作数传送时需要修改，那么就借助于 ALU。很显然，三总线结构的运算器的特点是操作时间快。

2.8　小　　结

数据和信息的表示方法有很多种，不同的表示方法对计算机的结构和性能都会产生不同的影响。为了简化计算机的设计，方便计算机对数据进行处理，在计算机中一般采用二进制数表示。

除了二进制数外，人们日常使用的还有八进制数、十六进制数和十进制数等。在计算机中，数还分为有符号数和无符号数两种。无符号数就是指正整数，机器字长的全部位数均用来表示数值的大小，相当于数的绝对值。计算机并不能识别小数点，因此在进行数据表示和算数运算时，需要按一定的方法指出小数点所在的位置，计算机中一般隐含规定小数点的位置。根据小数点的位置是否固定，在计算机中有定点表示和浮点表示两种数据表示格式。

除了数的表示外，字符和汉字也是计算机经常处理的对象，因此也必须完成对字符、汉字的计算机表示。字符和汉字用编码的方法来表示。字符的编码方式有多种，常见编码有 BCD 码、ASCII 码等。

习　题　2

（一）基础题

一、填空题

1. 补码加减法中，（　　　）作为数的一部分参加运算，（　　　）要丢掉。

2. 为判断溢出，可采用双符号位补码，此时正数的符号用（　　　）表示，负数的符号用（　　　）表示。

3. 采用双符号位的方法进行溢出检测时，若运算结果中两个符号位（　　　），则表明发生了溢出。若结果的符号位为（　　　），表示发生正溢出；若为（　　　），表示发生负溢出。

4. 采用单符号位进行溢出检测时，若加数与被加数符号相同，而运算结果的符号与操作数的符号（　　　），则表示溢出；当加数与被加数符号不同时，相加运算的结果（　　　）。

5. 利用数据的数值位最高位进位 C 和符号位进位 C_f 的状况来判断溢出，则其表达式为 over=（　　　）。

6. 在减法运算中，正数减（　　　）可能产生溢出，此时的溢出为（　　　）溢出；负数减（　　　）可能产生溢出，此时的溢出为（　　　）溢出。

7. 补码一位乘法运算法则通过判断乘数最末位 Y_i 和 Y_{i-1} 的值决定下步操作，当 Y_iY_{i-1}=（　　　）时，执行部分积加$[-X]_{补}$，再右移一位；当 Y_iY_{i-1}=（　　　）时，执行部分积加$[X]_{补}$，再右移一位。

8. 浮点加减运算在（　　　）情况下会发生溢出。

9. 原码一位乘法中，符号位与数值位（　　　），运算结果的符号位等于（　　　）。

10. 一个浮点数，当其补码尾数右移一位时，为使其值不变，阶码应该（　　　）。

11. 左规的规则为：尾数（　　　），阶码（　　　）。

12. 右规的规则是：尾数（　　　），阶码（　　　）。

13. 影响进位加法器速度的关键因素是（　　　）。

14. 当运算结果的补码尾数部分不是（　　　）的形式时，则应进行规格化处理。当尾数符号位为（　　　）或（　　　）时，需要右规。

二、选择题

1. 下列数中最小的数为（　　　）。

 A. $(101001)_2$ B. $(52)_8$ C. $(101001)_{BCD}$ D. $(233)_{16}$

2. 下列数中最大的数为（　　　）。

 A. $(10010101)_2$ B. $(227)_8$ C. $(96)_{16}$ D. $(143)_5$

3. 某数在计算机中用 8421BCD 码表示为 0111 1000 1001，其真值为（ ）。

    A. 789   B. 789H   C. 1929   D. 11110001001

4. "与非门"中的一个输入为"0"，那么它的输出值是（ ）。

    A. "0"   B. "1"

    C. 要取决于其他输入端的值   D. 取决于正逻辑还是负逻辑

5. 下列布尔代数运算中，（ ）答案是正确的。

    A. 1 + 1=1   B. 0 + 0=1   C. 1 + 1=10   D. 以上都不对

6. 在小型或微型计算机里，普遍采用的字符编码是（ ）。

    A. BCD 码   B. 16 进制   C. 格雷码   D. ASCⅡ码

7. $(2000)_{10}$ 化成十六进制数是（ ）。

    A. $(7CD)_{16}$ B. $(7D0)_{16}$ C. $(7E0)_{16}$ D. $(7FO)_{16}$

8. 根据国标规定，每个汉字在计算机内占用（ ）存储。

    A. 一个字节   B. 二个字节   C. 三个字节   D. 四个字节

三、简答题

1. 两浮点数相加，$X=2^{010}*0.11011011$，$Y=2^{100}*(-0.10101100)$，求 $X + Y$。

2. 简述浮点运算中溢出的处理方法。

（二）提高题

1. 【2009 年计算机联考真题】一个 C 语言程序在一台 32 位机器上运行。程序中定义了三个变量 x、y、z，其中 x 和 z 为 int 型，y 为 short 型。当 x=127，y=-9 时，执行赋值语句 z=x+y 后，x、y、z 的值分别是（ ）。

    A. X=0000007FH，Y=FFF9H，Z=00000076H

    B. X=0000007FH，Y=FFF9H，Z=FFFF0076H

    C. X=0000007FH，Y=FFF7H，Z=FFFF0076H

    D. X=0000007FH，Y=FFF7H，Z=00000076H

2. 【2010 年计算机联考真题】假定有 4 个整数用 8 位补码分别表示 r1=FEH、r2=F2H、r3=90H、r4=F8H，若将运算结果存放在一个 8 位寄存器中，下列运算会发生溢出的是（ ）。

    A. r1 × r2   B. r2 × r3   C. r1 × r4   D. r2 × r4

3. 【2009 年计算机联考真题】浮点数加、减运算过程一般包括对阶、尾数运算、规格化、舍入和判断溢出等步骤。设浮点数的阶码和尾数均采用补码表示，且位数分别为 5 位和 7 位（均含 2 位符号位）。若有两个数 $X=2^7 \times 29/32$，$Y=2^5 \times 5/8$，则用浮点加法计算 X+Y 的最终结果是（ ）。

    A. 00111 1100010   B. 00111 0100010

    C. 01000 0010001   D. 发生溢出

4. 【2010 年计算机联考真题】假定变量 i、f 和 d 的数据类型分别为 int、float、double（int 用补码表示，float 和 double 分别用 IEEE754 单精度和双精度浮点数格式来表示），已知 i=785、f=1.5678E3、d=1.3E100，若在 32 位机器中执行下列关系表达式，结果为"真"的是（ ）。

    I. i=(int)(float)I   II. f=(float)(int)f   III. f=(float)(double)f   IV. (d+f)-d=f

    A. 仅 I 和 II   B. 仅 I 和 III   C. 仅 II 和 III   D. 仅 III 和 IV

5. 【2011 年计算机联考真题】float 型数据通常用 IEEE754 单精度浮点数格式表示。若编译器将 float 型变量 x 分配在一个 32 位浮点寄存器 FR1 中，且 x=-8.25，则 FR1 的内容是（ ）。

    A. C104 0000H   B. C242 0000H   C. C184 0000H   D. C1C2 0000H

第3章 存储器

存储器是计算机系统的记忆部件，用来存放程序和各种数据，根据微处理器的控制指令将这些程序或者数据提供给计算机使用。在计算机开始工作以后，存储器还为其他部件提供信息，同时保存中间结果和最终结果。随着计算机的发展，存储器在系统中的地位越来越重要。由于超大规模集成电路的制作技术，使CPU的速率变得惊人的高，而存储器的存数和取数的速度与它很难适配，这使计算机系统的运行速度在很大程度上受到存储器速度的制约。

本章将使用到的名词解释：（1）存储器：存放程序和数据的器件。（2）存储位：存放一个二进制数位的存储单元，是存储器最小的存储单位，或称记忆单元。（3）存储字：一个数（n位二进制位）作为一个整体存入或取出时，称存储字。（4）存储单元：存放一个存储字的若干个记忆单元组成一个存储单元。（5）存储体：大量存储单元的集合组成存储体。（6）存储单元地址：存储单元的编号。（7）字编址：对存储单元按字编址。（8）字节编址：对存储单元按字节编址。（9）寻址：由地址寻找数据，从对应地址的存储单元中访存数据。

本章将介绍存储器的基本工作原理和各类存储器的特性及使用。

3.1　存储器概述

存储器的主要功能是存储程序和各种数据，并能在计算机运行过程中高速、自动地完成程序或数据的存取。存储器是具有"记忆"功能的设备，它采用具有两种稳定状态的物理元器件来存储信息。这些元器件也称为记忆元器件。在计算机中采用只有两个数码"0"和"1"的二进制来表示数据。记忆元器件的两种稳定状态分别表示为"0"和"1"。日常使用的十进制数必须转换成等值的二进制数才能存入存储器中。计算机中处理的各种字符，例如，英文字母、运算符号等，也要转换成二进制数才能存储和操作。

3.1.1　存储器分类

存储器的分类方式很多，本小节我们分别按介质、存取方式、信息的可保存性和在计算机中的作用来介绍。

1. 按存储介质分类

计算机存储介质是计算机存储器中用于存储某种不连续物理量的媒体，是存储数据的载体。作为对存储介质的基本要求，存储介质必须具备能够显示两种有明显区别物理状态的性能，分别用来表示二进制代码0和1。另外，存储器的存取速度又取决于这两种物理状态的变换速度。

（1）半导体存储器

存储元件由半导体器件组成的叫半导体存储器。其优点是体积小、功耗低、存取时间短。其缺点是当电源消失时，所存信息也随即丢失，是一种易失性存储器。

半导体存储器又可按其材料的不同，分为双极型（TTL）半导体存储器和 MOS 半导体存储器两种。前者具有高速的特点，而后者具有高集成度的特点，并且制造简单、成本低廉、功耗小，故 MOS 半导体存储器被广泛应用。

（2）磁表面存储器

磁表面存储器是在金属或塑料基体的表面上涂一层磁性材料作为记录介质，工作时磁层随载磁体高速运转，用磁头在磁层上进行读写操作，故称为磁表面存储器。

按照磁体形状的不同，可分为磁盘、磁带和磁鼓。现代计算机已很少采用磁鼓。由于用具有矩形磁滞回线特性的材料作磁表面物质，它们按其剩磁状态的不同而区分"0"或"1"，而且剩磁状态不会轻易丢失，故这类存储器具有非易失性的特点。

（3）光盘存储器

光盘存储器是应用激光在记录介质（磁光材料）上进行读写的存储器，具有非易失性的特点。光盘记录密度高、耐用性好、可靠性高和可互换性强等。

2. 按存取方式分类

（1）随机存储器

随机存储器（Random Access Memory，RAM）。RAM 是一种可读写存储器，其特点是存储器的任何一个存储单元的内容都可以随机存取，而且存取时间与存储单元的物理位置无关。计算机系统中的主存都采用这种随机存储器。基于存储信息原理的不同，RAM 又分为静态 RAM（以触发器原理寄存信息）和动态 RAM（以电容充放电原理寄存信息）。

（2）只读存储器

只读存储器（Read-Only Memory，ROM）。ROM 存储的内容固定，一般仅进行读取操作。用于保存参数、数据或系统程序。这种存储器一旦存入了原始信息后，在程序执行过程中，只能将内部信息读出，而不能随意重新写入新的信息去改变原始信息。因此，通常用它存放固定不变的程序、常数以及汉字字库，甚至用于操作系统的固化。它与随机存储器可共同作为主存的一部分，统一构成主存的地址域。

只读存储器分为掩膜型只读存储器（Masked ROM，MROM）、可编程只读存储器（Programmable ROM，PROM）、可擦除可编程只读存储器（Erasable Programmable ROM，EPROM）、用电可擦除可编程的只读存储器（Electrically Erasable Programmable ROM，EEPROM），以及近年来出现了的快擦写存储器 Flash Memory，它具有 EEPROM 的特点，而速度比 EEPROM 快得多。

（3）串行访问存储器

如果对存储单元进行读写操作时，需按其物理位置的先后顺序寻找地址，则这种存储器叫做串行访问存储器。显然这种存储器由于信息所在位置不同，使得读写时间均不相同。如磁带存储器，不论信息处在哪个位置，读写时必须从其介质的始端开始按顺序寻找，故这类串行访问的存储器又叫顺序存取存储器。还有一种属于部分串行访问的存储器，如磁盘。在对磁盘读写时，首先直接指出该存储器中的某个小区域（磁道），然后再顺序寻访，直至找到位置。其前段是直接访问，后段是串行访问，也称其为半顺序存取存储器。

3. 按信息的可保存性分类

非永久记忆的存储器：断电后信息即消失的存储器。

永久记忆性存储器：断电后仍能保存信息的存储器。

4. 按在计算机中的作用分类

按存储器在计算机系统中的作用不同，存储器又可分为主存储器、辅助存储器、缓冲存储器等。

主存储器的主要特点是它可以和 CPU 直接交换信息。辅助存储器是主存储器的后援存储器，用来存放当前暂时不用的程序和数据，它不能与 CPU 直接交换信息。两者相比主存速度快、容量小、每位价格高；辅存速度慢、容量大、每位价格低。缓冲存储器用在两个速度不同的部件之中，如 CPU 与主存之间可设置一个快速缓冲存储器，起到缓冲作用。

3.1.2　存储器主要技术指标

计算机存储器的主要技术指标包括存储容量、存取速度、可靠性、功耗、工作温度范围和体积，其中最重要的是存储容量和存取速度（存取速度用最大存取时间来衡量）。

1. 存储容量

存储器可以容纳的二进制信息量称为存储容量。主存储器的容量是指用地址寄存器（MAR）产生的地址能访问的存储单元的数量。如 n 位字长的 MAR 能够编址最多达 2^n 个存储单元。一般主存储器（内存）容量在几十 KB 到几 MB；辅助存储器（外存）在几百 KB 到几千 MB。

2. 存取时间

信息存入存储器的操作叫写操作，从存储器取出信息的操作叫读操作，读/写操作统称作"访问"。从存储器接收到读（或写）命令到从存储器读出（或写入）信息所需的时间称为存储器访问时间（Memory Access Time）或称存取时间，用 T_A 表示。存取时间是反映速度的指标，取决于存储介质的物理特性和访问机构的类型。存取时间决定了 CPU 进行一次读/写操作必须等待的时间，目前大多数计算机存储器的存取时间在 ns 级。

3. 存取周期

存储周期（Memory Cycle Time）也是存储器的速度指标之一，用 T_M 表示。存取周期表示存储器作连续访问操作过程中完成一次完整存取操作所需的全部时间。由于某些存储器读出操作是破坏性的，在读取信息的同时也将信息给破坏了，所以在读出信息的同时要将该信息立刻重新写回到原来的存储单元中，然后才能进行下一次访问。即使是非破坏性读取的存储器，读出后也不能立即进行下一次读/写操作，因为存储介质与有关控制线路都需要有一段稳定恢复的时间，所以存取周期是指连续两次独立的存储器操作（如连续两次读操作）所需间隔的最小时间。通常，存取周期略大于存取时间。

4. 存储器的可靠性

存储器的可靠性用平均故障间隔时间 MTBF 来衡量。MTBF 可以理解为两次故障之间的平均时间间隔。MTBF 越长，表示可靠性越高，即保持正确工作能力越强。

5. 性能价格比

性能主要包括存储器容量、存储周期和可靠性 3 项内容。性能价格比是一个综合性指标，对于不同的存储器有不同的要求。对于外存储器，要求容量极大，而对缓冲存储器则要求速度非常快，容量不一定要大。因此性能价格比是评价整个存储器系统很重要的指标。

3.1.3　存储器层次结构

存储器有 3 个主要特性：速率、容量和价格/位（简称位价）。一般来说，速度越高，位价就越高；容量越大，位价就越低；而且容量越大，速度必越低。可以用一个形象的存储器分层结构图，来反映上述的问题，如图 3-1 所示。

从 CPU 角度来看，缓存—主存这一层次的速度接近于缓存，高于主存；其容量和位价却接近

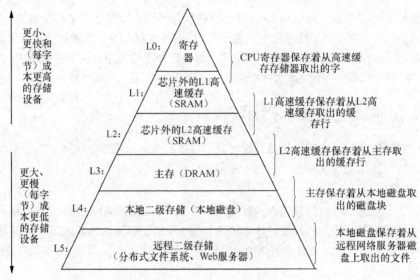

图 3-1　存储器层次结构

于主存。这就从速度和成本的矛盾中获得了理想的解决办法。主存—辅存这一层次，从整体分析，其速度接近于主存，容量接近于辅存，平均位价也接近于低速、廉价的辅存位价，这又解决了速度、容量、成本这三者矛盾。现代计算机系统几乎都具有这两个存储层次，构成了缓存、主存、辅存三级存储系统。

实际上，存储器的层次结构主要体现在缓存—主存、主存—辅存这两个存储层次上，如图 3-2 所示。

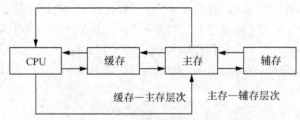

图 3-2　各类存储器间的关系

1．高速缓冲存储器

高速缓冲存储器（Cache），也称为快速缓冲存储器，简称快存。它是计算机系统中的一个高速、小容量的存储器。它采用速度很快、价格更高的半导体静态存储器，甚至与微处理器做在一起，存放当前使用最频繁的指令和数据。当 CPU 从内存中读取指令与数据时，将同时访问高速缓存与主存。如果所需内容在高速缓存中，就能立即获取；如没有，再从主存中读取。高速缓存中的内容是根据实际情况及时更换的。这样，通过增加少量成本即可获得很高的速度。

2．主存储器

主存储器，是计算机硬件的一个重要部件，其作用是存放指令和数据，并能由中央处理器（CPU）直接随机存取。现代计算机为了提高性能，兼顾合理的造价，往往采用多级存储体系，即有存储容量小、存取速度高的高速缓冲存储器，也有存储容量和存取速度适中的主存储器。主存储器是按地址存放信息的，存取速度一般与地址无关。32 位（比特）的地址最大能表达 4GB 的存储器地址。这对目前多数应用已经足够，但对于某些特大运算量的应用和特大型数据库显然是不够的，因此提出 64 位结构的要求。

从 20 世纪 70 年代起，主存储器已逐步采用大规模集成电路构成。用得最普遍的也是最经济的动态随机存储器芯片（DRAM）。1995 年集成度为 64MB（可存储 400 万个汉字）的 DRAM 芯片已经开始商业性生产，16MB 内存 DRAM 芯片已成为市场主流产品。DRAM 芯片的存取速度适中，一般为 50～70ns。有一些改进型的 DRAM，如 EDO DRAM（即扩充数据输出的 DRAM），其性能可较普通 DRAM 提高 10%以上，又如 SDRAM（即同步 DRAM），其性能又可较 EDO DRAM 提高 10%左右。1998 年 SDRAM 的后继产品为 SDRAMⅡ（或称 DDR，即双倍数据速率）的品种已上市。在追求速度和可靠性的场合，通常采用价格较贵的静态随机存储器芯片（SRAM），其存取速度可以达到了 1～15ns。无论主存采用 DRAM 还是 SRAM 芯片构成，在断电时存储的信息都会"丢失"，因此计算机设计者应考虑发生这种情况时，设法维持若干毫秒的供电以保存主存中的重要信息，以便供电恢复时计算机能恢复正常运行。鉴于上述情况，在某些应用中主存中存储重要而相对固定的程序和数据的部分采用"非易失性"存储器芯片（如 EPROM，快闪存储芯片等）构成；对于完全固定的程序、数据区域甚至采用只读存储器（ROM）芯片构成。主存的这些部分就不怕暂时供电中断，还可以防止病毒侵入。

3. 外存储器

外存储器也称为辅助存储器，简称外存。外存是指除计算机内存及 CPU 缓存以外的存储器，此类存储器一般断电后仍然能保存数据。常见的外存储器有硬盘、软盘、光盘、U 盘等，软盘已经成为了古董，现在电脑上基本上都不会配有软驱，光盘现在也较少被使用，因为光驱经常会遇到挑碟的现象，接下来我们简单介绍下最常用的硬盘和 U 盘。

硬盘的基本性能指标包括容量、转速、传输速度和平均寻道时间。

① 通常所说的容量是指硬盘的总容量，一般硬盘厂商定义的单位 1GB=1000MB，而系统定义的 1GB=1024MB，所以会出现硬盘上的标称值大于格式化容量的情况。单碟容量就是指一张碟片所能存储的字节数，现在硬盘的单碟容量一般都在 20GB 以上。而随着硬盘单碟容量的增大，硬盘的总容量已经可以实现上百 GB 甚至几 TB 了（存储器容量一般为 1TB=1000GB，不是 1024GB）。

② 转速是指硬盘内电机主轴的转动速度，单位是 RPM（每分钟旋转次数）。转速是决定硬盘内部传输率的决定因素之一，它的快慢在很大程度上决定了硬盘的速度，同时也是区别硬盘档次的重要指标。目前一般的硬盘转速为 5400 转和 7200 转，最高的转速则可达到 10000 转每分以上。

③ 最高内部传输速率是硬盘的外圈的传输速率，它是指磁头和高速数据缓存之间的最高数据传输速率，单位为 MB/s。最高内部传输速率的性能与硬盘转速以及盘片存储密度（单碟容量）有直接的关系。

④ 平均寻道时间是指硬盘磁头移动到数据所在磁道时所用的时间，单位为毫秒（ms），现在硬盘的平均寻道时间一般低于 9 毫秒。平均寻道时间越短，硬盘的读取数据能力就越高。

U 盘事实上已经完全取代了软盘，其主要特点如下：

- 理论数据读取速度为 18MB/s；
- 理论数据写入速度为 17MB/s；
- 无需安装驱动程序，一般为操作系统自带（Windows 98 除外）；
- 无需额外电源，只从 USB 总线取电；
- 容量大、品种多。

3.2　主存储器

主存储器（Main Memory）简称主存，就是我们通常熟知的内存，它是计算机硬件的一个重要部件，其作用是存放指令和数据，并能由中央处理器（CPU）直接随机存取。主存储器一般采用半导体存储器，与辅助存储器相比有容量小、读写速度快、价格高等特点。计算机中的主存储器主要由存储体、控制线路、地址寄存器、数据寄存器和地址译码电路五部分组成。

3.2.1　半导体只读存储器

只读存储器（ROM）所存数据，一般是在装入整机前事先写好的。整机工作过程中只能从只读存储器中读出事先存储的数据，而不像随机存储器那样能快速地、方便地加以改写。由于 ROM 所存数据比较稳定、不易改变，即使在断电后所存数据也不会改变，而且它的结构也比较简单，读出又比较方便，因而 ROM 常用于存储各种固定程序和数据。除少数品种的只读存储器（如字符发生器）可以通用之外，不同用户所需只读存储器的内容不同。为便于使用和大批量生产，进一步发展了掩模只读存储器（MROM）、可编程只读存储器（PROM）、可擦可编程只读存储器（EPROM）和电可擦可编程只读存储器（E^2PROM）。

1. 掩模只读存储器

掩膜 ROM 在制造时，生产厂家利用掩模技术把数据写入存储器中，一旦 ROM 制成，其存储的数据就固定不变，无法更改。掩模只读存储器（MROM）电路结构包含存储矩阵、地址译码器和输出缓冲器三个部分，其框图如图 3-3 所示。

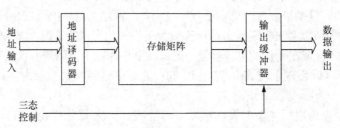

图 3-3　MROM 结构组成

存储矩阵是由许多存储单元排列而成。存储单元可以是二极管、双极型、三极管或 MOS 管，每个单元能存放 1 位二值代码（0 或 1），而每一个或一组存储单元有一个相应的地址代码。地址译码器是将输入的地址代码译成相应的控制信号，利用这个控制信号从存储矩阵中把指定的单元选出，并把其中的数据送到输出缓冲器。输出缓冲器的作用是提高存储器的带负载能力，另外是实现对输出状态的三态控制，以便与系统的总线相连。

其中地址译码器是由 4 个二极管与门组成的，A_1、A_0 称为地址线，译码器将 4 个地址码译成 $W_0 \sim W_3$ 4 根线上的高电平信号。$W_0 \sim W_3$ 叫作字线。存储矩阵是由 4 个二极管或门组成的编码器，当 $W_0 \sim W_3$ 每根线分别给出高电平信号时，都会在 $D_0 \sim D_3$ 4 根线上输出二进制代码，$D_0 \sim D_3$ 称为位线（或数据线）。如图 3-4 所示。

输出端的缓冲器用来提高带负载能力，并将输出的高低电平变换成标准的逻辑电平。同时通过给定 EN 信号实现对输出的三态控制，以便与总线相连。在读出数据时，只要输入指定的地址代码，同时令 EN=0，则指定的地址内各存储单元所存数据便出现在数据输出端。

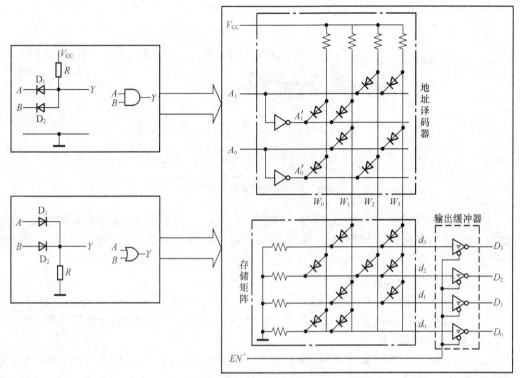

图 3-4 二极管 MROM 电路

MROM 具有存储的信息一次写入后不能再修改，灵活性差，信息固定不变，可靠性高，生产周期长，只适合定型批量生产的特点。

2. 可编程只读存储器

在开发数字电路新产品的工作过程中，或小批量生产产品时，由于需要的 ROM 数量有限，设计人员经常希望按照自己的设想迅速写入所需要内容的 ROM。这就出现了可编程只读存储器（PROM）。

PROM 是可编程 ROM，只能进行一次写入操作（与 ROM 相同），可以在出厂后，由用户使用特殊电子设备进行写入。

PROM 的整体结构和掩模 ROM 一样，也由地址译码器、存储矩阵和输出电路组成。

在图 3-5 中，三极管的 be 结接在字线和位线之间，相当于字线和位线之间的二极管。快速熔断丝接在发射极，当想写入 0 时，只要把相应的存储单元的熔断丝烧断即可。编程时 V_{CC} 和字线电压提高，但只可编写一次。

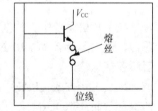

图 3-5 PROM 结构图

3. 可擦除的可编程只读存储器

PROM 的内容一旦写入则无法更改，而且只可以写一次，为了能够经常修改存储的内容，满足设计的要求，需要能多次修改的 ROM，这就是可擦除重写的 ROM。这种擦除分为紫外线擦除（EPROM）和电擦除 E^2PROM，及快闪存储器（Flash Memory）。

EPROM 和前面的 PROM 在总体结构上没有大的区别，只是存储单元不同，采用叠栅注入 MOS 管（Stacked – gate Injuction Metal – Oxide – Semiconductor， SIMOS）作为存储单元。

图 3-6 所示为 SIMOS 的结构原理图。它是一个 N 沟道增强型 MOS 管，有两个重叠的栅极——

控制栅 G_C 和浮置栅 G_f。控制栅 G_C 用于控制读写，浮置栅 G_f 用于长期保存注入的电荷。

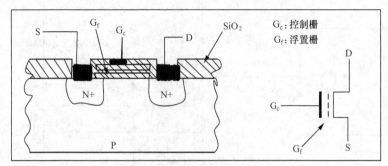

图 3-6　SIMOS 结构原理图

工作原理：当浮置栅上没注入电荷时，在控制栅上加上正常电压时，能够使漏源之间产生导电沟道，SIMOS 管导通。但当浮置栅注入负电荷以后，必须在控制栅上加更高的电压，才能抵消浮置栅上负电荷形成导电沟道，故 SIMOS 管在栅极加正常电压时是不会导通的。

4．电可擦可编程只读存储器

电可擦可编程只读存储器（Electrically Erasable Programmable Read-Only Memory，E^2PROM）是一种掉电后数据不丢失的存储芯片。E^2PROM 可以在计算机上或专用设备上擦除已有信息，重新编程。一般用在即插即用。

基本工作原理：由于 EPROM 操作的不便，后来出的主板上 BIOS ROM 芯片大部分都采用 E^2PROM（Electrically Erasable Programmable ROM，电可擦除可编程 ROM）。E^2PROM 的擦除不需要借助于其他设备，它是以电子信号来修改其内容的，而且是以字节（Byte）作为最小修改单位，不必将资料全部洗掉才能写入，彻底摆脱了 EPROM Eraser 和编程器的束缚。E^2PROM 在写入数据时，仍要利用一定的编程电压，此时，只需用厂商提供的专用刷新程序就可以轻而易举地改写内容，所以，它属于双电压芯片。借助于 E^2PROM 芯片的双电压特性，可以使 BIOS 具有良好的防毒功能，在升级时，把跳线开关打至"off"的位置，即给芯片加上相应的编程电压，就可以方便地升级；平时使用时，则把跳线开关打至"ON"的位置，防止 CIH 类的病毒对 BIOS 芯片的非法修改。所以，至今仍有不少主板采用 E^2PROM 作为 BIOS 芯片并作为自己主板的一大特色。

3.2.2　半导体随机存储器

在单片机系统中，数据存储器用于存放可随时修改的数据。数据存储器扩展使用随机存储器芯片，随机存储器简称 RAM。对 RAM 可以进行读/写两种操作，但 RAM 是易失性存储器，断电后所存信息消失。

按其工作方式，RAM 又分为静态 RAM 和动态 RAM 两种。静态 RAM 只要电源加电信息就能保存；而动态 RAM 使用的是动态存储单元，需要不断进行刷新以便周期性地再生才能保存信息。动态 RAM 的集成密度高，集成同样的位容量，动态 RAM 所占芯片面积只是静态 RAM 的四分之一；此外动态 RAM 的功耗，价格便宜。但扩展动态存储器要增加出刷新电路。因此，适用于大型系统，在单片机系统中使用不多。

3.2.3　静态 MOS 存储器

1．静态 MOS 存储器结构

存储矩阵：它是由许多存储单元排列而成，每个存储单元都能存储 1 位二进制数据（1 或 0），在译码器和读/写电路的控制下，即可写入数据，也可读出数据。

地址译码器一般都分为行地址译码器和列地址译码器两部分。行地址译码器将输入的地址代码的若干位 $A_0 \sim A_i$ 译成某一条字线的输出高、低电平信号，从存储矩阵中选中一行存储单元；列地址译码器将输入地址代码的其余几位 $A_{i+1} \sim A_{n-1}$ 译成某一根输出线上的高、低电平信号，从字线选中的一行存储单元中再选 1 位（或几位），使这些被选中的单元经读/写控制电路与输入/输出接通，以便对这些单元进行读/写操作。如图 3-7 所示。

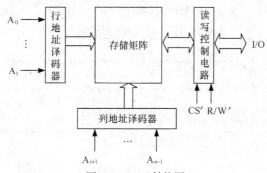

图 3-7　MOS 结构图

读/写控制电路用于对电路的工作状态进行控制。当读/写控制信号 R/W=1 时，执行读操作，将存储单元里的数据送到输入/输出端上；当 R/W=0 时，执行写操作，加到输入/输出端上的数据被写入存储单元中。在读/写控制电路中另设有片选输入端 CS。当 CS=0 时，RAM 为正常工作状态；当 CS=1 时，所有的输入/输出端均为高阻态，不能对 RAM 进行读/写操作。

总之，一个 RAM 有三根线：①地址线是单向的，它传送地址码（二进制），以便按地址访问存储单元。②数据线是双向的，它将数据码（二进制数）送入存储矩阵或从存储矩阵读出。③读/写控制线传送读（写）命令，即读时不写，写时不读。

2. 静态 MOS 管存储单元

MOS 管构成：静态存储单元是在静态触发器的基础上附加门控管而成，它是靠触发器的自保持功能存储数据的。图 3-8 所示为 6 只 N 沟道增强型 MOS 管组成的静态存储单元。

（1）T_1 和 T_2 组成一个双稳态触发器，用于保存数据。T_3 和 T_4 为负载管。

（2）如 A 点为数据 D，则 B 点为数据/D。

（3）行选择线有效（高电平）时，Q'、Q 处的数据信息通过门控管 T_5 和 T_6 送至 C、D 点。

（4）列选择线有效（高电平）时，B_j'、B_j 处的数据信息通过门控管 T_7 和 T_8 送至芯片的数据引脚 I/O。

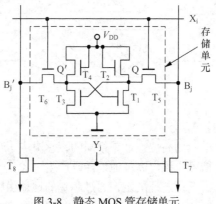

图 3-8　静态 MOS 管存储单元

3. SRAM 的读写时序

读取时间：是指从地址有效到数据稳定到外部数据总线上的时间。

（1）SRAM 芯片进行读操作需要提供以下外部信号：地址信号、片选信号、读命令（R/W=1）。图 3-9 所示为存储器读时序图，图中读取时间为 t_{ACS}，读周期时间为 t_{RC}，读恢复时间为 t_{RS}，存储器读周期：$t_{RC} = t_{ACS} + t_{RS}$。

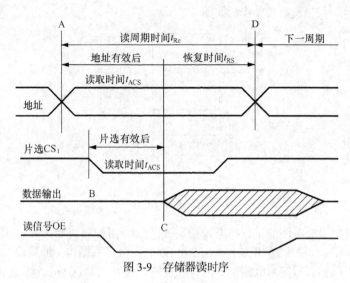

图 3-9　存储器读时序

（2）SRAM 芯片进行写操作需要提供以下外部信号：地址信号、片选信号、写命令（R/W=0）。图 3-10 所示为存储器写时序图，图中地址建立时间为 t_{AW}，写入脉冲宽度为 t_{WP}，恢复时间为 t_{RS}，存储器写周期：$t_{WC} = t_{AW} + t_{WP} + t_{RS}$。

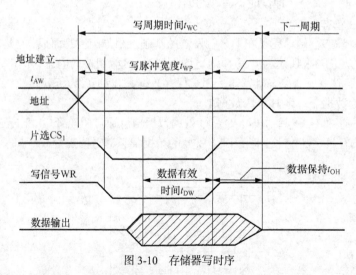

图 3-10　存储器写时序

4. SRAM 芯片与系统的连接

一个存储芯片内各个存储单元的高位地址是相同的，它决定了这个芯片在整个内存中占据的地址范围。所以，芯片的选片信号应该由高位地址译码产生。

芯片内部存储单元的选择由低位地址决定，通过芯片的地址引脚输入。它们可以理解为"片内相对地址"。存储器的地址译码有两种方式：全地址译码和部分地址译码。

（1）全地址译码

所谓全地址译码，就是连接存储器时要使用全部 20 位地址信号，所有的高位地址都要参加译码。

图 3-11 所示为一片 SRAM 6264 与系统总线的连接。该 6264 芯片的地址范围为 1E000H～1FFFFH（低 13 位可以是全 0 到全 1 之间的任何一个值）。改变译码电路的连接方式可以改变这个芯片的地址范围。

译码电路构成方法很多，可以利用基本逻辑门电路构成，也可以利用集成的译码器芯片或可编程芯片组成。

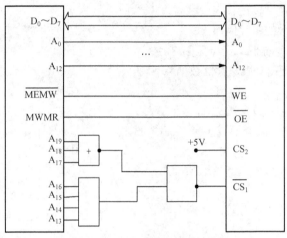

图 3-11　6264 全地址译码连接

（2）部分地址译码

部分地址译码就是只有部分高位地址参与存储器的地址译码。

图 3-12 所示为一个部分地址译码的例子。该 6264 芯片被同时映射到了以下几组内存空间中：

F4000H～F5FFFH；F6000H～F7FFFH；

FC000H～FDFFFH；FE000H～FFFFFH。

该芯片占据了 4 个 8KB 的内存空间。对这个 6264 芯片进行存取时，可以使用以上 4 个地址范围的任一个。

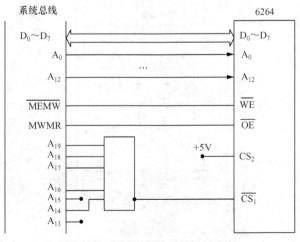

图 3-12　6264 的部分地址译码连接

6264 芯片本身只有 8KB 的存储容量，为什么会出现这种情况呢？其原因就在于高位地址信号没有全部参加地址译码。A_{15} 和 A_{13} 分别为 00、01、10、11 这 4 种组合时，6264 这个 8KB 存储芯片分别被映射到上面列出的 4 个 8KB 的地址空间。可见，采用部分地址译码会重复占用地址空间。

部分地址译码使芯片重复占用地址空间，破坏了地址空间的连续性，减小了总的可用存储地址空间。优点是译码器的构成比较简单，主要用于小型系统中。

3.2.4 动态 MOS 存储器

动态存储器：读写速度较慢，集成度高，生产成本低，多用于容量较大的主存储器。

1. 动态 RAM 的单管存储单元（见图 3-13）

（1）电容上存有电荷时，表示存储数据 A 为逻辑 1；

（2）行选择线有效时，数据通过 T_1 送至 B 处；

（3）列选择线有效时，数据通过 T_2 送至芯片的数据引脚 I/O；

（4）为防止存储电容 C 放电导致数据丢失，必须定时进行刷新；

（5）动态刷新时行选择线有效，而列选择线无效（刷新是逐行进行的）。

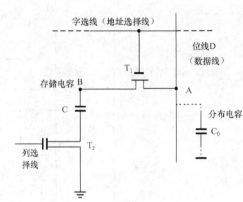

图 3-13　单管动态存储单元

2. 四管动态 MOS 存储单元（见图 3-14）

T_1、T_2 交叉连接作存储器用，数据以电荷的形式存储在 T_1、T_2 的寄生电容 C_1 和 C_2 上，而 C_1 和 C_2 上的电压又控制着 T_1、T_2 的导通或截止，产生位线 B 和 B' 上的高、低电平。

C_1 被充电，且使 C_1 上的电压大于开启电压，同时 C_2 没被充电，T_1 导通、T_2 截止。$VC_1=Q'=1$，$VC_2=Q=0$，存储单元存 0 状态。

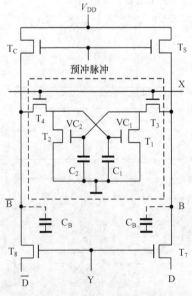

图 3-14　四管动态 MOS 存储单元

3. 动态 MOS 存储器的刷新

动态 MOS 存储器采用"读出"方式进行刷新。因为在读出过程中将恢复存储单元的 MOS 栅极电容电荷，并保持原单元的内容，所以读出过程就是刷新过程。DRAM 芯片的刷新时序如图 3-15 所示。刷新时，给芯片加上行地址并使行选信号有效，列选信号无效，芯片内部刷新电路将选中行所有单元的信息进行刷新（对原来为"1"的电容补充电荷，原来为"0"的则保持不变）。由于 CAS 无效，刷新时，位线上的信息不会送到数据总线上。在刷新过程中只改变行选择线地址，每次刷新一行，依次对存储器的每一行进行读出，就可完成对整个动态 MOS 存储器的刷新。从上一次对整个存储器刷新结束到下一次对整个存储器刷新结束，这个时间间隔称为刷新周期。刷新周期一般为 2ms、4ms 或 8ms。

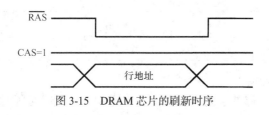

图 3-15　DRAM 芯片的刷新时序

（1）集中式刷新方式

集中式刷新指在一个刷新周期内，利用一段固定的时间依次对存储器的所有行逐一再生，在此期间停止对存储器的读和写。

例如，一个存储器有 1024 行，系统工作周期为 200μs，RAM 刷新周期为 2ms。这样，在每个刷新周期内共有 10000 个工作周期，其中用于再生的为 1024 个工作周期，用于读和写的为 8976 个工作周期。即(2ms/200μs)-1024=8976。

集中刷新的缺点是在刷新期间不能访问存储器，有时会影响计算机系统的正确工作。

（2）分布式刷新方式

分布式刷新采取在 2ms 时间内分散地将 1024 行刷新一遍的方法，具体做法是将刷新周期除以行数，得到两次刷新操作之间的时间间隔 t，利用逻辑电路每隔时间 t 产生一次刷新请求。动态 MOS 存储器的刷新需要有硬件电路的支持包括刷新计数器、刷新访存裁决、刷新控制逻辑等。这些线路可以集中在 RAM 存储控制器芯片中。

（3）异步式刷新方式

将以上两种方式结合起来便形成异步刷新方式。它首先对刷新周期用刷新时间进行分割，然后将已经分割的每段时间分为两部分，前段时间用于读/写/维持操作，后一小段时间用于刷新。例如，假设刷新周期为 2ms，当行数位 128 时可分割成为 128 个时间段，每个时间段则为 15.5μs，只要每隔 15.5μs 刷新一行，就可利用 2ms 时间刷新 128 行，可保持系统的高速性。

3.3　主存与 CPU 的连接

本节主要介绍主存与 CPU 连接的意义，主存容量扩展的方法，存储芯片的分配和片选，存储器与 CPU 的连接方式。

3.3.1　连接的意义

存储器芯片只有与 CPU 连接起来，才能真正发挥作用。存储器与 CPU 相连的线路有地址线、数据线与控制线。CPU 对存储器进行读/写操作时，首先由地址总线给出地址信号，然后要发出有关进行读操作或写操作的控制信号，最后在数据总线上进行交流。为了形成知识的连贯，需要了解数据总线的位数与主存工作频率的乘积正比于数据传输率，控制总线（读/写）指出了总线周期的类型和本次输入/输出操作完成的时刻。

3.3.2 主存容量的扩展

由于单个存储芯片的容量是有限的，它在字数或字长方面与实际存储器的要求都有差距，因此，需要在字和位两方面进行扩充才能满足实际存储器的容量要求。通常为扩展法、字扩展法和字位同时扩展法来扩展主存容量。

注意 这里的字长即为存储字长，即一个存储单元存储二进制代码的长度。

1. 位扩展法（位并联法）

CPU 的数据线数与存储芯片的数据位数不一定相等，此时必须对存储芯片扩位（即进行位扩展，用多个存储器件对字长进行扩充，增加存储字长），使其数据位数与 CPU 的数据线数相等。

假定使用 $8K \times 1$ 位的 RAM 存储芯片，那么，组成 $8K \times 8$ 位的存储器，可采用如图 3-16 所示的位扩展法。此时只加大字长，而存储器的字数与存储器芯片字数一致即可。图中每一片 RAM 是 8192×1 位，所以地址线为 13 条（$A_{12} \sim A_0$），可满足整个存储体容量的要求。每一片对应于数据的 1 位（只有一条数据线），故只需将它们分别接到数据总线上的相应位即可。在位扩展法方式中，对片子没有选片要求，就是说，片子按已经被选中来考虑。如果片子有选片输入端（$\overline{CS}$），则可将它们直接接地（有效）。在这个例子中，每一条地址总线接有 8 个负载，每一条数据线接一个负载。

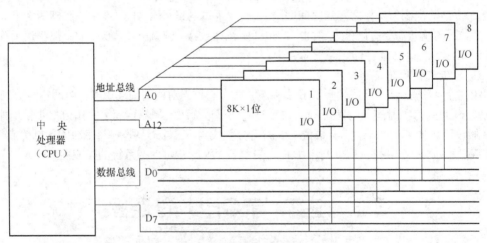

图 3-16 位扩展法组成 8KB RAM

2. 字扩展法（地址串联法）

字扩展法是在字的数量上扩充，而位数不变。因此，将芯片的地址线、数据线、读/写控制线并联，而由片选信号来区分各片地址，故片选信号端连接到选片译码器的输出端。

图 3-17 所示为用 $16K \times 8$ 位的芯片采用字扩展法组成 $64K \times 8$ 位的存储器连接图。图中，4

个芯片的数据端与数据总线 $D_7 \sim D_0$ 相连，地址总线的低位地址 $A_{13} \sim A_0$ 与各芯片的 14 位地址端相连，而两位高位地址 A_{14}、A_{15} 经译码器和 4 个片选端相连，将 $A_{15}A_{14}$ 用作片选信号，当 $A_{15}A_{14}=00$ 时，译码器输出端 0 有效，选中最左边的 1 号芯片；当 $A_{15}A_{14}=01$ 时，译码器输出端 1 有效，选中 2 号芯片，以此类推（在同一时间内只能有一个芯片被选中）。各芯片的地址分配如下：

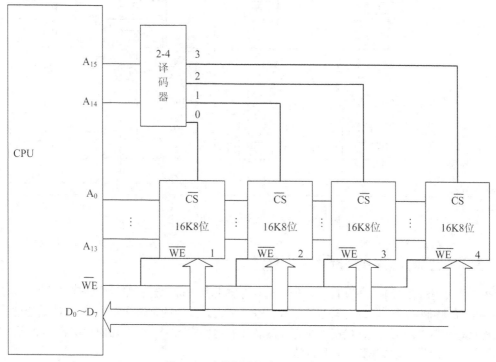

图 3-17　字扩展法组成 64KB RAM

第 1 片，最低地址：**0000000000000000**；最高地址：**0011111111111111**（16 位）
第 2 片，最低地址：**0100000000000000**；最高地址：**0111111111111111**
第 3 片，最低地址：**1000000000000000**；最高地址：**1011111111111111**
第 4 片，最低地址：**1100000000000000**；最高地址：**1111111111111111**

　　　仅采用字扩展时，各芯片连接地址线的方式相同，连接数据线的方式也相同，但在某一时刻无需选中所有芯片，所以通过片选信号 $\overline{CS}$ 或采用译码器设计连接到相应的芯片。

3. 字位同时扩展法

实际上，存储器往往需要字和位同时扩充。字位同时扩展是指既增加存储字的数量，又增加存储字长。

如图 3-18 所示，用 8 片 16K×4 位的 RAM 芯片组成 64K×8 位的存储器。每两片构成一组 16K×8 位的存储器（位扩展），4 组便构成 64K×8 位的存储器（字扩展）。地址线 $A_{15}A_{14}$ 经译码器得到 4 个片选信号，当 $A_{15}A_{14}=00$ 时，输出端 0 有效，选中第一组的芯片（1 和 2）；当 $A_{15}A_{14}=01$ 时，输出端 1 有效，选中第二组的芯片（3 和 4），依此类推。

　　　采用字位同时扩展时，各芯片连接地址线的方式相同，但连接数据线的方式不同，而且需要通过片选信号 $\overline{CS}$ 或采用译码器设计连接到相应的芯片。

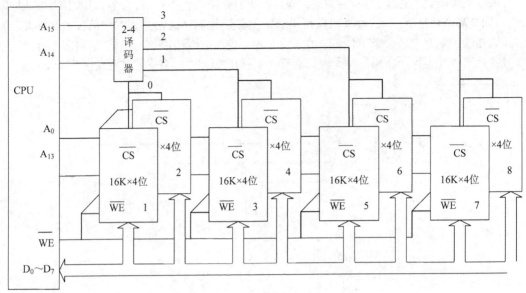

图 3-18　字位同时扩展法连接示意图

3.3.3　存储芯片的分配与片选

CPU 要实现对存储单元的访问，首先要选择存储芯片，即片选；然后再为选中的芯片依地址码选择相应的存储单元，以进行数据的存取，也即字选。片内的字选通常是由 CPU 送出的 N 条低位地址线完成的，地址线直接接到所有存储芯片的地址输入端（N 由片内存储容量 2^N 决定）。片内信号的产生分为线选法和译码片选法。

1. 线选法

线选法用除片内寻址外的高位地址线直接分别接至各个存储芯片的片选端，当某地址线信息为 "0" 时，就选中与之对应的存储芯片。这些片选地址线每次寻址只能有一位有效，不允许同时有多位有效，这样才能保证每次只选中一个芯片（或芯片组）。

线选法的优点是不需要地址译码，线路简单；缺点是地址空间不连续，选片的地址线必须分时为低电平（否则不能工作），不能充分利用系统的存储器空间因而造成地址的浪费。

2. 译码片选法

译码片选法用除片内寻址外的高位地址线通过地址译码器芯片产生片选信号。例如，只需 3 条高位线便可组合实现选择 8 个选片之一。

3.3.4　存储器与 CPU 的连接

1. 合理选择存储芯片

组成一个主存系统，首先要选择存储芯片，选择主要考虑到存储芯片的类型（RAM 或 ROM）和数量。通常选用 ROM 存放系统程序、标准子程序和各类常数，RAM 则是为用户编程而设置的。在考虑芯片数量时，要尽量使连线简单方便。

2. 地址线的连接

存储芯片的容量不同则地址线数也不同，而 CPU 的地址线数往往比存储芯片的地址线数要多。通常将 CPU 地址线的低位与存储芯片的地址线相连，以选择芯片中的某一单元，这部分译码是由芯片内逻辑完成的。而 CPU 地址线的高位则在扩充存储芯片时用，以用来选择存储芯片，这部分译码由外接译码器逻辑完成。

3. 数据线的连接

CPU 的数据线与存储芯片的数据线数不一定相等，在相等时可直接连接；在不相等时必须对存储芯片扩位，使其数据位数与 CPU 的数据线数相等。

4. 读/写控制线的连接

CPU 读/写控制线一般可直接与存储芯片的读/写控制端相连，通常是高电平为读，低电平为写。有些 CPU 的读/写控制线是分开的，此时 CPU 的读控制线应与存储芯片的允许读控制端相连，而 CPU 的写控制线则应与存储芯片的允许写控制端相连。

5. 片选线的连接

存储器由许多存储芯片叠加而成，哪一片被选中完全取决于该存储芯片的片选控制端是否能接收到来自 CPU 的片选有效信号。

片选有效信号与 CPU 的访存控制信号有关，因为只有 CPU 要求访存时，才要求选中存储芯片。若 CPU 要求访问 I/O，则访存控制信号电平相反，表示无需存储器工作。

3.4　双口 RAM 和多模块存储器

为提高 CPU 访存速度，可以采用双端口存储器、多模块存储器等并行技术。读者可以考虑一下这些并行技术的具体分类。

3.4.1　双端口 RAM

双端口 RAM 是指同一个存储器有左、右两个独立的端口，分别具有两组相互独立的地址线、数据线以及控制线，允许两个独立的控制器同时异步地访问存储单元，如图 3-19 所示。当两个端口的地址不相同时，在两个端口上进行读写操作一定不会引起冲突。

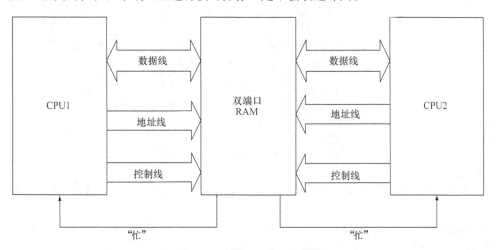

图 3-19　双端口 RAM 示意图

双端口同时存取存储器的同一地址单元时，便会因为访问冲突造成数据存储或读取错误。当双端口不同时对同一地址单元存取数据时，不会出现错误；当双端口同时对同一地址单元读出数据时，不会出现错误；当双端口同时对同一地址单元写入数据时，会出现写入错误；当双端口同时对同一地址单元，一个写入数据，另一个读出数据时，会出现读出错误。

解决冲突的办法是置"忙"信号，由判断逻辑决定暂时关闭一个端口（即被延时），没被关闭的端口正常访问，被关闭的端口延长一个很短的时间段后再访问。

3.4.2　多模块存储器

常用的多模块存储器有单体多字存储器和多体低位交叉存储器。

1．单体多字存储器

单体多字存储器的特点是存储器中只有一个存储体，每个存储单元存储 k 个字，总线宽度也为 k 个字。一次并行读出 k 个字，地址必须顺序排列并处于同一存储单元。在一个存取周期中，从同一个地址取出 k 条指令，然后逐条将指令送至 CPU 执行，即每隔 1/k 存取周期，CPU 向主存取一条指令。这显然增加了存储器的带宽，提高了单体存储器的工作速度。

缺点：指令和数据在主存内必须是连续存放，否则该存储器系统便丢失了访存优势。

2．多体并行存储器

多体并行存储器由多体模块组成。每一模块的容量和存取速度相同，各模块都有独立的读写控制电路、地址寄存器和数据寄存器。它们既能并行工作又能交叉工作。

多体并行存储器分为高位交叉编址和低位交叉编址两种。

高位交叉编址是顺序存储器方式，高位地址表示存储体号，低位地址表示存储体内地址，如图 3-20 所示。

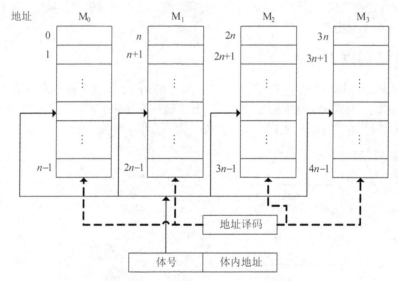

图 3-20　高位交叉编址的多体存储器

低位交叉编址为交叉存储器方式，低位地址表示存储体号，高位地址为体内地址，如图 3-21 所示。

多体模块结构的存储器采用低位交叉编址后，可以在不改变各模块存取周期的前提下，以流水线的方式并行存取，提高存储器的带宽。

设模块字长等于数据总线位数，模块存取一个字的存取周期为 T，总线传送周期为 r，为实现完全流水线方式存取，则存储器交叉模块数应大于等于 k=T/r，其中 k 为交叉存取速度。每经过 r 时间延迟后启动下一个模块，交叉模块数大于等于 k 可以保证启动某模块后经过 k×r 时间后再次启动该模块时，其上次存取操作已经完成。连续存取 k 个字需要的时间为 $t_1=T+(k-1)r$，而顺序方式连续存取 k 个字所需时间为 $t_2=kT$。所以低位交叉存储器的带宽大大提高了。

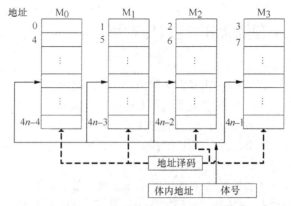

图 3-21　低位交叉编址的多体存储器

3.5　高速缓冲存储器

　　在计算机存储系统的层次结构中，高速缓冲存储器（Cache）是介于中央处理器和主存储器之间的高速小容量存储器。它和主存储器一起构成一级的存储器。高速缓冲存储器（Cache）和主存储器之间信息的调度和传送是由硬件自动进行的。某些机器甚至有二级三级缓存，每级缓存比前一级缓存速度慢且容量大。而这时，一开始的高速小容量存储器就被人们称为一级缓存。高速缓冲存储器（Cache）最重要的技术指标是它的命中率。

　　高速缓冲存储器（Cache）作为存在于主存与 CPU 之间的一级存储器，是由静态存储芯片（SRAM）组成，容量比较小但速度比主存高得多，接近于 CPU 的速度。它主要由 3 大部分组成：（1）Cache 存储体：存放由主存调入的指令与数据块。（2）地址转换部件：建立目录表以实现主存地址到缓存地址的转换。（3）替换部件：在缓存已满时按一定策略进行数据块替换，并修改地址转换部件。

　　Cache 的基本结构如图 3-22 所示。

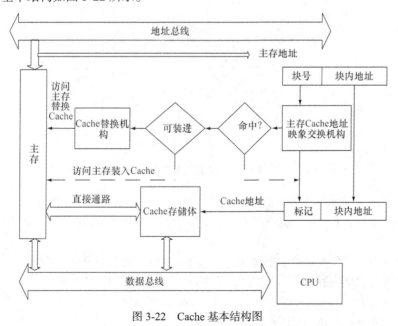

图 3-22　Cache 基本结构图

3.5.1 高速缓冲存储器的组织与管理

1. 基本概念

将 Cache 划分成若干小的单位（块或页）称为 Cache 的组织。

主存在使用 Cache 时，其间的对应关系叫做 Cache 的管理。

由主存地址映像到 Cache 中的定位叫做地址映像。

将主存地址变换成 Cache 地址叫做地址变换。

2. Cache 的存储容量

Cache 容量和块的大小直接影响着 Cache 的效率，这个效率又常用"命中率"来衡量。命中率是指 CPU 所要访问的信息在 Cache 中所占的比例。相反，将所要访问的信息不在 Cache 中的比例称为失败率。Cache 的容量要比主存的容量小得多，但不能太小。太小会使命中率太低，导致 CPU 到主存中去查找，影响 CPU 的有效工作时间。Cache 的容量也不能过大，过大不仅会增加 CPU 调入 Cache 信息的时间，还会增加硬件的复杂程度和成本，而且当容量超过一定值时，命中率并不会随容量的增加而线性增长。

3.5.2 地址映像与转换

地址映像是指某一数据在内存中的地址与在缓冲中的地址，两者之间的对应关系。下面介绍 3 种地址映像的方式。

1. 全相联方式

地址映像规则：主存的任意一块可以映像到 Cache 中的任意一块。

① 主存与缓存分成相同大小的数据块。

② 主存的某一数据块可以装入缓存的任意一块空间中。

全相联方式的对应关系如图 3-23 所示。如果 Cache 的块数为 C_b，主存的块数为 M_b，则映像关系共有 $C_b \times M_b$ 种。

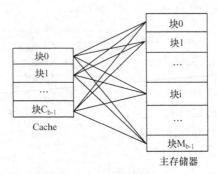

图 3-23　全相联映像方式

全相联方式的目录表存放在相关（联）存储器中，其中包括 3 部分：数据块在主存的块地址、存入缓存后的块地址、有效位（也称装入位）。由于是全相联方式，因此，目录表的容量应当与缓存的块数相同。

全相联映像方式的优点是命中率比较高，Cache 存储空间利用率高。其缺点为访问相关存储器时，每次都要与全部内容比较，速度低，成本高。因而，全相联映像方式应用少。

例：某机主存容量为 1MB，Cache 的容量为 32KB，每块的大小为 16 个字（或字节）。划出主、缓存的地址格式、目录表格式及其容量。

容量：与缓冲块数量相同即 $2^{11} = 2048$（或 32K/16 = 2048）。

2. 直接相联方式

地址映像规则：主存储器中一块只能映像到 Cache 的一个特定的块中。

① 主存与缓存分成相同大小的数据块。

② 主存容量应是缓存容量的整数倍，将主存空间按缓存的容量分成区，主存中每一区的块数与缓存的总块数相等。

③ 主存中某区的一块存入缓存时只能存入缓存中块号相同的位置。

图 3-24 所示为直接相联映像规则。可见，主存中各区内相同块号的数据块都可以分别调入缓存中块号相同的地址中，但同时只能有一个区的块存入缓存。由于主、缓存块号相同，因此，目录登记时，只记录调入块的区号即可。

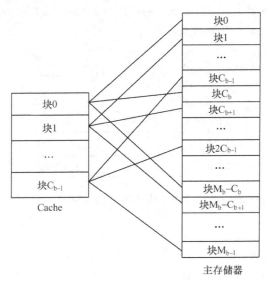

图 3-24　直接相联方式

图 3-25 所示为主、缓冲地址格式，目录表的格式及地址变换规则。主、缓存块号及块内地址两个字段完全相同。目录表存放在高速小容量存储器中，其中包括两部分：数据块在主存的区号和有效位。目录表的容量与缓存的块数相同。

地址变换过程：用主存地址中的块号 B 去访问目录存储器，把读出来的区号与主存地址中的区号 E 进行比较，比较结果相等，有效位为 1，则 Cache 命中，可以直接用块号及块内地址组成的缓冲地址到缓存中取数；比较结果不相等，有效位为 1，可以进行替换，如果有效位为 0，可以直接调入所需块。

直接相联映像方式优缺点：

优点：地址映像方式简单，数据访问时，只需检查区号是否相等即可，因而可以得到比较快的访问速度，硬件设备简单。

缺点：替换操作频繁，命中率比较低。

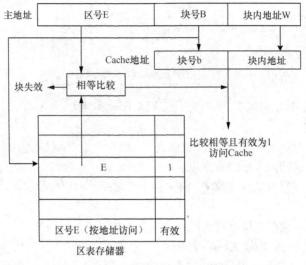

图 3-25　直接相联地址转换

举例：上例中，主存容量为 1MB，Cache 的容量为 32KB，每块的大小为 16 个字（或字节）。划出主、缓存的地址格式、目录表格式及其容量。

容量：与缓冲块数量相同即 $2^{11} = 2048$（或 32K/16 = 2048）。

3. 组相联映像方式

组相联的映像规则：

① 主存和 Cache 按同样大小划分成块；

② 主存和 Cache 按同样大小划分成组；

③ 主存容量是缓存容量的整数倍，将主存空间按缓冲区的大小分成区，主存中每一区的组数与缓存的组数相同；

④ 当主存的数据调入缓存时，主存与缓存的组号应相等，也就是各区中的某一块只能存入缓存的同组号的空间内，但组内各块地址之间则可以任意存放，即从主存的组到 Cache 的组之间采用直接映像方式；在两个对应的组内部采用全相联映像方式。

相关存储器中每个单元包含有主存地址中的区号 E 与组内块号 B，两者结合在一起，其对应的字段是缓存块地址 b。相关存储器的容量应与缓存的块数相同。当进行数据访问时，先根据组号，在目录表中找到该组所包含的各块的目录，然后将被访数据的主存区号和组内块号，与本组内各块的目录同时进行比较。如果比较相等，而且有效位为 "1" 则命中。

组相联映像地址转换如图 3-26 所示。

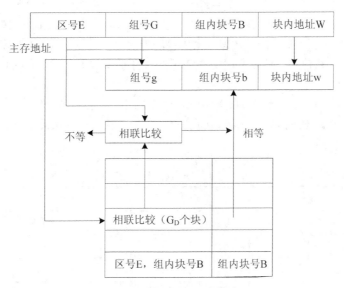

图 3-26 组相联映像的地址转换

可将其对应的缓存块地址 b 送到缓存地址寄存器的块地址字段，与组号及块内地址组装即形成缓存地址。如果比较不相等，说明没命中，所访问的数据块尚没有进入缓存，则进行组内替换；如果有效位为 0，则说明缓存的该块尚未利用，或是原来数据作废，可重新调入新块。

组相联映像方式的优缺点：

优点：块的冲突概率比较低，块的利用率大幅度提高，块失效率明显降低。

缺点：实现难度和造价要比直接映像方式高。

3.5.3 替换策略

根据程序局部性规律可知：程序在运行中，总是频繁地使用那些最近被使用过的指令和数据。这就提供了替换策略的理论依据。综合命中率、实现的难易及速度的快慢各种因素，替换策略可有随机法、先进先出法、最近最少使用法等。

1. 随机法（RAND 法）

随机法是随机地确定替换的存储块。设置一个随机数产生器，依据所产生的随机数，确定替换块。这种方法简单、易于实现，但命中率比较低。

2. 先进先出法（FIFO 法）

先进先出法是选择那个最先调入的那个块进行替换。当最先调入并被多次命中的块，很可能被优先替换，因而不符合局部性规律。这种方法的命中率比随机法好些，但还不满足要求。先进先出方法易于实现，例如 Solar – 16/65 机 Cache 采用组相联方式，每组 4 块，每块都设定一个两位的计数器，当某块被装入或被替换时该块的计数器清为 0，而同组的其他各块的计数器均加 1，当需要替换时就选择计数值最大的块被替换掉。

3. 最近最少使用法（LRU 法）

LRU 法是依据各块使用的情况，总是选择那个最近最少使用的块被替换。这种方法比较好地反映了程序局部性规律。

实现 LRU 策略的方法有多种。下面简单介绍计数器法、寄存器栈法及硬件逻辑比较对法的设计思路。

计数器方法：缓存的每一块都设置一个计数器，计数器的操作规则如下。

① 被调入或者被替换的块，其计数器清"0"，而其他的计数器则加"1"。

② 当访问命中时，所有块的计数值与命中块的计数值要进行比较，如果计数值小于命中块的计数值，则该块的计数值加"1"；如果块的计数值大于命中块的计数值，则数值不变。最后将命中块的计数器清为 0。

③ 需要替换时，则选择计数值最大的块被替换。

例如，IBM 370/65 机的 Cache 用组相联方式，每组 4 块，每一块设置一个 2 位的计数器，其工作状态如表 3-1 所示。

表 3-1 计数器法实现 LRU 策略

主存块地址	块 4		块 2		块 3		块 5	
	块号	计数器	块号	计数器	块号	计数器	块号	计数器
Cache 块 0	1	10	1	11	1	11	5	00
Cache 块 1	3	01	3	10	3	00	3	01
Cache 块 2	4	00	4	01	4	10	4	11
Cache 块 3	空	××	2	00	2	01	2	10
操作	起始状态		调入		命中		替换	

寄存器栈法：设置一个寄存器栈，其容量为 Cache 中替换时参与选择的块数。如在组相联方式中，则是同组内的块数。堆栈由栈顶到栈底依次记录主存数据存入缓存的块号，现以一组内 4 块为例说明其工作情况，如表 3-2 所示，表中 1～4 为缓存中的一组的 4 个块号。

表 3-2 寄存器栈法实现

缓存操作	初始状态	调入 2	命中块 4	替换块 1
寄存器 0	3	2	4	1
寄存器 1	4	3	2	4
寄存器 2	1	4	3	2
寄存器 3	空	1	1	3

① 当缓存中尚有空闲时，如果不命中，则可直接调入数据块，并将新访问的缓冲块号压入堆栈，位于栈顶。其他栈内各单元依次由顶向下顺压一个单元，直到空闲单元为止。

② 当缓存已满，如果数据访问命中，则将访问的缓存块号压入堆栈，其他各单元内容由顶向底逐次下压直到被命中块号的原来位置为止。如果访问不命中，说明需要替换，此时栈底单元中的块号即是最久没有被使用的。所以将新访问块号压入堆栈，栈内各单元内容依次下压直到栈底，自然，栈底所指出的块被替换。

比较对法：比较对法是用一组硬件的逻辑电路来记录各块使用的时间与次数。

假设 Cache 的每组中有 4 块，替换时，是比较 4 块中哪一块是最久没使用的，4 块之间两两相比可以有 6 种比较关系。如果每两块之间的对比关系用一个 RS 触发器，则需要 6 个触发器（T_{12}、T_{13}、T_{14}、T_{23}、T_{24}、T_{34}），设 $T_{12}=0$ 表示块 1 比块 2 最久没使用，$T_{12}=1$ 表示块 2 比块 1 最久没有被使用。在每次访问命中或者新调入块时，与该块有关的触发器的状态都要进行修改。按此原理，由 6 个触发器组成的一组编码状态可以指出应被替换的块。例如，块 1 被替换的条件是：$T_{12}=0$、$T_{13}=0$、$T_{14}=0$；块 2 被替换的条件是：$T_{12}=1$、$T_{23}=0$、$T_{24}=0$ 等。

3.5.4 Cache 的一致性问题

Cache 的内容是主存内容的一部分，是主存的副本，内容应该与主存一致。由于：

① CPU 写 Cache，没有立即写主存；

② I/O 处理机或 I/O 设备写主存。

从而造成 Cache 与主存内容的不一致，如图 3-27 所示。

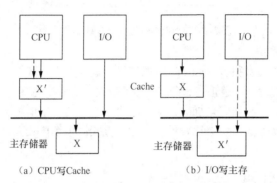

图 3-27　Cache 与主存不一致的两种情况

对 Cache 进行写操作时引起的不一致的解决方法如下。

1. 写直达法

写直达法（WT 法-Write through）也称为全写法。该方法的具体操作及优缺点如下：

方法：在对 Cache 进行写操作的同时，也对主存该内容进行写入。

优点：可靠性较高，操作过程比较简单。

缺点：写操作速度得不到改善，与写主存的速度相同。

2. 写回法

写回法（WB 法-Write back）的具体操作及优缺点如下：

方法：在 CPU 执行写操作时，只写入 Cache，不写入主存。

优点：速度较高。

缺点：可靠性较差，控制操作比较复杂。

3.5.5 Cache 性能分析

1. Cache 系统的加速比

存储系统采用 Cache 技术的主要目的是提高存储器的访问速度，加速比是其重要的性能参数。Cache 存储系统的加速比 S_p（Speedup）为

$$S_p = \frac{T_m}{T} = \frac{T_m}{H \cdot T_c + (1-H) \cdot T_m} = \frac{1}{(1-H) + H \cdot \dfrac{T_c}{T_m}}) = f(H, \frac{T_m}{T_c})$$

其中：T_m 为主存储器的访问周期；T_c 为 Cache 的访问周期；T 则为 Cache 存储系统的等效访问周期；H 为命中率。

可以看出，加速比的大小与两个因素有关：命中率 H 及 Cache 与主存访问周期的比值 T_c/T_m。命中率越高加速比越大。图 3-28 所示为加速比与命中率的关系。

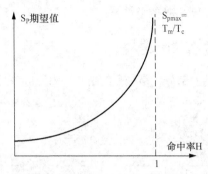

图 3-28　加速比 S_P 与命中率 H 的关系

2. Cache 的命中率

影响 Cache 命中率的因素很多,如 Cache 的容量、块的大小、映像方式、替换策略以及程序执行中地址流的分布情况等。一般地说,Cache 容量越大则命中率越高,当容量达到一定程度后,命中率的改善并不大;Cache 块容量加大,命中率也明显增加,但增加到一定值之后反而出现命中率下降的现象;直接映像法命中率比较低,全相联方式命中率比较高,在组相联方式中,组数分得越多,则命中率下降。

3.5.6　相联存储器

Cache 和虚拟存储器中,都要使用页表。为了提高查表的速度,需要使用相联存储器。例如,虚拟存储器中将虚地址的虚页号与相联存储器中所有行的虚页号进行比较,若有内容相等的行,则将其相应的实页号取出。相联存储器不是按地址访问的存储器,而是按所存数据字的全部内容或部分内容进行查找的。

相联存储器中,每个存储的信息单元都是固定长度的字。存储字中的每个字段都可以作为查找的依据,这种访问方式可用于数据库中的数据检索等。相联存储器结构如图 3-29 所示。所需的关键字段由屏蔽寄存器指定,该关键字段同时与所有存储的字进行比较,若存在比较结果为相同的单元,则发出一个匹配信号。这个匹配信号进入选择电路,选择电路从各匹配单元中选择出要访问的字段。如果多个存储字含有相同的关键字段,则由选择电路决定读出哪个字段,它可以按某种预定的顺序读出所有匹配的项。因为所有的存储字同时与关键字段进行比较,所以相联存储器的每个单元都配有匹配电路。

为了更深刻地了解相联存储器的工作原理,这里举一个例子。假设相联存储器是 4×4 的矩阵,如图 3-30 所示。

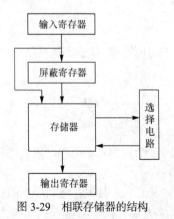

图 3-29　相联存储器的结构

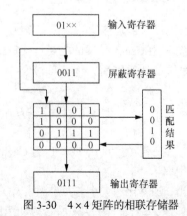

图 3-30　4×4 矩阵的相联存储器

假如要查找的数据的前两位内容是 01，放在输入寄存器中。由于要查找的信息在高两位，所以屏蔽寄存器的高两位清 0。不需要查找该数据的后两位，屏蔽寄存器的低两位置 1，于是将屏蔽寄存器的内容置为 0011。操作时根据输入寄存器的高两位在矩阵的高两列同时进行查找。找到第三行数据满足要求，而且只有第三行数据满足匹配要求，所以选择电路就选择第三行数据放到输出寄存器中。如果采用一般存储器，这样的匹配需要逐行进行，如果存储器的容量较大，每次查找过程都需要较长时间。

近年来相联存储器用于一些新型的并行处理的人工智能系统中，在语音识别、图像处理、数据流计算机等都有采用相联存储器的实例。

相联存储器既可以按地址寻址又可以按关键字段寻址，为与传统存储器区别，又称为按内容寻址的存储器。

3.6　虚拟存储器

虚拟存储器是计算机系统内存管理的一种技术，它将计算机的 RAM 和硬盘上的临时空间组合。当 RAM 运行速率缓慢时，它便将数据从 RAM 移动到称为"分页文件"的空间中。将数据移入分页文件可释放 RAM，以便完成工作。一般而言，计算机的 RAM 容量越大，程序运行得越快。若计算机的速率由于 RAM 可用空间匮乏而减缓，则可尝试通过增加虚拟内存来进行补偿。但是，计算机从 RAM 读取数据的速率要比从硬盘读取数据的速率快，因而扩增 RAM 容量（可加内存条）是最佳选择。

虚拟存储器使得应用程序认为它拥有连续的可用的内存（一个连续完整的地址空间），而实际上，它通常是被分隔成多个物理内存碎片，还有部分暂时存储在外部磁盘存储器上，在需要时进行数据交换。

本节将会介绍页式、段式和段页式三种虚拟存储器。

3.6.1　虚拟存储器的基本概念

虚拟存储器是建立在主存与辅存物理结构基础之上，由相应硬件及操作系统存储管理软件组成的一种存储体系。它将主存和辅存的地址空间统一编址，形成一个庞大的存储空间，在这个空间里，用户可以自由编程，完全不必在乎实际的主存空间和程序在主存中的存放位置。编好的程序由计算机操作系统装入辅助存储器中，程序运行时，硬件机构和管理软件会把辅存的程序一块块自动调入主存由 CPU 执行或从主存调出，用户感觉到的不再是处处受主存容量限制的存储系统，而是一个容量充分大的存储器。因为实质上 CPU 仍只能执行调入主存中的程序，所以这种存储体系称为"虚拟存储器"。

用户编程允许涉及的地址称为虚地址或逻辑地址，虚地址对应的存储空间称为虚拟空间或程序空间。实际的主存单元地址称为实地址或物理地址，实地址对应于主存地址空间，也称为实地址空间。

由于 CPU 只对主存操作，虚拟存储器存取速度主要取决于主存而不是慢速的辅存，但它又具有辅存的容量和接近辅存的成本。更为重要的是，程序员可以在比主存大得多的空间里编制程序且免去对程序分块、对存储空间动态分配的繁重工作，大大缩短了应用软件开发周期。

虚拟存储器和主存-Cache 存储器是两个不同层次的存储体系，但在概念上有不少相同之处：

它们都把程序划分为一个个的信息块;运行时都能自动把信息块从慢速存储器向快速存储器调度;信息块的调度都采用替换策略,新信息块淘汰最不活跃的旧信息块以提高继续运行时的命中率;新调入的信息块需遵守一定的映射关系,变换地址后确定其在存储器的位置。但是不同之处还是有很多的。

主存-Cache 存储器采用的是与 CPU 速度匹配的高速存储元件弥补主存和 CPU 之间的速度差距,虚拟存储器不仅最大限度地减少了慢速辅存对 CPU 的影响,而且弥补了主存容量的不足;两个存储体系均以信息块作为存储层次之间基本信息的传递单位,主存-Cache 存储器每次传递的是定长的信息块,长度只有几十字节,而虚拟存储器信息块的划分方案很多,有页、段等,长度均在几百字节至几千字节内;CPU 访问 Cache 存储器的速度比访问慢速主存快 5～10 倍。虚拟存储器中主存速度比辅存快 100～1000 倍以上;在主存-Cache 存储体系中,CPU 与 Cache 和主存都建有直接访问的通路,一旦 Cache 被命中,CPU 就直接访问 Cache,并同时向 Cache 调度信息块,而辅助存储器没有与 CPU 直接连接的通路,一旦主存不被命中,则只能从辅存调度信息块到主存,为了解决辅存信息块调度浪费 CPU 时间的情况,系统一般会在这时调度其他程序交予 CPU 执行,等调度完成后再返回原程序继续工作;主存-Cache 存储器存取信息、地址变换和替换策略全部用硬件实现,主-辅层次的虚拟存储器基本上由操作系统的存储管理软件辅助一些硬件进行信息块的划分和主、辅之间的调度。

3.6.2　页式虚拟存储器

以页为基本单位的虚拟存储器称为页式虚拟存储器。虚拟空间与主存空间都被划分成同样大小的页,主存的页称为实页,虚存的页称为虚页。把虚拟地址分为两个字段:虚页号和页内地址。虚地址到实地址之间的变换是由页表来实现的。页表是一张存放在主存中的虚页号和实页号的对照表,记录程序的虚页调入主存时在主存中的位置。

页表基址寄存器存放当前运行程序的页表的起始地址,它和虚页号拼接成页表项地址,每一页表项记录与某个虚页对应的虚页号、实页号和装入位等信息。若装入位为 “1”,表示该页面已在主存中,将对应的实页号和虚地址中的页内地址拼接就得到了完整实地址;若装入位为 “0”,表示该页面不在主存中,于是要启动 I/O 系统,把该页从辅存调入主存后再供 CPU 使用。页式虚拟存储器的地址变换过程如图 3-31 所示。

CPU 访存时,先要查页表,为此需要访问一次主存。若不命中,还要进行页面替换和页面修改,那么访问主存的次数就更多了。

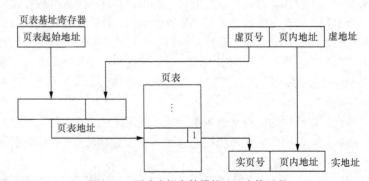

图 3-31　页式虚拟存储器的地址变换过程

页式虚拟存储器的优点是页面的长度固定,页表简单,调入方便。缺点是因为程序不可能都是页面的整数倍,最后一页的零头将无法被利用而造成浪费,并且也不是逻辑上独立的实体,所以处理、保护和共享都不及段式虚拟存储器方便。

3.6.3　段式虚拟存储器

段式虚拟存储器中的段是按程序的逻辑结构划分的，各个段的长度因程序而异。把虚拟地址分为两部分：段号和段内地址。虚拟地址到实地址之间的变换是由段表来实现的。段表是程序的逻辑段和在主存中存放位置的对照表。段表项记录某个段对应的段号、装入位、断起点和段长等信息。由于段的长度可变，所以段表中要给出各段的起始地址与段的长度。

CPU 根据虚拟地址访存时，先要根据段号与段表起始地址拼接成对应的段表项地址，再根据段表项的装入位判断该段是否已调入主存。若已调入主存，从段表读出该段在主存中的起始地址，与段内地址相加得到对应的实地址。段式存储器的地址变换过程如图 3-32 所示。

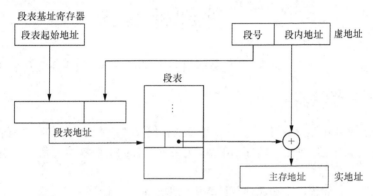

图 3-32　段式虚拟存储器的地址变换过程

段式虚存的优点是段的分界与程序的自然分界相对应，因而具有逻辑独立性，使它易于编译、管理、修改和保护，也便于多道程序的共享。缺点是段长度可变，分配空间不便，容易在段间留下碎片。

3.6.4　段页式虚拟存储器

将程序按逻辑结构分段，每段再划分为固定大小的页，主存空间也划分为大小相等的页，程序对主存的调入、调出仍以页为基本传送单位，这样的虚拟存储器称为段页式虚拟存储器。在段页式虚拟存储器中，每个程序对应一个段表，每段对应一个页表，段的长度必须是页长的整数倍，段的起点必须是某一页的起点。

虚地址分为段号、段内页号、页内地址 3 部分。CPU 根据虚地址访存时，先要根据段号得到段表项地址，然后从中取出该段的页表起始地址，与虚地址段内页号拼接得到页表项地址，最后从中取出实页号，与页内地址拼接形成主存实地址。

段页式虚拟存储器的优点是兼具页式和段式虚拟存储器的优点，可以按段实现共享和保护。缺点是地址变换过程需要两次查表，系统开销大。

3.6.5　快表

在页式虚拟存储器中，必须先访问一次主存去查页表，再访问主存才能取得数据。在段页式虚拟存储器中，既要查找段表也要查找页表。依据执行程序的局部性原理，在一段时间内总是经常访问某些页，若能把这些页对应的页表项置于由高速缓存组成的快表（TLB）中，则可以明显提高效率。相应地把放在主存中的页表称为慢表（Page）。快表只是慢表的一个副本，而且只存放了慢表中很少的一部分页表项。

查找时，快表和慢表同时进行，若快表中有此逻辑页号，则能很快地找到相应的物理页号，送入实地址寄存器，并取消慢表查找，从而做到虽采用虚拟存储器但访存速度几乎没有下降。

注意　在同时具有虚拟页式存储器（有快表）和 Cache 的系统中，CPU 发出访存命令，首先查找对应的 Cache 块（主存查找并行，TLB 和 Page 也并行查找）。若 Cache 命中，则说明所需页面已调入主存，Page 必然命中，但 TLB 不一定命中；若 Cache 不命中，并不能说明所需页面未调入主存，这和 TLB 和 Page 命中与否没有联系。若 Page 不命中，则需要执行页面调度。

3.7　外部存储器

本节主要介绍磁盘、光盘、磁带 3 种最为常用的外部存储器，最后还会介绍其他存储器。

3.7.1　外部存储器简介

外部存储器是通过外部设备接口与 CPU 连接的存储设备。常用的外部存储器包括硬盘、软盘和光盘等存储器，以及近年来出现的移动硬盘、USB 接口的 FLASH 盘（俗称 U 盘或闪盘）等新型外部存储器。

从冯·诺依曼的存储程序工作原理及计算机的组成来说，计算机分为运算器、控制器、存储器和输入/输出设备，这里的存储器就是指内存，而硬盘属于输入/输出设备。

CPU 运算所需要的程序代码和数据来自于内存，内存中的东西则来自于硬盘。所以硬盘并不直接与 CPU 打交道。硬盘相对于内存来说就是外部存储器。存储器是用来存储数据的，内存有高速缓存和内存，外存就是类似 U 盘的外部存储。内存储器和外存储器的区别：

内存储器：速度快，价格贵，容量小，断电后内存内数据会丢失。

外存储器：单位价格低，容量大，速度慢，断电后数据不会丢失。

3.7.2　磁盘存储器

磁盘存储器（magnetic disks torage）以磁盘为存储介质的存储器。它是利用磁记录技术在涂有磁记录介质的旋转圆盘上进行数据存储的辅助存储器。具有存储容量大、数据传输率高、存储数据可长期保存等特点。在计算机系统中，常用于存放操作系统、程序和数据，是主存储器的扩充。发展趋势是提高存储容量，提高数据传输率，减少存取时间，并力求轻、薄、短、小。磁盘存储器通常由磁盘、磁盘驱动器（或称磁盘机）和磁盘控制器构成。

1. 结构及原理

磁盘存储器是利用磁记录技术在旋转的圆盘介质上进行数据存储的辅助存储器。这是一种应用广泛的直接存取存储器。其容量较主存储器大千百倍，在各种规模的计算机系统中，常用作存放操作系统、程序和数据，是对主存储器的扩充。磁盘存储器存入的数据可长期保存，与其他辅助存储器比较，磁盘存储器具有较大的存储容量和较快的数据传输速率。典型的磁盘驱动器包括盘片主轴旋转机构与驱动电机、头臂与头臂支架、头臂驱动电机、净化盘腔与空气净化机构、写入读出电路、伺服定位电路和控制逻辑电路等。

磁盘以恒定转速旋转。悬挂在头臂上具有浮动面的头块（浮动磁头），靠加载弹簧的力量压向盘面，盘片表面带动的气流将头块浮起。头块与盘片间保持稳定的微小间隙。经滤尘器过滤的空气不断送入盘腔，保持盘片和头块处于高度净化的环境内，以防头块与盘面划伤。根据控制器送来的磁道地址（即圆柱面地址）和寻道命令，定位电路驱动直线电机将头臂移至目标磁道上。伺服磁头读出伺服磁道信号并反馈到定位电路，使头臂跟随伺服磁道稳定在目标磁道上。读写与选头电路根据控制器送来的磁头地址接通应选磁头，将控制器送来的数据以串行方式逐位记录在目标磁道上；或反之，从选定的磁道读出数据并送往控制器。头臂装在梳形架小车上，在寻道时所有头臂一同移动。所有数据面上相同直径的同心圆磁道总称圆柱面，即头臂定位一次所能存取的全部磁道。每个磁道都按固定的格式记录。在标志磁道起始位置的索引之后，记录该道的地址（圆柱面号和头号）、磁道的状况和其他参考信息。在每一记录段的尾部附记有该段的纠错码，对连续少数几位的永久缺陷所造成的错误靠纠错码纠正，对有多位永久缺陷的磁道须用备份磁道代替。读写操作是以记录段为单位进行的。记录段的长度有固定段长和可变段长两种。

2. 物理特性

磁盘两面涂有可磁化介质的平面圆片，数据按闭合同心圆轨道记录在磁性介质上，这种同心圆轨道称磁道。磁盘的主要技术参数包括位密度、道密度和面密度。位密度指盘片同心圆轨道上单位长度上记录多少位单元，用位/毫米（bpmm）表示；道密度是指记录面径向每单位长度上所能容纳的磁道数，常用道/毫米（tpmm）表示；面密度是指记录面上单位面积所记录的位单元，常用位/毫米 2 表示。磁盘的存储容量是磁盘上所能记录二进制数码的总量，常用千字节（KB）或兆字节（MB）来表示。存取时间包括磁头从一道移到另一道所需的时间、磁头移动后的稳定时间、盘片旋转等待时间、磁头加载时间，常用毫秒（ms）表示。误码率指在向设备写入一批数据并回读后，所检出的错误位数与这一批数据总位数的比值。

3. 分类

磁盘是两面涂着可磁化介质的平面圆片，数据按闭合同心圆轨道记录在磁性介质上，这种同心圆轨道称磁道。因盘基不同，磁盘可分为硬盘和软盘两类。硬盘盘基用非磁性轻金属材料制成；软盘盘基用挠性塑料制成。按照盘片的安装方式，磁盘有固定和可互换（可装卸）两类。可互换的磁盘结构有下列几种：

单片盘片安装在塑料或金属扁盒内的部件称盘盒；几片盘片同轴连装在一起的部件称盘组；磁盘与磁头臂同装在一密闭容器内的部件称头盘组件。小型磁盘驱动器的盘片，直接安装在驱动器的主轴上，与驱动器结成一个整体。磁盘驱动器是驱动磁盘转动并在盘面进行写入读出动作的装置。盘组或盘盒装在驱动器上，以恒速旋转。磁头浮动在盘片表面,在磁盘控制器的控制下，经磁头的电磁转换在盘面磁层上按同心圆轨道写入、读出数据。磁盘驱动器分头臂固定型和头臂移动型两类；头臂移动型磁盘驱动器又有磁盘可换型和磁盘固定型两种。

温彻斯特磁盘存储器简称温盘。因采用温彻斯特技术而得名。温彻斯特技术主要包括：①密封的头盘组件。即将磁头、盘组和定位机构等密封在一个盘腔内，后来发展到连主轴电机等全部都装入盘腔，可进行整体更换。②采用小尺寸和小浮力的接触起停式浮动磁头。借以得到超小的头盘间隙（亚微米级），以提高记录密度。③采用具有润滑性能的薄膜磁记录介质。④采用磁性流体密封技术。可防止尘埃、油、气侵入盘腔，从而保持盘腔的高度净化。⑤采用集成度高的前置放大器等。硬盘驱动器均采用了温彻斯特技术。它与可换式磁盘比，大幅度提高了记录密度，提高了磁盘机的可靠性，使其进一步小型化。

软磁盘存储器简称软盘，是一种封装在方形保护套内的、在软质基片上涂有氧化铁磁层的记录介质。软盘驱动器的磁头与盘面是在接触状态下工作，因而转速很低，其他工作原理与硬盘相类似。早期软盘盘径为 8 英寸（1 英寸=2.54 厘米），后来发展成 5.25 英寸，又广泛采用 3.5 英寸软盘。驱动器厚度也逐年减小。特别是薄型 3.5 英寸和 5.25 英寸软盘机发展很快，在微机和终端设备中得到了广泛应用。

固定头臂磁盘存储器或称每道一头型磁盘存储器。它不需要头臂定位机构，而是对应每个盘面安装尽可能多的头臂。为了减少平均等待时间，盘片的转速一般较高，例如，每分钟 6000 转。固定头臂磁盘与磁鼓的性能特点相同，由于磁头的造价昂贵，应用范围很小。

4. 磁盘驱动器

磁盘驱动器是驱动磁盘转动并在盘面上通过磁头进行写入读出动作的装置。

磁盘装在驱动器上，以恒速旋转。磁头浮动在盘片表面。在磁盘控制器的控制下，经磁头的电磁转换在盘面磁层上进行读写数据操作。

硬磁盘驱动器分头臂固定型和头臂移动型两类。头臂移动型硬磁盘驱动器又可分为可互换式与固定式两类。新型固定式磁盘由于采用了温彻斯特技术，因此又称温彻斯特磁盘驱动器，简称温式磁盘机。

磁盘机每秒向计算机传输的最多数据位数称为数据传输率，用千字节/秒（KB/s）或兆字节/秒（MB/s）表示。

5. 磁盘控制器

磁盘控制器即磁盘驱动器适配器。是计算机与磁盘驱动器的接口设备。它接收并解释计算机来的命令，向磁盘驱动器发出各种控制信号。检测磁盘驱动器状态，按照规定的磁盘数据格式，把数据写入磁盘和从磁盘读出数据。磁盘控制器类型很多，但它的基本组成和工作原理大体上是相同的。它主要由与计算机系统总线相连的控制逻辑电路，微处理器，完成读出数据分离和写入数据补偿的读写数据解码和编码电路，数据检错和纠错电路，根据计算机发来的命令对数据传递、串并转换以及格式化等进行控制的逻辑电路，存放磁盘基本输入输出程序的只读存储器和用于数据交换的缓冲区等部分组成。

6. 技术指标

磁盘存储器的主要指标包括存储密度、存储容量、存取时间及数据传输率。

（1）存储密度

存储密度分道密度、位密度和面密度。道密度是沿磁盘半径方向单位长度上的磁道数，单位为道/英寸。位密度是磁道单位长度上能记录的二进制代码位数，单位为位/英寸。面密度是位密度和道密度的乘积，单位为位/平方英寸。

（2）存储容量

一个磁盘存储器所能存储的字节总数，称为磁盘存储器的存储容量。存储容量有格式化容量和非格式化容量之分。格式化容量是指按照某种特定的记录格式所能存储信息的总量，也就是用户可以真正使用的容量。非格式化容量是磁记录表面可以利用的磁化单元总数。将磁盘存储器用于某计算机系统中，必须首先进行格式化操作，然后才能供用户记录信息。格式化容量一般是非格式化容量的 60%～70%。3.5 英寸的硬盘机容量可达 4.29GB。

（3）平均存取时间

存取时间是指从发出读写命令后，磁头从某一起始位置移动至新的记录位置，到开始从盘片表面读出或写入信息所需要的时间。这段时间由两个数值所决定：一个是将磁头定位至所要求的磁道上所需的时间，称为定位时间或寻道时间；另一个是寻道完成后至磁道上需要访问的信息到达磁头下的时间，称为等待时间。这两个时间都是随机变化的，因此往往使用平均值来表示。平均存取时间等于平均寻道时间与平均等待时间之和。平均寻道时间是最大寻道时间与最小寻道时间的平均值。平均寻道时间为 10～20ms，平均等待时间和磁盘转速有关，它用磁盘旋转一周所需时间的一半来表示，固定头盘转速高达 6000 转/分，故平均等待时间为 5ms。

（4）数据传输率

磁盘存储器在单位时间内向主机传送数据的字节数，叫数据传输率，传输率与存储设备和主机接口逻辑有关。从主机接口逻辑考虑，应有足够快的传送速度向设备接收/发送信息。从存储设备考虑，假设磁盘旋转速度为每秒 n 转，每条磁道容量为 N 个字节，则数据传输率 Dr=nN（字节/秒）也可以写成 Dr=D·v（字节/秒），其中 D 为位密度，v 为磁盘旋转的线速度，磁盘存储器的数据传输率可达几十兆字节/秒。

严格来说，磁盘包括硬盘和软盘两种，但事实上，软盘已经退出江湖了，所以正被 IT 人士淡忘，接下来看下硬盘和软盘。

（一）硬盘

硬盘是电脑主要的存储媒介之一，由一个或者多个碟片组成。这些碟片外覆盖有铁磁性材料。绝大多数硬盘都是固定硬盘，被永久性地密封固定在硬盘驱动器中。

（1）按盘径尺寸分类

硬盘产品按内部盘片分，有 5.25 英寸、3.5 英寸、2.5 英寸和 1.8 英寸，后两种常用于笔记本及部分袖珍精密仪器中，目前台式机中使用最为广泛的是 3.5 英寸的硬盘。

（2）按接口类型进行分类

硬盘接口是硬盘与主机系统间的连接部件，作用是在硬盘缓存和主机内存之间传输数据。不同的硬盘接口决定着硬盘与计算机之间的连接速度，在整个系统中，硬盘接口的优劣直接影响着程序运行快慢和系统性能好坏。硬盘与微机之间的数据接口，常用的有三大类：IDE 接口、SCSI 接口和 SATA 接口硬盘。

IDE 接口硬盘：IDE 的英文全称为"Integrated Drive Electronics"，它的本意是指把"硬盘控制器"与"盘体"集成在一起的硬盘驱动器。把盘体与控制器集成在一起的做法减少了硬盘接口的电缆数目与长度，数据传输的可靠性得到了增强，硬盘制造起来变得更容易，因为硬盘生产厂商不需要再担心自己的硬盘是否与其他厂商生产的控制器兼容。对用户而言，硬盘安装起来也更为方便。IDE 这一接口技术从诞生至今就一直在不断发展，性能也不断提高，其拥有的价格低廉、兼容性强的特点，为其造就了其他类型硬盘无法替代的地位。

SCSI 接口硬盘：SCSI 的英文全称为"Small Computer System Interface"，是同 IDE（ATA）完全不同的接口，IDE 接口是普通 PC 的标准接口，而 SCSI 并不是专门为硬盘设计的接口，是一种广泛应用于小型机上的高速数据传输技术。SCSI 接口具有应用范围广、多任务、带宽大、CPU 占用率低，以及热插拔等优点，但较高的价格使得它很难如 IDE 硬盘般普及，因此 SCSI 硬盘主要应用于中、高端服务器和高档工作站中。

SATA 接口硬盘：SATA 是 Serial ATA 的缩写，即串行 ATA。这是一种完全不同于并行 ATA 的新型硬盘接口类型，由于采用串行方式传输数据而得名。SATA 总线使用嵌入式时钟信号，具备了更强的纠错能力，与以往相比其最大的区别在于能对传输指令（不仅仅是数据）进行检查，如果发现错误会自动矫正，这在很大程度上提高了数据传输的可靠性。串行接口还具有结构简单、支持热插拔的优点。

硬盘包括电源接口、数据接口等，分别介绍如下：

电源接口：电源接口与主机电源相连，为硬盘工作提供电源。

数据接口：数据接口是硬盘数据和主板控制器间进行信息交换的纽带，通过专用的硬盘电缆把硬盘连接到主板上。控制电路：控制电路板包括主轴调速电路、磁头驱动与服务定位电路、读写电路、控制与接口电路。

电路板上还有一块单片机芯片（ROM），其固化的软件可以进行硬盘的初始化，执行加电和启动主轴电机，加电初始寻道、定位以及故障检测等。在电路板上还装有高速缓存芯片，通常为8MB或更大。

固定盖板：在固定盖板上标注了产品的型号、产地及设置数据等。

硬盘是由硬盘盘片、磁头、磁臂、主轴马达、传动轴等组成。

磁头：磁头是硬盘中最昂贵的部件，也是硬盘技术中最重要和最关键的一环，它负责数据的读写操作。磁头是电磁感应元件，在它上面有一个电磁感应线圈，而磁盘又是以磁性材料做成的，写有信息的地方被充磁，当磁头扫描磁盘时，由于磁头通过被充磁的磁盘时产生磁感应信号，这信号经放大电路放大后，变成电信号，再经过解码转换为数字信号，传送到内存。

硬盘盘片：硬盘盘片是存储信息的场所。盘片逻辑上分为磁道、扇区和柱面。

磁道：当磁盘旋转时，磁头若保持在一个位置上，则磁头会在磁盘表面划出一个圆形轨迹，这些圆形轨迹就叫做磁道。这些磁道用肉眼是根本看不到的，因为它们仅是盘面上以特殊方式磁化了的一些磁化区，磁盘上的信息便是沿着这样的轨道存放的。一张1.44MB的3.5英寸软盘，一面有80个磁道，而硬盘上的磁道密度则远远大于此值，通常一面有成千上万个磁道。

扇区：磁盘上的每个磁道被等分为若干个弧段，这些弧段便是磁盘的扇区，每个扇区可以存放512个字节的信息，磁盘驱动器在向磁盘读取和写入数据时，要以扇区为单位。1.44MB3.5英寸的软盘，每个磁道分为18个扇区。

柱面：硬盘通常由重叠的一组盘片构成，每个盘面都被划分为数目相等的磁道，并从外缘的"0"开始编号，具有相同编号的磁道形成一个圆柱，称为磁盘的柱面。磁盘的柱面数与一个盘面上的磁道数是相等的。由于每个盘面都有自己的磁头，因此，盘面数等于总的磁头数。只要知道了硬盘的Cylinder（柱面）、Head（磁头）和Sector（扇区）的数目，就可确定硬盘的容量，硬盘的容量=柱面数×磁头数×扇区数×512B。

硬盘的工作原理如下：当加电正常工作后，控制电路的单片机利用初始化模块进行初始化工作，此时，磁头置于盘片中心位置，初始化完成后主轴马达将启动并带动磁盘高速旋转，装载磁头的磁臂在传动轴的带动下移动，将浮动磁头置于盘片表面的00磁道，处于等待指令的启动状态。当接口电路接收到微机系统发出的读指令信号后，首先确定所需数据是否在硬盘驱动器的缓冲区中，如果在缓冲区中，则读取数据并发送给系统，如果不在硬盘缓冲区中，控制器将触发磁头的转动装置（传动轴），磁头转动装置带动磁头在磁盘表面上移动至目标磁道（直线移动），主轴马达带动盘片旋转（圆周运动），将所需的数据区域移到磁头下（磁头作直线移动，盘片作圆周运动，这样磁头可扫描整个盘片的所有磁道），磁头将磁感应信号传送到解码电路，使其变成数字信号，再传送到接口电路，反馈给主机系统完成指令操作。

系统将文件存储到磁盘上时，按柱面、磁头、扇区的方式进行，即最先是第1道的第1磁头下（也就是第1盘面的第1磁道）的所有扇区，然后，是同一柱面的下一磁头，……，一个柱面存储满后就推进到下一个柱面，直到把文件内容全部写入磁盘。

（二）软盘

软盘（Floppy Disk，港台称为软碟）是个人计算机（PC）中最早使用的可移介质。软盘的读写是通过软盘驱动器完成的。软盘驱动器设计能接收可移动式软盘，目前常用的就是容量为1.44MB的3.5英寸软盘。软盘存取速度慢，容量也小，但可装可卸、携带方便。作为一种可移贮存方法，它是用于那些需要被物理移动的小文件的理想选择。

软盘有八英寸、五又四分之一英寸、三英寸半之分。当中又分为硬磁区（Hard-sectored）及软磁区（Soft-Sectored）。软式磁盘驱动器则称FDD，软盘片是覆盖磁性涂料的塑料片，用来储存数据文件，磁盘片的容量有5.25英寸的1.2MB，3.5英寸的1.44MB。以3.5英寸的磁盘片为例，其容量的计算如下：80（磁道）×18（扇区）×512 bytes（扇区的大小）×2（双面）=1440×1024 bytes=1440KB=1.44MB。3.5 英寸软盘片，其上、下两面各被划分为 80 个磁道，每个磁道被划分为 18 个扇区，每个扇区的存储容量固定为 512 字节。

软盘片的存储格式：指盘片的每面划分为多少个同心圆式的磁道，以及每个磁道划分成多少个存储信息的扇区。扇区是软盘的基本存储单位，每次对磁盘的读写均以被称为簇的若干个扇区为单位进行的。较早期的软盘是 5.25 英寸的，单面 180KB。后来出现双面 360KB。再后来出现 3.5 英寸双面 720KB 的。这些都属于低密软盘。再后来出现 5.25 英寸的双面高密度 1.2MB 的和 3 英寸双面高密度 1.44MB 的，直到最后出现过 2.88MB 的。这些都属于高密软盘。5 英寸的软盘早已经淘汰，2.88MB 的也只是昙花一现，市面如今能买到的就只是 3 英寸双面高密度 1.44MB 的软盘，但事实上已经没有什么人使用了。

3.7.3　光盘存储器

如果就多媒体计算机（MPC）的硬件而言，说光盘和光盘驱动器为其核心设备并不为过。因为对于声频和视频信息的采集与处理及大规模的文字信息来说，都必须要有大量的存储空间。从而首先要解决存储装置问题，目前相对而言较好的外存储器即为紧凑型只读光盘 CD-ROM。此外各种多媒体应用也都是通过 CD-ROM 来读取程序和数据的。

1. 光存储技术

光存储技术是一种通过光学的方法读写数据的存储技术。其基本物理原理是改变一个存储单元的某种性质，使其性质的变化反映被存储的数据。识别这种存储单元性质的变化，就可以读出存储的数据。光存储单元的性质，由于高能量的激光束可以聚焦成约 1 微米的光斑，因此它比其他存储技术有更高的存储容量。

光盘系统由光盘驱动器和光盘盘片组成。驱动器的读写头是用半导体激光器和光路系统组成的光头，光盘为表面具有磁光性质的玻璃或塑料等圆形盘片。光盘系统较早应用于小型音频系统中，它使得音响系统具有优异的音响效果。20 世纪 80 年代初开始逐步进入计算应用领域，特别是在多媒体技术中扮演着极为重要的角色。

多媒体应用存储的信息包括文本、图形、图像、声音等，由于这些媒体的信息量相当大，数字化后要占用巨大的存储空间，传统的存储设备如磁盘、磁带等已无法满足这一要求。这样光存储技术的发展和商品化就成为一个必然的趋势，光盘系统目前已成为多媒体计算机的一个必备的存储设备。光盘系统与磁盘系统主要存在以下不同。

（1）表达原理不同

磁盘系统单靠磁场来更改已储存的数据，光盘系统则是利用磁场和激光光束来更改已储存的数据。

（2）数据读写不同

磁盘系统是通过磁头以感应的方式从磁盘读写数据，磁头与高速旋转的磁盘必须保持一定的间隙。这种方式容易造成磁头碰撞盘片而损坏数据，光盘系统是以激光光束来进行读写，一般不会发生光头碰撞，安全性能好。

（3）传输速率不同

磁盘系统的传输率一般是恒定的，而光盘系统的传输速率则与激光输出功率息息相关。激光输出功率为 20～30mW 时，光盘系统的传输速率为每秒 2～6MB，激光输出功率升至 40mW 时，光盘系统的传输速率可达每秒 10MB。就是说，激光输出功率越高，数据传输速率就越快。

（4）存储容量不同

磁盘系统的容量为磁盘的格式所限定，光盘系统的容量则视激光波长而定，激光波长愈短，便能缩短间距而提高存储容量。光盘系统的主要优点是数据盘不易损坏，使用寿命长；存储容量大且拆卸方便，性能价格比高，每兆字节的价格仅为软盘的百分之一。不足之处是目前速度还没有硬盘快，相信光盘的速度赶上硬盘只是个时间早晚的问题。

2. 光盘系统的特性

一般以下面几个指标来衡量一个光盘系统的特性。

（1）存储容量

光盘驱动器的容量指它所能读写光盘盘片的容量。光盘盘片的容量又分为格式化容量和用户容量。格式化容量指按某种标准格式化后的容量，采用不同的格式就会有不同的容量。用户容量一般比格式化容量小。

（2）平均存取时间

在光盘上找到需要读写的数据的位置所需要的时间是指从计算机向光盘驱动器发出命令到光盘驱动器可以接收读写命令为止的时间。一般取光头沿半径移动 1/3 所需时间为平均寻道时间，盘片旋转一周的一半时间为平均等待时间，二者加上光头稳定时间即为平均存取时间。

（3）数据传输率

有多种传输率的定义。一种是从光盘驱动器送出的数据率，它可以定义为单位时间内从光盘的光道上传送的数据比特数；另一种定义是指控制器与主机间的传输率。我们一般指的是第一种定义。

3.7.4 磁带

磁带是一种用于记录声音、图像、数字或其他信号的载有磁层的带状材料，是产量最大和用途最广的一种磁记录材料。通常是在塑料薄膜带基（支持体）上涂覆一层颗粒状磁性材料（如针状 γ-Fe_2O_3 磁粉或金属磁粉）或蒸发沉积上一层磁性氧化物或合金薄膜而成。最早曾使用纸和赛璐珞等作带基，现在主要用强度高、稳定性好和不易变形的聚酯薄膜。

第二次世界大战虽然造成了 78 转唱片市场的萎缩，却阴差阳错地从另一个方面对流行音乐市场提供了帮助。原来，德国的工程师们为了更好地广播希特勒的讲话，经过多年的研究，在磁带录音技术上取得了革命性的进步。"二战"后，美国把这一技术原样拿了过来，并很快就运用。

在流行音乐领域。磁带录音方便可靠，价钱便宜，质量又好，使得投资不多的小型录音公司得以生存下去，为 50 年代独立唱片公司的发展壮大立下了汗马功劳。前面提到过，这些小型公司的兴起直接促成了摇滚乐的诞生。

60 年代中期，RCA 发明了可以在汽车上使用的八轨磁带（8-Track），这一发明立刻吸引了众多以前不怎么买唱片的消费者的注意，美国的音乐销售也从这一时期开始直线上升。70 年代初，一批自称是"低者"（Downer，相对于传统的"Higher"）的吸毒群体发现在高速行驶中的汽车里听震耳欲聋的重摇滚对达到"状态"很有帮助。这种说法很快在听众中流传开来，并很大程度上造就了 70 年代初期重摇滚的流行。一批重摇滚乐队因此受益匪浅，如"深紫"（DeepPurple）、"黑色安息日"（BlackSabbath）和"AC/DC"等，他们的磁带销售往往会占到总销售额的 70%以上。

再后来，杜比技术的发明让可录音的卡式磁带走进了消费者的家中。这一新技术使得盗版磁带开始在地下泛滥。唱片商不得不像当年对抗广播业一样，又开始借助法律手段进行抵制。不过，磁带的录音质量比不上黑胶唱片（LP），再加上各种原因，六七十年代的美国流行音乐市场格外繁荣，因此盗版的影响不算太坏，倒是一些歌迷在地下市场交换私自录制的歌手实况演唱录音，算是弥补了录音室唱片的不足。这些非法录音不但为乐队造就了一批批铁杆歌迷，而且为后来音乐史学家们研究这段历史帮助很大。

磁带机（Tape Drive）一般指单驱动器产品，通常由磁带驱动器和磁带构成，是一种经济、可靠、容量大、速度快的备份设备。这种产品采用高纠错能力编码技术和写后即读通道技术，可以大大提高数据备份的可靠性。根据装带方式的不同，一般分为手动装带磁带机和自动装带磁带机，即自动加载磁带机。

自动加载磁带机实际上是将磁带和磁带机有机结合组成的。自动加载磁带机是一个位于单机中的磁带驱动器和自动磁带更换装置，它可以从装有多盘磁带的磁带匣中拾取磁带并放入驱动器中，或执行相反的过程。它可以备份 100～200GB 或者更多的数据。自动加载磁带机能够支持例行备份过程，自动为每日的备份工作装载新的磁带。一个拥有工作组服务器的小公司可以使用自动加载磁带机来自动完成备份工作。

提供磁带机的厂商很多，IT 厂商中 HP（惠普）、IBM、Exabyte（安百特）等均有磁带机产品，另外专业的存储厂商如 StorageTek、ADIC、Spectra Logic 等公司均以磁带机、磁带库等为主推产品。

3.7.5　其他存储器

本小节主要介绍存储器新贵 U 盘，正是这一产品将软盘赶出了市场。所谓 "USB 闪存盘"（以下简称 "U 盘"）是基于 USB 接口、以闪存芯片为存储介质的无需驱动器的新一代存储设备。U盘是采用 Flash 芯片，Flash 芯片可电擦写，在通电以后可改变状态，不通电就固定状态。所以断电以后资料能够保存。U 盘的出现是移动存储技术领域的一大突破，其体积小巧，特别适合随身携带，可以随时随地、轻松交换资料数据，是理想的移动办公及数据存储交换产品。U 盘采用 USB接口标准，读写速度较快。从稳定性上讲，U 盘没有机械读写装置，避免了移动硬盘时容易碰伤、跌落等原因造成的损坏。可在任何带有 USB 接口的电脑中使用。

U 盘具有以下优点：（1）不需要驱动器，无需外接电源；（2）容量大；（3）体积非常小，仅大拇指般大小，重量仅约 20 克；（4）使用简便，即插即用，可带电插拔；（5）存取速度快，约为软盘速度的 15 倍；（1）可靠性好，可擦写达 100 万次，数据至少可保存 10 年；（7）抗震，防潮，耐高低温，携带十分方便；（8）使用 USB 接口；（9）具备系统启动、杀毒、加密保护、装载一些工具等功能。

U 盘的结构基本上由五部分组成：USB 端口、主控芯片、FLASH（闪存）芯片、PCB 底板和外壳封装。U 盘的基本工作原理也比较简单：USB 端口负责连接电脑，是数据输入或输出的通道；主控芯片负责各部件的协调管理和下达各项动作指令，并使计算机将 U 盘识别为 "可移动磁盘"，是 U 盘的 "大脑"；FLASH 芯片与电脑中内存条的原理基本相同，是保存数据的实体，其特点是断电后数据不会丢失，能长期保存；PCB 底板是负责提供相应处理数据平台，且将各部件连接在一起。当 U 盘被操作系统识别后，使用者下达数据存取的动作指令后，USB 移动存储盘的工作便包含了这几个处理过程。

目前市场上很多品牌厂商号称所谓的 "X 合 1" 功能的产品在销售，随身 Q、随身邮、杀毒等功能越做越多，令人无所适从，那么是否 "N 合 1" 的 N 越多就越好呢？

其实 U 盘最主要的功能就是数据存储，能稳定地存储不丢失资料才是最重要的，90%的用户其实都只在使用这个功能。其次是启动和硬件加密功能，大家应考虑。而其他的功能如随身 Q、随身邮等都是炒作出来的概念而已，无非就是在 U 盘中预装上一些实现特定功能的软件而已，没有多大的实际意义，还无谓占用了部分宝贵的空间。其实只要你愿意，完全可以自己打造出 "几十合一" 的 U 盘产品。当然，现在有些通过外加硬件，实现诸如 MP3 播放等功能的产品则不在此范围。

3.8 小 结

存储器是计算机系统中的记忆设备，用来存放程序和数据。随着计算机的发展，存储器在系统中的地位越来越重要。由于超大规模集成电路的制作技术，使 CPU 的速率变得惊人的高，而存储器的存数和取数的速度与它很难适配，这使计算机系统的运行速度在很大程度上受到存储器速度的制约。此外，由于 I/O 设备的不断增多，如果它们与存储器打交道都通过 CPU 来实现，会降低 CPU 的工作效率。为此，出现了 I/O 与存储器的直接存取方式（DMA），这也使存储器的地位更为突出。尤其在多处理机的系统中，各处理机本身都需与其主存交换信息，而且各处理机在互相通信中，也都需共享存放在存储器中的数据。因此，存储器的地位更为重要。从某种意义上讲，存储器的性能已成为计算机系统的核心。

习 题 3

（一）基础题

一、填空题

1. 只读存储器 ROM 有如下几种类型：_____。

2. 半导体存储器的主要技术指标是_____。

3. 在 16 位微机系统中，一个存储字占用两个连续的 8 位字节单元，字的低 8 位存放在_____、高 8 位存放在_____。

4. SRAM 芯片 6116(2K × 8B)有_____位地址引脚线、_____位数据引脚线。

5. 在存储器系统中，实现片选控制有三种方法，它们是_____。

6. 74LS138 译码器有三个"选择输入端"C、B、A 及 8 个输出端 $\overline{y_0} \sim \overline{y_7}$，当输入地址码为 101 时，输出端_____有效。

7. 半导体静态存储器是靠_____存储信息，半导体动态存储器是靠_____存储信息。

8. 对存储器进行读/写时，地址线被分为_____和_____两部分，它们分别用以产生_____和_____信号。

二、单项选择题

1. DRAM2164(64K × 1)外部引脚有（   ）。
   A. 16 条地址线、2 条数据线　　　　　B. 8 条地址线、1 条数据线
   C. 16 条地址线、1 条数据线　　　　　D. 8 条地址线、2 条数据线

2. 8086 能寻址内存储器的最大地址范围为（   ）。
   A. 64KB　　　　B. 512KB　　　　C. 1MB　　　　D. 16KB

3. 若用 1K × 4 的芯片组成 2K × 8 的 RAM，需要（   ）片。
   A. 2 片　　　　B. 16 片　　　　C. 4 片　　　　D. 8 片

4. 某计算机的字长是 32 位，它的存储容量是 64K 字节，若按字编址，它的寻址范围是（   ）。
   A. 16K　　　　B. 16KB　　　　C. 32K　　　　D. 64K

5. 采用虚拟存储器的目的是（   ）。

    A. 提高主存的速度　　　　　　　　B. 扩大外存的存储空间

    C. 扩大存储器的寻址空间　　　　　D. 提高外存的速度

6. RAM 存储器中的信息是（　　　）。

    A. 可以读/写的　　　　　　　　　B. 不会变动的

    C. 可永久保留的　　　　　　　　　D. 便于携带的

7. 用 2164DRAM 芯片构成 8086 的存储系统至少要（　　　）片。

    A. 16　　　　　B. 32　　　　　C. 64　　　　　D. 8

8. 8086 在进行存储器写操作时，引脚信号 $M/\overline{IO}$ 和 $DT/\overline{R}$ 应该是（　　　）。

    A. 00　　　　　B. 01　　　　　C. 10　　　　　D. 11

9. 某 SRAM 芯片上，有地址引脚线 12 根，它内部的编址单元数量为（　　　）。

    A. 1024　　　　B. 4096　　　　C. 1200　　　　D. 2K

10. 存储器的性能指标不包含（　　　）项。

    A. 容量　　　　B. 速度　　　　C. 价格　　　　D. 可靠性

11. Intel2167(16K×1B)需要（　　　）条地址线寻址。

    A. 10　　　　　B. 12　　　　　C. 14　　　　　D. 16

12. 用 6116(2K×8B) 片子组成一个 64KB 的存储器，可用来产生片选信号的地址线是(　　　)。

    A. A0～A10　　B. A0～A15　　C. A11～A15　　D. A4～A19

13. 计算一个存储器芯片容量的公式为（　　　）。

    A. 编址单元数×数据线位数　　　　B. 编址单元数×字节

    C. 编址单元数×字长　　　　　　　D. 数据线位数×字长

14. 与 SRAM 相比，DRAM（　　　）。

    A. 存取速度快、容量大　　　　　　B. 存取速度慢、容量小

    C. 存取速度快，容量小　　　　　　D. 存取速度慢，容量大

15. 半导体动态随机存储器大约需要每隔（　　　）对其刷新一次。

    A. 1ms　　　　B. 1.5ms　　　　C. 1s　　　　D. 100μs

16. 对 EPROM 进行读操作，仅当（　　　）信号同时有效才行。

    A. $\overline{OE}$、$\overline{RD}$　　B. $\overline{OE}$、$\overline{CE}$　　C. $\overline{CE}$、$\overline{WE}$　　D. $\overline{OE}$、$\overline{WE}$

三、判断说明题

1. PROM 是可以多次改写的 ROM。（　　　）

2. E^2PROM、PROM、ROM 关机后，所存信息均不会丢失。（　　　）

3. 8086/8088 一个字占用两个字节单元。（　　　）

4. 存储器芯片的片选信号采用部分译码方式不一定会产生地址重叠区。（　　　）

5. RAM 存储器需要每隔 1～2ms 刷新一次。（　　　）

6. 在 8086 系统中，其存储器系统中的奇存储体和偶存储体总是对称的，拥有的存储空间是相等的。（　　　）

四、简答题

1. 存储器与 CPU 连接时，应考虑哪些问题？

2. 什么叫"地址重叠区"？什么情况下会产生重叠区？为什么？

3. 简述 DRAM 芯片的接口特点。

4. 下列容量的存贮器，各需要多少条地址线寻址？若要组成 32K×8 位的内存，各需要几片这样的芯片？

a.　Intel 1024(1K × 1B) 　　　　b.　Intel 2114(1K × 4B)

c.　Intel 2167(16K × 1B) 　　　　d.　Zilog 6132(4K × 8B)

5.　什么叫"对准字"和"未对准字"，CPU 对二者的访问有何不同？

五、综合应用题

为某 8 位微机（地址总线为 16 位）设计一个 12KB 容量的存储器要求 EPROM 区为 8KB，从 0000H 开始，采用 2716 芯片；RAM 区为 4KB，从 2000H 开始，采用 6116 芯片。试求：

① 对各芯片地址分配。

② 指出各芯片的片内选择地址线和芯片选择地址线。

③ 采用 74LS138，画出片选地址译码电路。

（二）提高题

1.　【2011 年计算机联考真题】下列各类存储器中，不采用随机存取方式的是（　　）。

　　A．EPROM　　　　　B．CD-ROM　　　　C．DRAM　　　　D．SRAM

2.　【2010 年计算机联考真题】下列有关 RAM 和 ROM 的叙述中，正确的是（　　）。

　　I.　RAM 是易失性存储器，ROM 是非易失性存储器

　　II.　RAM 和 ROM 都是采用随机存取的方式进行信息访问

　　III.　RAM 和 ROM 都可用做 Cache

　　IV.　RAM 和 ROM 都需要进行刷新

　　A．仅 I 和 II　　　B．仅 II 和 III　　　C．仅 I、II 和 III　　D．仅 II、III 和 IV

3.　【2010 年计算机联考真题】假定用若干个 2K × 4 位的芯片组成一个 8K × 8 位的存储器，则地址 0B1FH 所在芯片的最小地址是（　　）。

　　A．0000H　　　　　B．0600H　　　　　C．0700H　　　　　D．0800H

4.　【2009 年计算机联考真题】某计算机的 Cache 共有 16 块，采用二路组相联映射方式（即每组 2 块）。每个主存块大小为 32 字节，按字节编址，主存 129 号单元所在主存块应装入到的 Cache 组号是（　　）。

　　A．0　　　　　　　B．2　　　　　　　C．4　　　　　　　D．6

第4章
中央处理器

    中央处理器（Central Processing Unit，CPU），是电子计算机的主要设备之一。其功能主要是解释计算机指令以及处理计算机软件中的数据。所谓的计算机的可编程性主要是指对 CPU 的编程。CPU、内部存储器和输入/输出设备是现代计算机的三大核心部件。由集成电路制造的 CPU，20 世纪 70 年代以前，本来是由数个独立单元构成的，后来发展出微处理器把 CPU 复杂的电路可以作成单一、微小、功能强大的单元。

    "中央处理器"这个名称，是对一系列可以执行复杂的计算机程序的逻辑机器的描述。由于在"中央处理器"被普遍使用之前，那个时代的计算机是可以执行复杂的计算机程序的逻辑机器，因此上述"中央处理器"这个空泛的定义很容易将那个时代的计算机也包括在内。无论如何，至少从 20 世纪 60 年代早期开始，这个名称及其缩写已开始在电子计算机产业中得到广泛应用。尽管与早期相比，"中央处理器"在物理形态、设计制造和具体任务的执行上有了戏剧性的发展，但是其基本的操作原理一直没有改变。

    早期的中央处理器通常是为大型及特定应用的计算机而订制。但是，这种昂贵的为特定应用定制 CPU 的方法很大程度上已经让位于开发便宜、标准化、适用于一个或多个目的的处理器。这个标准化趋势始于由单个晶体管组成的大型机和微机年代，随着集成电路的出现而加速。IC 使得更为复杂的 CPU 可以在很小的空间中设计和制造（在微米的量级）。CPU 的标准化和小型化都使得这一类数字设备（港译：电子零件）在现代生活中的出现频率远远超过有限应用专用的计算机。现代微处理器出现在包括从汽车到手机到儿童玩具在内的各种物品中。典型的 CPU 的结构如图 4-1 所示。

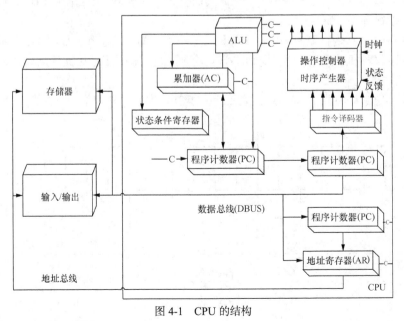

图 4-1　CPU 的结构

4.1　中央处理器的结构

中央处理器（CPU）包括运算逻辑部件、寄存器部件和控制部件。中央处理器从存储器或高速缓冲存储器中取出指令，放入指令寄存器，并对指令译码。它把指令分解成一系列的微操作，然后发出各种控制命令，执行微操作系列，从而完成一条指令的执行。指令是计算机规定执行操作的类型和操作数的基本命令。

运算逻辑部件，可以执行定点数或浮点数的算术运算操作、移位操作以及逻辑操作，也可执行地址的运算和转换。

寄存器部件，包括通用寄存器、专用寄存器和控制寄存器。通用寄存器又可分定点数和浮点数两类，它们用来保存指令中的寄存器操作数和操作结果。通用寄存器是中央处理器的重要组成部分，大多数指令都要访问到通用寄存器。

控制部件。主要负责对指令译码，并且发出为完成每条指令所要执行的各个操作的控制信号。其结构有两种：一种是以微存储为核心的微程序控制方式；另一种是以逻辑硬布线结构为主的控制方式。

4.2　指令周期与时序产生器

本节主要介绍指令周期和时序产生器。其中指令周期是指 CPU 从内存取出一条指令并执行这条指令的时间总和，而时序产生器是用于给计算机各部分提供工作所需的时间标志。

4.2.1　指令周期

计算机所以能自动地工作，是因为 CPU 能从存放程序的内存里取出一条指令并执行这条指令；紧接着又是取指令，执行指令……，如此周而复始，构成了一个封闭的循环。除非遇到停机指令，否则这个循环将一直继续下去。

指令周期：CPU 从内存取出一条指令并执行这条指令的时间总和，如图 4-2 所示。

CPU 周期：又称机器周期，CPU 访问一次内存所花的时间较长，因此用从内存读取一条指令字的最短时间来定义。

时钟周期：通常称为节拍脉冲或 T 周期。一个 CPU 周期包含若干个时钟周期。

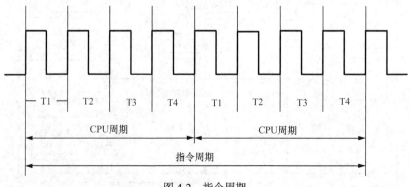

图 4-2　指令周期

4.2.2 时序产生器

CPU 中一个类似"作息时间"的东西，使计算机可以准确、迅速、有条不紊地工作。机器一旦被启动，即 CPU 开始取指令并执行指令时，操作控制器就利用定时脉冲的顺序和不同的脉冲间隔，有条理、有节奏地指挥机器的动作，规定在这个脉冲到来时做什么，在那个脉冲到来时又做什么，给计算机各部分提供工作所需的时间标志。为此，需要采用多级时序体制。

思考题：用二进制码表示的指令和数据都放在内存里，那么 CPU 是怎样识别出它们是数据还是指令呢？

从时间上来说，取指令事件发生在指令周期的第一个 CPU 周期中，即发生在"取指令"阶段，而取数据事件发生在指令周期的后面几个 CPU 周期中，即发生在"执行指令"阶段。

从空间上来说，如果取出的代码是指令，那么一定送往指令寄存器，如果取出的代码是数据，那么一定送往运算器。由此可见，时间控制对计算机来说是太重要了。

总之，计算机的协调动作需要时间标志，而时间标志则是用时序信号来体现的。硬布线控制器中，时序信号往往采用主状态周期-节拍电位-节拍脉冲三级体制。在微程序控制器中，时序信号比较简单，一般采用节拍电位-节拍脉冲二级体制的时序信号产生器。

微程序控制器中使用的时序信号产生器由时钟源、环形脉冲发生器、节拍脉冲和读写时序译码逻辑、启停控制逻辑等部分组成。

1. 时钟源

时钟源用来为环形脉冲发生器提供频率稳定且电平匹配的方波时钟脉冲信号。它通常由石英晶体振荡器和与非门组成的正反馈振荡电路组成，其输出送至环形脉冲发生器。

2. 环形脉冲发生器

环形脉冲发生器的作用是产生一组有序的间隔相等或不等的脉冲序列，以便通过译码电路来产生最后所需的节拍脉冲。为了在节拍脉冲上不带干扰毛刺，环形脉冲发生器通常采用循环移位寄存器形式。

3. 启停控制逻辑

只有通过启停控制逻辑将计算机启动后，主时钟脉冲才允许进入，并启动节拍信号发生器（也称脉冲分配器，时钟源产生的脉冲信号，经过节拍信号发生器后产生出各个机器周期中的节拍信号，用以控制计算机的每一步微操作）开始工作。启停控制逻辑的作用是根据计算机的需要，可靠地开放或封锁脉冲，控制时序信号的发生或停止，实现对整个机器的正确启动或停止，启停控制逻辑保证启动时输出的第一个脉冲和停止时输出的最后一个脉冲都是完整的。

4.3 微程序控制与设计

在计算机中，一条指令的功能是通过按一定次序执行一系列基本操作完成的，这些最基本的控制命令称为微操作。如开门/关门命令、取指令、计算地址、取数、完成加法运算，每一步实现若干个微操作。

4.3.1 微程序控制简介

1951 年，剑桥大学的教授 M.V.Wilkes 最先提出了微程序设计的思想：将机器中的每一个指令编写成一个微程序，每一个微程序含有若干条微指令，每一条微指令对应一个或多个微操作。指令对应的微程序设计好之后，将其保存到一个控制存储器中，控制存储器用来存储实现全部指令系统的微程序，机器运行时，一条又一条地读出这些微指令，从而产生全机所需要的各种操作控制信号，使相应部件执行所规定的操作。

微程序式控制的核心是存储微程序的控制存储器，由于每个微程序包含一个或多个微指令，在其执行过程中，必然要对控制存储器频繁地访问，因此要求控制存储器有较快的访问速度。

1964 年 4 月，IBM 发布了全世界第一台采用微程序式控制的机器 System/360，其优点在于大大减少了组合逻辑式设计和实现控制器时对布尔逻辑的化简，减轻了逻辑电路设计和实现时的繁杂的工作，减轻对逻辑电路测试的困难。微程序容易被修改，因此在机器中添加和修改指令都比较灵活，这也是为什么微程序控制被广泛应用的原因。

4.3.2　微指令简介

微指令：在微程序控制的计算机中，将由同时发出的控制信号所执行的一组微操作称为微指令。将一条指令分成若干条微指令，按次序执行这些微指令，就可以实现指令的功能、组成微指令的微操作，又称微命令。微指令基本格式如图 4-3 所示。

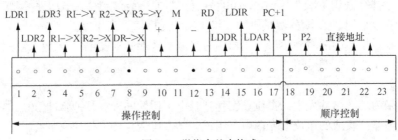

图 4-3　微指令基本格式

微指令的编译方法是决定微指令格式的主要因素。考虑到速度、成本等原因，在设计计算机时采用不同的编译法。因此微指令的格式大体分成两类：水平型微指令和垂直型微指令。

一次能定义并执行多个并行操作微命令的微指令，叫做水平型微指令，水平型微指令的一般格式如下：控制字段，判别测试字段，下地址字段。

按照控制字段的编码方法不同，水平型微指令又分为 3 种：第一种是全水平型（不译法）微指令，第二种是字段译码法水平型微指令，第三种是直接和译码相混合的水平型微指令。

垂直型微指令中设置微操作码字段，采用微操作码编译法，由微操作码规定微指令的功能，称为垂直型微指令。垂直型微指令的结构类似于机器指令的结构。它有操作码，在一条微指令中只有 1～2 个微操作命令，每条微指令的功能简单，因此，实现一条机器指令的微程序要比水平型微指令编写的微程序长得多。它是采用较长的微程序结构去换取较短的微指令结构。

水平型微指令和垂直型微指令的差别如下。

（1）水平型微指令并行操作能力强，指令高效、快速、灵活，垂直型微指令则较差。

（2）水平型微指令执行一条指令时间短，垂直型微指令执行时间长。

（3）由水平型微指令解释指令的微程序，有微指令字较长而微程序短的特点。垂直型微指令则相反。

（4）水平型微指令用户难以掌握，而垂直型微指令与指令比较相似，相对来说，比较容易掌握。

4.3.3　微程序控制器

采用微程序控制方式的控制器称为微程序控制器，所谓微程序控制方式是指微命令不是由组合逻辑电路产生的，而是由微指令译码产生的。一条机器指令往往分成几步执行，将每一步操作所需的若干位命令以代码形式编写在一条微指令中，若干条微指令组成一段微程序，对应一条机器指令。在设计 CPU 时，根据指令系统的需要，事先编制好各段微程序，且将它们存入一个专用存储器（称为控制存储器）中。

微程序控制器主要由控制存储器、微指令寄存器和地址转移逻辑 3 大部分组成。

1. 控制存储器

控制存储器用来存放实现全部指令系统的微程序，它是一种只读存储器。一旦微程序固化，机器运行时则只读不写。其工作过程是：每读出一条微指令，则执行这条微指令；接着又读出下一条微指令，又执行这一条微指令……读出一条微指令并执行微指令的时间总和称为一个微指令周期。通常，在串行方式的微程序控制器中，微指令周期就是只读存储器的工作周期。控制存储器的字长就是微指令字的长度，其存储容量视机器指令系统而定，即取决于微程序的数量。对控制存储器的要求是速度快，读出周期要短。

2. 微指令寄存器

微指令寄存器用来存放由控制存储器读出的一条微指令信息。其中微地址寄存器决定将要访问的下一条微指令的地址，而微命令寄存器则保存一条微指令的操作控制字段和判别测试字段的信息。

3. 地址转移逻辑

在一般情况下，微指令由控制存储器读出后直接给出下一条微指令的地址，通常我们简称微地址，这个微地址信息就存放在微地址寄存器中。如果微程序不出现分支，那么下一条微指令的地址就直接由微地址寄存器给出。当微程序出现分支时，意味着微程序出现条件转移。在这种情况下，通过判别测试字段 P 和执行部件的"状态条件"反馈信息，去修改微地址寄存器的内容，并按改好的内容去读下一条微指令。地址转移逻辑就承担自动完成修改微地址的任务。

4.3.4　微程序设计

在实际进行微程序设计时还应关心下面 3 个问题：

（1）如何缩短微指令字长；

（2）如何减少微程序长度；

（3）如何提高微程序的执行速度。

微指令由控制字段和下址字段组成，此处主要讨论几种常用的控制字段编译法。

1. 直接控制法

在微指令的控制字段中，每一位代表一个微命令，在设计微指令时，是否发出某个微命令，只要将控制字段中相应位置成 1 或 0，这样就可打开或关闭某个控制门，这就是直接控制法。但是这种方式微命令太多。

2. 字段直接编译法

在计算机中的各个控制门，在任一微周期内不可能同时被打开，而且大部分是关闭的（即相应的控制位为 0）。所谓微周期，指的是一条微指令所需的执行时间。如果有若干个（一组）微命令，在每次选择使用它们的微周期内只有一个微命令起作用，那么这若干个微命令是互斥的。

3. 字段间接编译法

字段间接编译法是在字段直接编译法的基础上，进一步缩短微指令字长的一种编译法。如果在字段直接编译法中，还规定一个字段的某些微命令要兼由另一字段中的某些微命令来解释，则称为字段间接编译法。

4. 常数原字段 E

在微指令中，一般设有一个常数源字段 E，就如指令中的直接操作数一样。E 字段一般仅有几位，用来给某些部件发送常数，故有时称为发射字段、该常数有时作为操作数送入 ALU 运算；有时作为计算器初值，用来控制微程序的循环次数等。

4.4 硬布线逻辑控制器

硬布线控制器是早期设计计算机的一种方法。硬布线控制器是将控制部件做成产生专门固定时序控制信号的逻辑电路，产生各种控制信号，因而又称为组合逻辑控制器。这种逻辑电路以使用最少元器件和取得最高操作速度为设计目标，因为该逻辑电路是由门电路和触发器构成的复杂树型网络，所以称为硬布线控制器。

4.4.1 硬布线逻辑控制器

硬布线控制器主要由组合逻辑网络、指令寄存器和指令译码器、节拍电位/节拍脉冲发生器等部分组成，其中组合逻辑网络产生计算机所需的全部操作命令，是控制器的核心。

控制器中的"时序控制信号形成部件"产生控制计算机各部分操作所需要的控制信号。这个部件的组成一般有 2 种方式：微程序控制方式和硬布线控制方式。

采用微程序控制方式的控制器称为微程序控制器。所谓微程序控制方式是指微命令不是由组合逻辑电路产生的，而是由微指令译码产生的。一条机器指令往往分成几步执行，将每一步操作所需的若干位命令以代码形式编写在一条微指令中，若干条微指令组成一段微程序，对应一条机器指令。在设计 CPU 时，根据指令系统的需要，事先编制好各段微程序，且将它们存入一个专用存储器（称为控制存储器）中。微程序控制器由指令寄存器（IR）、程序计数器（PC）、程序状态字寄存器（PSW）、时序系统、控制存储器（CM）、微指令寄存器以及微地址形成电路。微地址寄存器等部件组成。执行指令时，从控制存储器中找到相应的微程序段，逐次取出微指令，送入微指令寄存器，译码后产生所需微命令，控制各步操作完成。

硬布线控制器是将控制部件做成产生专门固定时序控制信号的逻辑电路，产生各种控制信号，因而又称为组合逻辑控制器。这种逻辑电路以使用最少元器件和取得最高操作速度为设计目标，因为该逻辑电路是由门电路和触发器构成的复杂树型网络，所以称为硬布线控制器。

控制器中的其他组成部分不会因为采用的控制方式不同而有差异，但不同的机器，控制器的基本原理虽然相同，其具体组成及控制信号的时序等差别是很大的。

4.4.2 硬布线逻辑设计

硬布线逻辑设计的步骤如下。

（1）画出指令流程图。

（2）列出微操作时间表。

将指令流程图中的微操作合理地安排到各个机器周期的相应节拍和脉冲中去，微操作时间表形象地表明：什么时间、根据什么条件发出哪些微操作信号。

（3）进行微操作信号的综合。

当列出所有指令的微操作时间表之后，需要对它们进行综合分析，把凡是要执行某一微操作的所有条件（哪条指令、哪个机器周期、哪个节拍和脉冲等）都考虑在内，加以分类组合，列出各微操作产生的逻辑表达式，然后加以简化，使逻辑表达式更为合理。

（4）实现电路。

根据整理并化简的逻辑表达式组，可以用一系列组合逻辑电路加以实现，根据逻辑表达式画出逻辑电路图，用逻辑门电路的组合来实现之。也可以直接根据逻辑表达式，用 PLA 或其他逻辑电路实现。

硬布线逻辑设计的注意事项如下：

（1）采用适宜指令格式，合理分配指令操作码；

（2）确定机器周期、节拍与主频；

（3）确定机器周期数及一周期内的操作；

（4）进行指令综合，综合所有指令的每一个操作命令，写出逻辑表达式，并进行化简；

（5）明确组合逻辑电路。将简化后的逻辑表达式用组合逻辑电路来实现，操作命令的控制信号先用逻辑表达式列出，进行化简，考虑各种条件的约束，合理选用逻辑门电路、触发器等元器件，采用组合逻辑电路的设计方法产生控制信号。

4.5　多核处理器

多核心，也叫多微处理器核心，是将两个或更多的独立处理器封装在一起的方案，通常在一个集成电路（IC）中，双核心设备只有两个独立的微处理器。一般说来，多核心微处理器允许一个计算设备在不需要将多核心包括在独立物理封装时执行某些形式的线程级并发处理（Thread-Level Parallelism，TLP），这种形式的 TLP 通常被认为是芯片级多处理。在游戏中，你必须要使用驱动程序来利用第二颗核心。

1971 年，英特尔推出的全球第一颗通用型微处理器 4004，由 2300 个晶体管构成。当时，公司的联合创始人之一戈登摩尔（Gordon Moore），就提出后来被业界奉为信条的"摩尔定律"：在一块芯片上集成的晶体管数目越多，意味着运算速度即主频就更快。今天英特尔的奔腾（Pentium）四至尊版 840 处理器，晶体管数量已经增加至 2.5 亿个，相比当年的 4004 增加了 10 万倍。其主频也从最初的 740KHz（每秒钟可进行 74 万次运算），增长到现在的 3GHz（每秒钟运算 30 亿次）以上。

直到 2003 年 9 月 23 日，AMD 宣告个人桌面计算机以及移动计算正式进入 64 位时代后，英特尔才想起利用"多核"这一武器进行"帝国反击战"。2005 年 4 月，英特尔仓促推出简单封装双核的奔腾 D 和奔腾四至尊版 840。AMD 在之后也发布了双核皓龙（Opteron）和速龙（Athlon）64 X2 处理器。但真正的"双核元年"则被认为是 2006 年。这一年的 7 月 23 日，英特尔基于酷睿（Core）架构的处理器正式发布。2006 年 11 月，又推出面向服务器、工作站和高端个人电脑的至强（Xeon）5300 和酷睿双核和四核至尊版系列处理器。与上一代台式机处理器相比，酷睿 2 双核处理器在性能方面提高 40%，功耗反而降低 40%。作为回应，7 月 24 日，AMD 也宣布对旗下的双核 Athlon64 X2 处理器进行大降价。由于功耗已成为用户在性能之外所考虑的首要因素，两大处理器巨头都在宣传多核处理器时，强调其"节能"效果。英特尔发布了功耗仅为 50 瓦的低电压版四核至强处理器。而 AMD 的"Barcelona"四核处理器的功耗没有超过 95 瓦。在英特尔高级副总裁帕特基辛格（Pat Gelsinger）看来，从单核到双核，再到多核的发展，证明了摩尔定律还是非常正确的，因为"从单核到双核，再到多核的发展，可能是摩尔定律问世以来，在芯片发展历史上速度最快的性能提升过程"。

英特尔工程师们开发了多核芯片，使之满足"横向扩展"（而非"纵向扩充"）方法，从而提高性能。该架构实现了"分治法"战略。通过划分任务，线程应用能够充分利用多个执行内核，并可在特定的时间内执行更多任务。多核处理器是单枚芯片（也称为"硅核"），能够直接插入单一的处理器插槽中，但操作系统会利用所有相关的资源，将每个执行内核作为分立的逻辑处理器。通过在两个执行内核之间划分任务，多核处理器可在特定的时钟周期内执行更多任务。多核架构能够使软件更出色地运行，并创建一个促进未来的软件编写更趋完善的架构。尽管认真的软件厂商还在探索全新的软件并发处理模式，但是，随着向多核处理器的移植，现有软件无需被修改就可支持多核平台。操作系统专为充分利用多个处理器而设计，且无需修改就可运行。

为了充分利用多核技术，应用开发人员需要在程序设计中融入更多思路，但设计流程与对称多处理（SMP）系统的设计流程相同，并且现有的单线程应用也将继续运行。得益于线程技术的应用在多核处理器上运行时将显示出卓越的性能可扩充性。此类软件包括多媒体应用（内容创建、编辑，以及本地和数据流回放）、工程和其他技术计算应用以及诸如应用服务器和数据库等中间层与后层服务器应用。多核技术能够使服务器并行处理任务，而在以前，这可能需要使用多个处理器，多核系统更易于扩充，并且能够在更纤巧的外形中融入更强大的处理性能，这种外形所用的功耗更低、计算功耗产生的热量更少。

多核技术是处理器发展的必然，推动微处理器性能不断提高的因素主要有两个：半导体工艺技术的飞速进步和体系结构的不断发展。半导体工艺技术的每一次进步都为微处理器体系结构的研究提出了新的问题，开辟了新的领域。体系结构的进展又在半导体工艺技术发展的基础上进一步提高了微处理器的性能。这两个因素是相互影响，相互促进的。

一般来说，工艺和电路技术的发展使得处理器性能提高约 20 倍，体系结构的发展使得处理器性能提高约 4 倍，编译技术的发展使得处理器性能提高约 1.4 倍。但是今天，这种规律性的东西却很难维持。

4.6　指令执行过程与数据通路

（一）指令执行过程

指令执行的步骤如下。

（1）第一步：取指令和分析指令。首先根据 PC 所指出的现行指令地址，从内存中取出该条指令的指令码，并送到控制器的指令寄存器中，然后对所取的指令进行分析，即根据指令中的操作码进行译码，确定计算机应进行什么操作。译码信号被送往操作控制部件和时序电位、测试条件配合，产生执行本条指令相应的控制电位序列。

（2）第二步：执行指令。根据指令分析结果，由操作控制部件器发出完成操作所需要的一系列控制电位，指挥计算机有关部件完成这一操作，同时为取下一条指令做好准备。

（3）由此可见，控制器的工作就是取指令、分析指令、执行指令的过程。周而复始地重复这一过程，就构成了执行指令序列（程序）的自动控制过程。

（二）数据通路

数字系统中，各个子系统通过数据总线连接形成的数据传送路径称为数据通路。数据通路（见图 4-4）的设计直接影响到控制器的设计，同时也影响到数字系统的速度指标和成本。一般来说，处理速度快的数字系统，它的独立传送信息的通路较多。但是独立数据传送通路一旦增加，控制器的设计也就复杂了。因此，在满足速度指标的前提下，为使数字系统结构尽量简单，一般小型系统中多采用单一总线结构。在较大系统中可采用双总线或三总线结构。

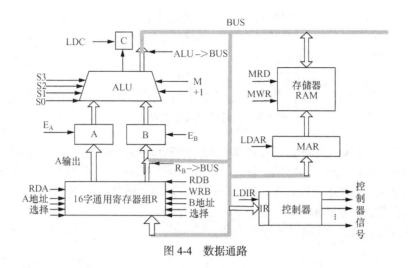

图 4-4　数据通路

如图 4-4 所示——

通用寄存器组 R：容量 16 个字，双端口输出。

暂存器 A 和 B：保存通用寄存器组读出的数据或 BUS 上来的数据。

算术逻辑单元 ALU：有 S3、S2、S1、S0、M 五个控制端，用以选择运算类型。

寄存器 C：保存 ALU 运算产生的进位信号。

RAM 随机读写存储器：读/写操作，受 MRD/MWR 控制信号控制。

MAR：RAM 的专用地址寄存器，寄存器的长度决定 RAM 的容量。

IR：专用寄存器，可存放由 RAM 读出的一个特殊数据。

控制器：用来产生数据通路中的所有控制信号，它们与各个子系统上的使能控制信号一一对应。

BUS：单一数据总线，通过三态门与有关子系统进行连接。

对单总线的系统来说，扩充是非常容易的，只要在 BUS 上增加子系统即可。例如，增加一个寄存器时，可将总线 BUS 接到寄存器的数据输入端，由接收控制信号将数据打入。如果该寄存器的数据还需要发送到 BUS 时，在寄存器的输出端加上三态门即可，或者干脆使用带三态门输出的寄存器。

在图 4-4 中所示的数据通路中，两类信息的表示方式是非常明确的：双线表示数据信息，带箭头的单线表示控制信号。所有的控制信号由控制器产生，在它们的协调配合下，数据流通过 BUS 总线在各子系统之间进行流动。

4.7　指令流水线与冲突处理

1.　流水线的工作原理

假设计算机解释一条机器指令的过程可分解成取指令（IF）、指令译码（ID）、计算有效地址或执行（EX）、访存（MEM）、结果写回寄存器堆（WB）五个子过程，如图 4-5 所示。每个子过程由独立的子部件来实现，每个子部件也称为一个功能段。如若没有特殊说明，我们都假设各功能段经过的时间均为一个时钟周期。IF 指的是按程序计数器 PC 的内容访存，取出一条指令送到指令寄存器，并修改 PC 的值以提前形成下一条指令的地址；ID 指的是对指令的操作码进行译码，并从寄存器堆中取操作数；EX 指的是按寻址方式和地址字段形成操作数的有效地址，若为非访存指令，则执行指令功能；MEM 指的是根据 EX 子过程形成的有效地址访存取数或存数；WB 指的是将运算的结果写回到寄存器堆。

图 4-5　一条机器指令的解释过程

指令的解释方式可以有顺序解释方式和流水解释方式两种。指令的顺序解释方式是指各条机器指令之间顺序串行地执行，执行完一条指令后才取出下一条指令来执行，而且每条机器指令内部的各条微指令也是顺序串行地执行，图 4-6 所示为指令顺序解释的时空图。

顺序执行的优点：控制简单。

缺点：速度慢，机器各部件的利用率很低。

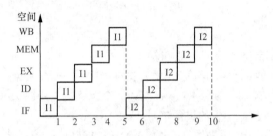

图 4-6　指令顺序解释的时空图

指令的流水解释方式是指在解释第 k 条指令的操作完成之前，就可开始解释第 k+1 条指令，图 4-7 所示为指令流水解释的时空图。

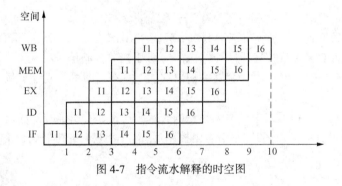

图 4-7　指令流水解释的时空图

流水执行的优点：加快指令的解释速度，提高机器的性能。

缺点：控制复杂，在软件编译和硬件执行的过程中要解决好指令之间出现的各种相关以及中断等问题。

在计算机实际的流水线中，各子部件经过的时间会有差异。为解决这些子部件处理速度的差异，一般在子部件之间需设置高速接口锁存器。所有锁存器都受同一时钟信号控制来实现各子部件信息流的同步推进。时钟信号周期不得低于速度最慢子部件的经过时间与锁存器的存取时间之和，还要考虑时钟信号到各锁存器可能存在时延差。

2. 流水线的特点

在流水技术中，一般有如下特点：

（1）一条流水线通常由多个流水段组成；

（2）每个流水段有专门的功能部件对指令进行某种加工；

（3）各流水段所需的时间是一样的；

（4）流水线工作阶段可分为建立、满载和排空 3 个阶段；

（5）在理想情况下，即不发生任何资源相关、数据相关和控制相关的情况下，当流水线满载后，每隔一个时钟周期解释完一条指令或有一个结果流出流水线。

3. 流水线的分类

流水线可以按流水处理的并行等级、功能的多少、工作方式和连接方式等来进行分类。

（1）按流水处理的并行等级分类

按流水处理的并行等级不同，流水线可分为指令流水线、算术流水线和处理机流水线 3 类。

指令流水线是指令解释过程的并行。如取指、译码、取操作数、执行、写回等几个指令解释过程的流水处理。

算术流水线是指运算操作过程的并行。如输入、减阶、对阶移位、尾数相加减、规格化、输出等几个浮点加减运算步骤的流水处理。

处理机流水线又称宏流水线，指程序处理过程的并行。如由一串级联的处理机构成流水线的各个处理段，每台处理机负责某一特定的任务。处理机流水线应用在多机系统中。

（2）按流水线功能的多少分类

按流水线能实现功能的多少不同，可以分为单功能流水线和多功能流水线。

单功能流水线是指只能完成一种固定功能的流水线。

多功能流水线是指同一流水线的各个段之间可以有多种不同的连接方式以实现多种不同的运算或功能。

（3）按流水线的工作方式分类

按多功能流水线的各功能段能否允许同时用于多种不同功能连接流水，可把流水线分为静态流水线和动态流水线。

静态流水线是指在同一时间内，多功能流水线中的各个功能段只能按一种功能的连接方式工作。

动态流水线是指在同一时间内，多功能流水线中的各个功能段可按不同运算或功能的连接方式工作。

（4）按流水线的连接方式分类

根据流水线中各功能段之间是否有反馈回路，可把流水线分为线性流水线和非线性流水线。

若流水线各段串行连接，没有反馈回路，各个段最多只经过一次的，称为线性流水线。

如果流水线中除有串行连接的通路外，有某种反馈回路，使一个任务流经流水线时，需多次经过某个段或越过某些段，则称为非线性流水线。

4. 流水线中的相关

（1）相关的概念

流水线中的相关是指相邻或相近的两条指令因存在某种关联，后一条指令不能在原指定的时钟周期开始执行。

（2）相关的分类

相关包括结构相关，数据相关和控制相关。结构相关是指当硬件资源满足不了同时重叠执行的指令的要求，而发生资源冲突时，就发生了结构相关。数据相关是指当一条指令需要用到前面某条指令的结果，从而不能重叠执行时，就发生了数据相关。控制相关提指当流水线遇到分支指令和其他能够改变 PC 值的指令时，就会发生控制相关。

（3）几个问题

相关有可能会使流水线停顿。

（4）消除相关的基本方法

让流水线中的某些指令暂停，而让其他指令继续执行。

（5）流水线中的结构相关

在流水线机器中，为了使各种指令组合能顺利地重叠执行，需要把功能部件流水化，并把资源重复设置。如果某种指令组合因资源冲突而不能顺利重叠执行，则称该机器具有结构相关。

（6）常见的导致结构相关的原因

功能部件不是全流水，重复设置的资源的份数不够。

（7）流水线中的数据相关

当指令在流水线中重叠执行时，流水线有可能改变指令读/写操作数的顺序，使之不同于它们在非流水实现时的顺序，这将导致数据相关。按照指令对寄存器的读写顺序，可以将数据相关分为以下 3 种类型：写后读相关（RAW）、写后写相关（WAW）、读后写相关（WAR）。

（8）流水线中的控制相关

一种典型的控制相关就是分支引起的暂停。处理分支指令最简单的方法是一旦检测到分支指令（在 ID 段），就暂停执行其后的指令，直到分支指令到达 MEM 段，确定出新的 PC 值为止。在流水线中尽早判断分支转移是否成功，转移成功时，尽早计算出转移目标地址。

4.8 中央处理器的新进展

4.8.1 流水线处理器简介

流水线是 Intel 首次在 486 芯片中开始使用的。流水线的工作方式就像工业生产上的装配流水线。在 CPU 中由 5～6 个不同功能的电路单元组成一条指令处理流水线，然后将一条 X86 指令分成 5～6 步后再由这些电路单元分别执行，这样就能实现在一个 CPU 时钟周期完成一条指令，因此提高 CPU 的运算速度。经典奔腾每条整数流水线都分为四级流水，即指令预取、译码、执行、写回结果，浮点流水又分为八级流水。

4.8.2 超标量处理器简介

超标量是通过内置多条流水线来同时执行多个处理器，其实质是以空间换取时间。

4.8.3 奔腾处理器简介

（一）奔腾处理器的产生

奔腾开端继承着 80486 大获成功的东风，Intel 在 1993 年推出了全新一代的高性能处理器——奔腾。由于 CPU 市场的竞争越来越趋向于激烈化，Intel 觉得不能再让 AMD 和其他公司用同样的名字来抢自己的饭碗了，于是提出了商标注册。由于在美国的法律里面是不能用阿拉伯数字注册的，于是 Intel 玩了个花样，用拉丁文去注册商标。奔腾在拉丁文里面就是"五"的意思了。Intel 公司还替它起了一个相当好听的中文名字——奔腾。奔腾的厂家代号是 P54C，奔腾的内部含有的晶体管数量高达 310 万个，时钟频率由最初推出的 60MHz 和 66MHz，后提高到 200MHz。单单是最初版本的 66MHz 的奔腾微处理器，它的运算性能比 33MHz 的 80486 DX 就提高了 3 倍多，而 100MHz 的奔腾则比 33MHz 的 80486 DX 要快 6～8 倍。也就是从奔腾开始，我们大家有了超频这样一个用尽量少的钱换取尽量多的性能的好方法。作为世界上第一个 586 级处理器，奔腾也是第一个令人超频得最多的处理器，由于奔腾的制造工艺优良，所以整个系列的 CPU 的浮点性能也是各种各样性能 CPU 中最强的，可超频性能最大，因此赢得了 586 级 CPU 的大部分市场。奔腾家族里面的频率有 60/66/75//90/100/120/133/150/166/200MHz，至于 CPU 的内部频率则是从 60MHz 到 66MHz 不等。值得一提的是，从奔腾 75 开始，CPU 的插座技术正式从以前的 Socket4 转换到同时支持 Socket 5 和 Socket 7，其中 Socket 7 还一直沿用至今。而且所有的奔腾 CPU 里面都已经内置了 16KB 的一级缓存，这样使它的处理性能更加强大。

在其他公司还在不断追赶自己的奔腾之际，Intel 又在 1996 年推出了最新一代的第六代 X86 系列 CPU——P6。P6 只是它的研究代号，上市之后 P6 有了一个非常响亮的名字——奔腾 Pro。Pentimu Pro 的内部含有高达 550 万个的晶体管，内部时钟频率为 133MHz，处理速度几乎是 100MHz 奔腾的 2 倍。Pentimu Pro 的一级（片内）缓存为 8KB 指令和 8KB 数据。

值得注意的是在 Pentimu Pro 的一个封装中除 Pentimu Pro 芯片外还包括有一个 256KB 的二级缓存芯片，两个芯片之间用高频宽的内部通讯总线互连，处理器与高速缓存的连接线路也被安置在该封装中，这样就使高速缓存能更容易地运行在更高的频率上。奔腾 Pro 200MHzCPU 的 L2 Cache 就是运行在 200MHz，也就是工作在与处理器相同的频率上。这样的设计令奔腾 Pro 达到了最高的性能。而 Pentimu Pro 最引人注目的地方是它具有一项称为“动态执行”的创新技术，这是继奔腾在超标量体系结构上实现突破之后的又一次飞跃。Pentimu Pro 系列的工作频率是 150/166/180/ 200MHz，一级缓存都是 16KB，而前三者都有 256KB 的二级缓存，至于频率为 200MHz 的 CPU 还分为三种版本，不同就在于他们的内置的缓存分别是 256KB、512KB、1MB。不过由于当时缓存技术还没有成熟，加上当时缓存芯片还非常昂贵，因此尽管 Pentimu Pro 性能不错，但远没有达到抛离对手的程度，加上价格十分昂贵，于是 Pentimu Pro 实际上出售的数目非常之少，市场生命也非常短，Pentimu Pro 可以说是 Intel 第一个失败的产品。

（二）奔腾处理器的发展

Intel 吸取了奔腾 Pro 的教训，在 1996 年底推出了奔腾系列的改进版本，厂家代号 P55C，也就是我们平常所说的奔腾 MMX（多能奔腾）。这款处理器并没有集成当时卖力不讨好的二级缓存，而是独辟蹊径，采用 MMX 技术去增强性能。

MMX 技术是 Intel 最新发明的一项多媒体增强指令集技术，它的英文全称可以翻译成“多媒体扩展指令集”。MMX 是 Intel 公司在 1996 年为增强奔腾 CPU 在音像、图形和通信应用方面而采取的新技术，为 CPU 增加了 57 条 MMX 指令。除了指令集中增加 MMX 指令外，还将 CPU 芯片内的 L1 缓存由原来的 16KB 增加到 32KB（16K 指令、16K 数据），因此 MMX CPU 比普通 CPU 在运行含有 MMX 指令的程序时，处理多媒体的能力上提高了 60%左右。MMX 技术不但是一个创新，而且还开创了 CPU 开发的新纪元，后来的 SSE，3D NOW 等指令集也是从 MMX 发展演变过来的。

在 Intel 推出奔腾 MMX 的几个月后，AMD 也推出了自己研制的新产品 K6。K6 系列 CPU 一共有五种频率，分别是：166/200/233/266/300MHz，五种型号都采用了 66 外频，但是后来推出的 233/266/300MHz 已经可以通过升级主板的 BIOS 而支持 100 外频，所以 CPU 的性能得到了一个飞跃。特别值得一提的是他们的一级缓存都提高到了 64KB，比 MMX 足足多了一倍，因此它的商业性能甚至还优于奔腾 MMX，但由于缺少了多媒体扩展指令集这道杀手锏，K6 在包括游戏在内的多媒体性能要逊于奔腾 MMX。

（三）奔腾处理器的辉煌

1997 年 5 月，Intel 又推出了和奔腾 Pro 同一个级别的产品，也就是影响力最大的 CPU——奔腾Ⅱ。第一代奔腾Ⅱ核心称为 Klamath。作为奔腾Ⅱ的第一代芯片，它运行在 66MHz 总线上，主频分 233MHz、266MHz、300MHz、333MHz 四种，接着又推出 100MHz 总线的奔腾Ⅱ，频率有 300MHz、350MHz、400MHz、450MHz。奔腾Ⅱ采用了与奔腾 Pro 相同的核心结构，从而继承了原有奔腾 Pro 处理器优秀的 32 位性能，但它加快了段寄存器写操作的速度，并增加了 MMX 指令集，以加速 16 位操作系统的执行速度。由于配备了可重命名的段寄存器，因此奔腾Ⅱ可以猜测地执行写操作，并允许使用旧段值的指令与使用新段值的指令同时存在。在奔腾Ⅱ里面，Intel 一改过去 BiCMOS 制造工艺的笨拙且耗电量大的双极硬件，将 750 万个晶体管压缩到一个 203 平方毫米的印模上。奔腾Ⅱ只比奔腾 Pro 大 6 平方毫米。但它却比奔腾 Pro 多容纳了 200 万个晶体管。由于使用只有 0.28 微米的扇出门尺寸，因此加快了这些晶体管的速度，从而达到了 X86 前所未有的时钟速度。

与此同时，AMD 公司也不甘示弱推出了 K5 系列的 CPU。（AMD 公司也改名字了！）它的频率一共有六种：75/90/100/120/133/166MHz，内部总线的频率和奔腾差不多，都是 60 或者 66MHz，虽然它在浮点运算方面比不上奔腾，但是由于 K5 系列 CPU 都内置了 24KB 的一级缓存，比奔腾内置的 16KB 多出了一半，因此在整数运算和系统整体性能方面甚至要高于同频率的奔腾。即便如此，因为 k5 系列的交付日期一再后拖，AMD 公司在"586"级别的竞争中最终还是败给了 Intel。

在接口技术方面，为了击跨 Intel 的竞争对手，以及获得更加大的内部总线带宽，奔腾Ⅱ首次采用了最新的 Solt1 接口标准，它不再用陶瓷封装，而是采用了一块带金属外壳的印制电路板，该印制电路板不但集成了处理器部件，而且还包括 32KB 的一级缓存。如要将奔腾Ⅱ处理器与单边插接卡（也称 SEC 卡）相连，只需将该印制电路板（PCB）直接卡在 SEC 卡上。SEC 卡的塑料封装外壳称为单边插接卡盒，也称 SEC（Single-EdgecontactCartridge）卡盒，其上带有奔腾Ⅱ的标志和奔腾Ⅱ印模的彩色图像。在 SEC 卡盒中，处理器封装与 L2 高速缓存和 TagRAM 均被接在一个底座（即 SEC 卡）上，而该底座的一边（容纳处理器核心的那一边）安装有一个铝制散热片，另一边则用黑塑料封起来。奔腾ⅡCPU 内部集合了 32KB 片内 L1 高速缓存（16KB 指令/16KB 数据）；57 条 MMX 指令；8 个 64 位的 MMX 寄存器。750 万个晶体管组成的核心部分，是以 203 平方毫米的工艺制造出来的。处理器被固定到一个很小的印制电路板（PCB）上，对双向的 SMP 有很好的支持。至于 L2 高速缓存则有 512KB，属于四路级联片外同步突发式 SRAM 高速缓存。这些高速缓存的运行速度相当于核心处理器速度的一半（对于一个 266MHz 的 CPU 来说，即为 133MHz）。奔腾Ⅱ的这种 SEC 卡设计是插到 Slot1（尺寸大约相当于一个 ISA 插槽那么大）中。所有的 Slot1 主板都有一个由两个塑料支架组成的固定机构。一个 SEC 卡可以从两个塑料支架之间滑入 Slot1 中。将该 SEC 卡插入到位后，就可以将一个散热槽附着到其铝制散热片上。266MHz 的奔腾Ⅱ运行起来只比 200MHz 的奔腾 Pro 稍热一些（其功率分别为 38.2 瓦和 37.9 瓦），但是由于 SEC 卡的尺寸较大，奔腾Ⅱ的散热槽几乎相当于 Socket7 或 Socket8 处理器所用的散热槽的两倍那么大。除了用于普通用途的奔腾Ⅱ之外，Intel 还推出了用于服务器和高端工作站的 Xeon 系列处理器，采用了 Slot 2 插口技术，32KB 一级高速缓存，512KB 及 1MB 的二级高速缓存，双重独立总线结构，100MHz 系统总线，支持多达 8 个 CPU。为了对抗不可一世的奔腾Ⅱ，在 1998 年中，AMD 推出了 K6-2 处理器，它的核心电压是 2.2 伏特，所以发热量比较低，一级缓存是 64KB，更为重要的是，为了抗衡 Intel 的 MMX 指令集，AMD 也开发了自己的多媒体指令集，命名为 3DNow!。3DNow!

共 21 条新指令，可提高三维图形、多媒体，以及浮点运算密集的个人电脑应用程序的运算能力，使三维图形加速器全面地发挥性能。K6-2 的所有型号都内置了 3DNow!指令集，使 AMD 公司的产品首次在某些程序应用中，在整数性能以及浮点运算性能都同时超越 Intel，让 Intel 感觉到了危机。不过和奔腾Ⅱ相比，K6-2 仍然没有集成二级缓存，因此尽管广受好评，但始终没有能在市场占有率上战胜奔腾Ⅱ。

（四）Celeron

在以往，个人电脑都是一件相对奢侈的产品，作为电脑核心部件的 CPU，价格几乎都以千元来计算，不过随着时代的发展，大批用户急需廉价的家庭电脑，连带对廉价 CPU 的需求也急剧增长了。在奔腾 Ⅱ又再次获得成功之际，Intel 的头脑开始有点发热，飘飘然了起来，将全部力量都集中在高端市场上，从而给 AMD、CYRIX 等公司造成了不少乘虚而入的机会，眼看着性能价格比不上对手的产品，而且低端市场一再被蚕食，Intel 不能眼看着自己的发家之地就这样落入他人手中，又于 1998 年全新推出了面向低端市场，性能价格比相当厉害的 CPU——Celeron，赛扬处理器。

Celeron 可以说是 Intel 为抢占低端市场而专门推出的，当时 1000 美元以下 PC 的热销，令 AMD 等中小公司在与 Intel 的抗争中打了个漂亮的翻身仗，也令 Intel 如芒刺在背。于是，Intel 把奔腾Ⅱ的二级缓存和相关电路抽离出来，再把塑料盒子也去掉，再改一个名字，这就是 Celeron，中文名称为赛扬处理器。最初的 Celeron 采用 0.35 微米工艺制造，外频为 66MHz，主频有 266MHz 与 300MHz 两款。接着又出现了 0.25 微米制造工艺的 Celeron333。

不过在开始阶段，Celeron 并不很受欢迎，最为人所诟病的是其抽掉了芯片上的 L2 Cache，自从在奔腾Ⅱ尝到甜头以后，大家都知道了二级缓存的重要性，因而想到赛扬其实是一个被阉割了的产品，性能肯定不怎么样。实际应用中也证实了这种想法，Celeron266 装在技嘉 BX 主板上，性能比 PII266 下降超过 25%。而相差最大的就是经常需要用到二级缓存的程序。Intel 也很快了解到这个情况，于是随机应变，推出了集成 128KB 二级缓存的 Celeron，起始频率为 300MHz，为了和没有集成二级缓存的同频 Celeron 区分，它被命名为 Celeron 300A。有一定使用电脑历史的朋友可能都会对这款 CPU 记忆犹新，它集成的二级缓存容量只有 128KB，但它和 CPU 频率同步，而奔腾Ⅱ只是 CPU 频率的一半，因此 Celeron 300A 的性能和同频奔腾Ⅱ非常接近。更诱人的是，这款 CPU 的超频性能奇好，大部分都可以轻松达到 450MHz 的频率，要知道当时频率最高的奔腾Ⅱ也只是这个频率，而价格是 Celeron 300A 的好几倍。这个系列的 Celeron 出了很多款，最高频率一直到 566MHz，才被采用奔腾Ⅲ结构的第二代 Celeron 所代替。

为了降低成本，从 Celeron 300A 开始，Celeron 又重投 Socket 插座的怀抱，但它不是采用奔腾 MMX 的 Socket7，而是采用了 Socket370 插座方式，通过 370 个针脚与主板相连。从此，Socket370 成为 Celeron 的标准插座结构，直到现在频率 1.2GHz 的 Celeron CPU 也仍然采用这种插座。

（五）奔腾 III

在 1999 年初，Intel 发布了第三代的奔腾处理器——奔腾 III，第一批的奔腾 III 处理器采用了 Katmai 内核，主频有 450MHz 和 500MHz 两种，这个内核最大的特点是更新了名为 SSE 的多媒体指令集，这个指令集在 MMX 的基础上添加了 70 条新指令，以增强三维和浮点应用，并且可以兼容以前的所有 MMX 程序。不过平心而论，Katmai 内核的奔腾 III 除了上述的 SSE 指令集以外，吸引人的地方并不多，它仍然基本保留了奔腾Ⅱ的架构，采用 0.25 微米工艺，100MHz 的外频，Slot1 的架构，512KB 的二级缓存（以 CPU 的半速运行），因而性能提高的幅度并不大。

不过在奔腾 III 刚上市时却掀起了很大的热潮，曾经有人以上万元的高价去买第一批的奔腾 III。第一代 Pentium III 处理器（Katmai）主频大幅提升，从 500MHz 开始，一直到 1.13GHz，还有就是超频性能大幅提高，幅度可以达到 50%以上。此外它的二级缓存也改为和 CPU 主频同步，但容量缩小为 256KB。除了制程带来的改进以外，部分 Coppermine 奔腾 III 还具备了 133MHz 的总线频率和 Socket370 的插座，为了区分它们，Intel 在 133MHz 总线的奔腾 III 型号后面加了个 "B"，Socket370 插座后面加了个 "E"，例如频率为 550MHz，外频为 133MHz 的 Socket370 奔腾 III 就被称为 550EB。看到 Coppermine 核心的奔腾 III 大受欢迎，Intel 开始着手把 Celeron 处理器也转用了这个核心，在 2000 年中，推出了 Coppermine128 核心的 Celeron 处理器，俗称 Celeron2，由于转用了 0.18 的工艺，Celeron 的超频性能又得到了一次飞跃，超频幅度可以达到 100%。

4.8.4 其他发展

嵌入式 RISC 处理器是上个世纪 90 年代初问世的，代表性的产品有 ARM 公司的 ARM、Motorola 公司的 Mcore、三菱公司的 M32R、NEC 公司的 V8xx 和日立公司的 SH 等。其设计思想与以往的微机、工作站和个人电脑用微处理器有所不同。这种新型微处理器随着消费类电子产品的数字化、移动化及网络设备的发展逐渐形成了一个巨大的市场。目前全球的年销售量已从 1996 年的不到 1 亿只增长到 6 亿只以上。

4.9 小 结

本章的主要内容包括 CPU 的功能与组成、指令周期与时序产生器、微程序控制器、硬布线控制器、多核处理器、指令执行过程和数据通路、指令流水线与冲突处理。

在学习本章的过程中，需要熟悉中央处理器的功能；熟悉中央处理器的基本结构；熟悉中央处理器中主要寄存器的功能；熟悉指令周期的有关概念；熟悉数据通路的基本组成和掌握数据通路的设计方法；掌握控制器的设计方法，包括微程序控制器和硬布线控制器。

习 题 4

（一）基础题

一、填空题

1. 保存当前栈顶地址的寄存器称为_____。
2. 保存当前正在执行的指令的寄存器称为_____。
3. 保存当前正在执行的指令的地址的寄存器称为_____。
4. 微指令分为_____和_____型微指令。
5. 微程序通常存放在_____中，用户可改写的控制寄存器有_____组成。

二、选择题

1. 磁盘存储器的等待时间通常是指_____。

    A. 磁盘旋转半周所需的时间

    B. 磁盘转 2/3 周所需时间

    C. 磁盘转 1/3 周所需时间

    D. 磁盘转一周所需时间

2. CPU 包含_____。

    A. 运算器

    B. 控制器

    C. 运算器、控制器和主存储器

    D. 运算器、控制器和 Cache

3. CPU 的控制总线提供_____。

    A. 数据信号流

    B. 所有存储器和 I/O 设备的时序信号及控制信号

    C. 来自 I/O 设备和存储器的响应信号

    D. B 和 C 两项

4. 为了便于实现多级中断，保存现场信息最有效的方法是采用_____。

    A. 通用寄存器

    B. 堆栈

    C. 存储器

    D. 外存

5. 下述 I/O 控制方式中，_____主要由程序实现。

    A. PPU（外围处理机）

    B. 中断方式

    C. DMA 方式

    D. 通道方式

6. 目前的计算机中，代码形式_____。

    A. 指令以二进制形式存放，数据以十进制形式存放

    B. 指令以十进制形式存放，数据以二进制形式存放

    C. 指令和数据都以二进制形式存放

    D. 指令和数据都以十进制形式存放

7. 下列数中最大的是_____。

    A. $(10010101)_2$

    B. $(227)_8$

    C. $(96)_{16}$

    D. $(143)_{10}$

8. 设寄存器位数为 8 位，机器数采用补码形式（一位符号位），对应于十进制数-27，寄存器内为_____。

    A. $(27)_{16}$

    B. $(9B)_{16}$

    C. $(E5)_{16}$

    D. $(5A)_{16}$

9. 计算机的存储器系统是指_____。

    A. RAM 存储器

B. ROM 存储器

C. 主存储器

D. 主存储器和外存储器

10. 由于 CPU 内部的操作速度较快，而 CPU 访问一次主存所花的时间较长，因此机器周期通常用_____来规定。

A. 主存中读取一个指令字的最短时间

B. 主存中读取一个数据字的最长时间

C. 主存中写入一个数据字的平均时间

D. 主存中取一个数据字的平均时间

11. 在定点二进制运算器中，减法运算一般通过_____来实现。

A. 原码运算的二进制减法器

B. 补码运算的二进制减法器

C. 补码运算的十进制加法器

D. 补码运算的二进制加法器

12. 指令系统中采用不同寻址方式的目的主要是_____。

A. 实现存储程序和程序控制

B. 缩短指令长度，扩大寻址空间，提高编程灵活性

C. 可以直接访问外存

D. 提供扩展操作

三、问答题

1. CPU 有哪些功能？

2. CPU 有哪些专用寄存器？

3. 运算器和控制器各有什么功能？

4. 什么是指令周期？什么是 CPU 周期？它们之间有什么关系？

（二）提高题

一、填空题

1. 下列说法正确的是_____。

I. 指令字长等于机器字长的前提下，取指周期等于机器周期

II. 指令字长等于存储字长的前提下，取指周期等于机器周期

III. 指令字长和机器字长的长度没有任何关系

IV. 为了硬件设计方便，指令字长和存储字长一样大

A. II、III B. II、III、IV

C. I、III、IV D. I、IV

2. 在组合逻辑控制器中，微操作控制信号的形成主要与_____信号有关。

A. 指令操作码和地址码 B. 指令译码器和时钟

C. 操作码和条件码 D. 状态信息和条件

3. 在微程序控制方式中，以下说法正确的是_____。

I. 采用微程序控制器的处理器称为微处理器

II. 每一条机器指令由一段微程序来解释执行

III. 在微指令的编码中，效率最低的是直接编码方式

IV. 水平型微指令能充分利用数据通路的并行结构

A.　Ⅱ、Ⅱ　　　　　　　　　　B.　Ⅱ、Ⅳ

C.　Ⅰ、Ⅲ　　　　　　　　　　D.　Ⅲ、Ⅳ

4. 流水 CPU 是由一系列叫做"段"的处理线路组成的。和具有 m 个并行部件的 CPU 相比，一个 m 段流水线 CPU_____。

A.　具有同等水平的吞吐能力

B.　不具备同等水平的吞吐能力

C.　吞吐能力大于前者的吞吐能力

D.　吞吐能力小于前者的吞吐能力

二、问答题

1. 作什么可能降低指令译码难度？

2. 指令和数据都存于寄存器中，CPU 如何区分它们？

3. 中断周期的前和后各是 CPU 的什么工作周期？

三、综合应用题

1. 若某机主频为 200MHz，每个指令周期平均为 2.5CPU 周期，每个 CPU 周期平均包括 2 个主频周期，问：

（1）该机平均指令执行速度为多少 MIPS？

（2）若主频不变，但每条指令平均包括 5 个 CPU 周期，每个 CPU 周期又包括 4 个主频周期，平均指令执行速度又为多少 MIPS？

（3）由此可得出什么结论？

2. 某微程序控制器中，采用水平直接控制（编码）方式的微指令格式，后续微指令地址由所有指令的下地址字段给出。已知机器共有 28 个微命令，6 个互斥的可判定的外部条件，控制存储器的容量为 512×40 位。试设计其微指令的格式，并说明理由。

3. 假设指令流水线分为取指（IF）、译码（ID）、执行（EX）、回写（WB）4 个过程，共有 10 条指令连续输入此流水线。

（1）画出指令周期流程图。

（2）画出非流水线时空图。

（3）画出流水线时空图。

（4）假设时钟周期为 100ns，求流水线的实际吞吐量（单位时间执行完毕的指令条数）。

第5章
指令系统

5.1 指令系统简介

指令系统的性能是计算机系统性能的集中体现，是软件与硬件的界面。因此，如何表示指令，直接影响到计算机系统的功能。本章讨论的指令是指机器指令，主要包括计算机中机器级指令的格式、指令和操作数的寻址方式以及典型指令系统的组成。

5.1.1 指令系统的发展历程

指令就是指挥计算机执行某种操作的命令。按组成计算机的层次结构来划分，计算机的指令有微指令、机器指令和宏指令等。

微指令是微程序级的命令，属于硬件；宏指令是由若干条机器指令组成的软件指令，属于软件；机器指令则是介于微指令与宏指令之间，通常简称为指令，每一条指令可完成一个独立的算术运算或逻辑运算操作。

指令是计算机运行的最小功能单位。一台计算机中所有指令的集合，称为该计算机的指令系统。指令系统是表征一台计算机性能的重要因素，它的格式与功能不仅直接影响到机器的硬件结构，而且也直接影响到系统软件，影响到机器的适用范围。

在 20 世纪 50 年代到 60 年代早期，由于计算机主要逻辑部件都由分立元件（电子管或晶体管）构成，体积大，价格贵。因此，计算机的硬件结构比较简单，所支持的指令系统一般只有十几条至几十条最基本的定点加、减运算指令，逻辑运算指令，数据传送和转移指令等，而且寻址方式简单。

20 世纪 60 年代中、后期，随着集成电路的出现，计算机的价格不断下降，硬件功能不断增强，指令系统不断丰富，除了具有上述最基本的指令外，还设置了乘、除运算指令，浮点运算指令，十进制运算指令以及字符串处理指令等，指令数多达一两百条，寻址方式也趋于多样化。

随着集成电路的发展和计算机应用领域的不断扩大，计算机的软件价格不断提高。为了沿用已有的软件，减少软件的开发费用，人们迫切希望各机器上的软件能够兼容，以便在旧机器上编制的各种软件仍能在新机器上正常运行，因此出现了系列计算机。所谓系列计算机是指基本指令系统相同，基本体系结构相同的一系列计算机，如 IBM370 系列，VAX-11 系列，IBM PC（XT/AT/286/386/486）微机系列等。一个系列计算机往往有多种型号，各型号的基本结构相同，但因为推出的时间不同，所采用的器件也不同，所以在结构和性能上也有所差异。通常新的机器在性能和价格方面比旧的机器都要优越。系列机能相互兼容的必要条件是该系列的各机种能兼容共同的指令集，而且新的一定包含旧机器的所有指令，因此，旧机器上运行的各种软件不加任何修改即可在新机器上运行。

20 世纪 70 年代末期，随着大规模集成电路 VLSI 技术的飞速发展，硬件成本不断下降，而软件成本不断上升。为增加计算机的功能，以及缩小指令系统与高级语言的差异，以便于高级语言的编译，降低软件开发成本，于是产生了以增加指令数和设计复杂指令为手段的计算机。大多数计算机的指令系统多达几百条，称这些计算机为复杂指令系统计算机，简称 CISC（Complex Instruction Set Computer）。典型的产品有 DEC 公司的 VAX-11/780，它有 303 条指令，18 种寻址方式。

由于 CISC 计算机指令系统庞大，不但计算机研制周期长，难保其正确性，调试和维护也较困难，而且因为采用了大量的使用频率低的复杂指令而造成硬件资源的极大浪费。为了解决这些问题，IBM 公司在 1975 年开始探讨指令系统的合理性问题，John Cocke 提出了精简指令系统的想法。1982 年，美国加州伯克利大学、斯坦福大学、IBM 公司都先后研制出便于 VLSI 技术实现的精简指令系统计算机，简称 RISC（Reduced Instruction Set Computer）。1983 年后，RISC 计算机商品化。典型的产品有 Sun microsystem 公司的 SPARC 机，仅有 89 条指令。

5.1.2　指令系统的特点

一个完善的指令系统应具有以下 4 个特点：

（1）完备性：这是指常用指令是否齐全，编程是否方便。一台计算机中最基本、必不可少的指令是不多的，许多指令都可以用最基本的指令编程来实现；

（2）高效性：要求程序占内存空间少，运行速度快；

（3）规整性：即指令格式和数据格式应统一、简单，方便处理和存取；

（4）兼容性：这是指同一系列的低档计算机上运行的软件不加修改便可以在高档计算机上直接运行；同一系列的计算机是指基本指令系统相同、基本系统结构相同的计算机，如 Pentium 系列就是目前比较流行的一种个人计算机系列。

5.1.3　指令系统的性能指标

完备性是指用汇编语言编写各种程序时，该机的指令系统直接提供的指令足够使用，而不必用软件来实现。完备性要求指令系统丰富、功能齐全、使用方便高效。

一台计算机中最基本的、必不可少的指令是不多的，许多指令都可以用最基本的指令编程来实现。例如，乘、除运算指令，浮点运算指令可直接用硬件来实现，也可以用基本指令编写的程序（软件）来实现。采用硬件指令的目的是提高程序执行速度，便于用户编写程序。

高效性是指用该指令系统所编写的程序能够高效率地运行。高效率主要表现在程序占据存储空间小、执行速度快。一般来说，一个功能更强的、更完善的指令系统，必定有更好的高效性。

规整性包括指令系统的对称性、匀齐性以及指令格式和数据格式的一致性。对称性是指在指令系统中所有的寄存器和存储器单元都可同等对待，所有的指令都可使用各种寻址方式。匀齐性是指，一种操作性质的指令可以支持各种数据类型，如算术运算指令可支持字节、字、双字整数的运算，十进制数运算和单、双精度浮点数运算等。指令格式和数据格式的一致性是指，指令长度和数据长度有一定的关系，以方便处理和存取。例如，指令长度和数据长度通常是字节长度的整数倍。

兼容性：系列机各机种之间具有相同的基本结构和共同的基本指令集，因而，指令系统是兼容的，即在各机种上基本软件可以通用。但由于不同机种推出的时间不同，在结构和性能上各有差异，做到所有软件都完全兼容是不可能的，只能做到"向上兼容"，即低档机上运行的软件不加修改便可以在高档机上运行。

5.2 指令格式

本节主要介绍指令的格式，操作码和地址码，指令字长度与扩展方法，最后给出典型指令格式的实例。

5.2.1 指令格式简介

计算机是通过执行指令来完成各种操作的，指令是用指令字来表示的。表示一条指令的指令字（通常简称指令）必须指出所执行操作的性质和功能，操作数据的来源以及操作结果的去向等信息，这些信息在计算机中都是以二进制代码形式存储的。

指令格式就是用二进制代码表示的一条指令的结构形式，通常由操作码和地址码两种字段组成。操作码字段表示指令操作的性质和功能；地址码字段通常指定参与操作的操作数的地址。一条指令的指令格式形式见表 5-1。

表 5-1 指令格式形式

操作码字段	地址码字段

计算机指令格式的设定一般与机器的字长、存储器的容量以及指令的功能有关。

5.2.2 操作码

设计计算机时，对指令系统的每条指令都要规定一个操作码，操作码指出该指令应该执行什么性质的操作和具有何种功能。不同的指令用操作码字段的不同编码来表示，每一种编码代表一种指令。例如，操作码 0001 可以规定为加法操作；操作码 0010 可以规定为减法操作；操作码 0110 可以规定为取数据操作；而操作码 0111 则可以规定为存数据操作等。CPU 中设有专用电路来解释每个操作码，因此计算机能够按照操作码的要求执行指定的操作。

组成操作码字段的位数一般取决于计算机指令系统的规模，越大的指令系统需要越多的位数来表示每条特定的指令。例如，一个指令系统有 16 条指令，那么只需 4 位操作码就够了（$2^4=16$）。如果有 32 条指令，则需要 5 位操作码（$2^5=32$）。一般来说，一个包含 n 位操作码字段的指令系统最多能够表示 2^n 条指令。

早期的计算机指令系统，操作码字段和地址码字段长度是固定的。目前，在小型和微型计算机中，由于指令字较短，为了充分利用指令字长度，操作码字段和地址码是不固定的，即不同类型的指令有不同的划分，以便尽可能用较短的指令字长来表示越来越多的操作种类。

5.2.3 地址码

指令中参加运算的操作数既可存放在主存储器中，也可存放在寄存器中，地址码应该指出该操作数所在的存储器地址或寄存器地址。

根据指令中的操作数地址码的数目的不同，可将指令分为零地址指令、一地址指令、二地址指令、三地址指令和多地址指令等多种格式。

一般操作数有被操作数、操作数及操作结果 3 种，因此，形成了早期计算机指令的三地址指令格式，后来又发展成二地址指令格式、一地址指令格式、零地址指令格式以及多地址指令格式，目前二地址和一地址指令格式用得最多。不同数目操作数地址的指令格式如下：

1）三地址指令格式

表 5-2 展示了三地址指令格式：

表 5-2　　　　　　　　　　　　　　三地址指令格式

OPCODE	A1	A2	A3

其中，OPCODE 表示操作码；A1 表示第一个源操作数存储器地址或寄存器地址；A2 表示第二个源操作数存储器地址或寄存器地址；A3 表示操作结果的存储器地址或寄存器地址。

三地址指令字中有 3 个操作数地址 A1、A2 和 A3，该操作是对 A1、A2 这两个地址所指出的两个源操作数执行操作码所规定的操作，操作结果存入 A3 中。

其数学形式描述为　　　　（A1）OP（A2）—>A3

其中，OP 表示操作性质，如加、减、乘、除等；(A1)、(A2) 分别表示主存中地址为 A1、A2 的存储单元中的操作数，或者是运算器中地址为 A1、A2 的通用寄存器中的操作数。

2）二地址指令格式

表 5-3 展示了二地址指令格式：

表 5-3　　　　　　　　　　　　　　二地址指令格式

OPCODE	A1	A2

其中，OPCODE 表示操作码；A1 表示第一个源操作数存储器地址或寄存器地址；A2 表示第二个源操作数和存放操作结果的存储器地址或寄存器地址。

二地址指令常称为双操作数指令，它有两个源操作数地址 A1 和 A2，分别指明参与操作的两个源操作数在内存或寄存器的地址，其中地址 A1（也可能是 A2）兼作存放操作结果的目的地址。这是最常见的指令格式，其操作是对两个源操作数执行操作码所规定的操作后，将结果存入目的地址。

其数学形式描述为（A1）OP（A2）—>A1 或（A1）OP（A2）—>A2

3）一地址指令格式

表 5-4 展示了一地址指令格式：

表 5-4　　　　　　　　　　　　　　一地址指令格式

OPCODE	A

其中，OPCODE 表示操作码；A 表示操作数的存储器地址或寄存器地址。

指令中只给出一个地址，该地址既是操作数的地址，又是操作结果的存储地址，又称为单操作数或单地址指令。

例如，加 1、减 1 和移位等指令均采用这种格式，其操作是对这一地址所指定的操作数执行相应的操作后，产生的结果又存回该地址中。通常，这种指令也可以是以运算器中累加器 AC 中的数据为被操作数，指令字的地址码字段所指明的数为操作数，操作结果又放回累加器 AC 中，而累加器中原来的数据随即被冲掉。

其数学形式描述为　　　　OP（A）—>A 或（AC）OP(A)—>AC

4）零地址指令格式

表 5-5 展示了零地址指令格式：

表 5-5　　　　　　　　　　　　　　零地址指令格式

OPCODE

其中，OPCODE 表示操作码。

指令中只有操作码，没有地址码，即没有操作数，通常也叫无操作数或无地址指令。这种指令的含义有两种可能：一是无需任何操作数，如空操作指令、停机指令等；二是所需要的操作数地址是默认的，如堆栈结构计算机的运算指令，所需的操作数默认在堆栈中，由堆栈指针 SP 隐含指出，操作结果仍然放回堆栈中。

5）多地址指令格式

性能较好的大、中型计算机甚至高档小型计算机中，往往设置一些功能很强的、用于处理成批数据的指令，例如，字符串处理指令，向量、矩阵运算等指令。为了描述一批数据，指令中往往需要用多个地址来指出数据存放的首地址、长度和下标等信息。

例如，CDC STAR-100 矩阵运算指令就有 7 个地址码段，用来指明两个矩阵的存储情况以及结果的存放情况。

上述五种指令格式并非任何一种计算机都具备。各种指令格式各有其优缺点。

零地址、一地址和二地址指令具有指令短、执行速度快、硬件实现简单等优点，但是功能相对比较简单，因此大多为结构较简单、字长较短的小型和微型计算机所采用。

而二地址、三地址和多地址指令具有功能强、便于编程等优点。但是，指令长，执行时间就长，且结构复杂，多为字长较长的大型机和中型机所采用。

当然指令格式的选定还与指令本身的功能有关，如停机指令不管是哪种类型的计算机，都是采用零地址指令格式。

按存放操作数的物理位置来划分，指令格式主要有三种类型。

第一种为存储器-存储器（SS）型指令，执行这类指令操作时都涉及内存单元，即参与操作的数据都放在内存里。从内存某单元中取操作数，操作结果存放到内存另一单元中，因此，机器执行这种指令需要多次访问内存。

第二种为寄存器-寄存器（RR）型指令，执行这类指令过程中，需要多个通用寄存器或专用寄存器，从寄存器中取操作数，把操作结果存放到另一寄存器中。机器执行 RR 型指令的速度很快，因为执行这类指令无需访问内存。

第三种为寄存器-存储器（RS）型指令，执行这类指令时，既要访问内存单元，又要访问寄存器。

目前在计算机系统结构中，通常一个指令系统中指令字的长度和指令中的地址结构并不是单一的，往往采用多种格式混合使用，这样可以增强指令的功能。

在计算机中，指令和数据都是以二进制代码的形式存储的，二者在表面上没有什么差别。但是，指令的地址是由程序计数器（PC）规定的，而数据的地址是由指令规定的，因此，在 CPU 控制下访问内存时绝对不会将指令和数据混淆。为了程序能重复执行，一般要求程序在运行前、后所有的指令都保持不变，因此，在程序执行过程中，要避免修改指令。有些计算机如发生了修改指令情况，则按出错处理。

5.2.4　指令字长度与扩展方法

1. 指令字长度

指令字中二进制代码的位数称为指令字长度。如上所述，指令格式的设定一般与机器的字长、存储器的容量以及指令的功能有关。机器字长是指计算机能够直接处理的二进制数据的位数，是计算机的一个重要技术指标，它决定了计算机的运算精度。字长越长，计算机的运算精度越高。

另外，地址码长度决定了指令直接寻址能力，n 位地址码可直接寻址 2^n 字节。对于字长较短的微型机，可以通过增加机器字长和采用地址扩展技术（参见寻址方式）来增加地址码的长度，扩大寻址能力，满足实际寻址的需要。为了便于处理字符数据和尽可能地充分利用存储空间，一般机器的字长是字节长度的 1、2、4 或 8 倍，即 8、16、32 或 64 位。如 20 世纪 80 年代微型机的字长一般为 16 位和 32 位，大、中型机的字长多为 32 位和 64 位。随着集成度的提高，机器字长也在增加。

指令字的长度主要取决于操作码的长度、操作数地址的长度和操作数地址的个数。由于操作码的长度、操作数地址的长度及指令格式不同，各指令字长度并不是固定的，指令字长度通常为字节的整数倍。例如，Intel 8086 的指令的长度为 8、16、24、32、40 和 48 位六种。指令字长度与机器的字长没有固定的关系，它既可以小于或等于机器的字长，也可以大于机器的字长。前者称为短格式指令，后者称为长格式指令。在同一台计算机中可能既有短格式指令又有长格式指令，但通常是把最常用的指令（如算数/逻辑运算指令、数据传送指令）设计成短格式指令，以便节省存储空间和提高指令的执行速度。

指令字长度等于机器字长度的指令，称为单字长指令；指令字长度等于半个机器字长度的指令，称为半字长指令；指令字长度等于两个机器字长度的指令，称为双字长指令；以此类推。例如，IBM370 系列的指令格式有 16 位（半字）的和 32 位（单字）的，还有 48 位（一个半字）的。

使用多字长指令的目的，在于提供足够的地址位来解决访问内存才能取出一整条指令，这就降低了 CPU 的运算速度，同时又占用了更多的存储空间。

在一个指令系统中，如果各种指令字长度是相等的，则称为等长指令字结构，它们可以都是单字长指令或半字长指令，这种指令字结构简单，且指令字长度是不变的。如果各种指令字长度随指令功能而异，如有的指令是单字长指令，有的指令是双字长指令或三字长指令，则这种可变字长形式指令字结构称为变长指令字结构，这种指令字结构灵活，能充分利用指令长度，但指令的控制比较复杂。

2. 指令操作码扩展方法

指令操作码的长度决定了指令系统中完成不同操作的指令总数目。若某计算机的操作码长度为 m 位，则它最多只能有 2^m 条不同的指令。

指令操作码通常有两种编码格式，一种是固定格式，即操作码的长度固定，且集中放在指令字的一个字段中。这种格式可以简化硬件设计，减少指令译码时间，一般用在字长较长的大、中型机和超级小型机以及 RISC 机上，如 IBM370 和 VAX-11 系列机，其操作码长度均为 8 位，可表示 256 种指令。另一种是可变格式，即操作码的长度可变，且分散地放在指令字的不同字段中。这种格式能够有效地压缩程序中操作码的平均长度，在字长较短的微型机上广泛采用。如 Z80、Intel 8086 等，操作码的长度都是可变的。

显然，操作码长度不固定将增加指令译码和分析的难度，使控制器的设计复杂化，因此，操作码的编码至关重要。通常在指令字中用一个固定长度的字段来表示基本操作码，而对于一部分不需要某个地址码的指令，则把它们的操作码的长度扩充到该地址字段，这样既能充分利用指令字的各个字段，又能在不增加指令长度的情况下扩展操作码的长度，使它能表示更多的指令。

例如，某机器的指令字长度为 16 位，包括 4 位基本操作码字段和 3 个 4 位地址字段，其指令格式见表 5-6 所示。

表 5-6　　　　　　　　　　　指令格式

15	12 11	8 7	4 3	0
OPCODE	A1	A2	A3	

4 位基本操作码有 16 种组合，若全部用于表示三地址指令，则只有 16 条。但是，如果三地

址指令仅需 15 条, 二地址指令需 15 条, 一地址指令需 15 条, 零地址指令需 16 条, 共 61 条指令, 应该如何安排操作码? 显然, 只有 4 位基本操作码是不够的, 必须将操作码的长度向地址码字段扩展才行。这可采用如下操作码扩展方法。

① 三地址指令仅需 15 条, 由 4 位基本操作码的 0000～1110 组合给出, 剩下的一个组合 1111 用于把操作码长度扩展到 A1, 即 4 位扩展到 8 位。

② 二地址指令需 15 条, 由 8 位操作码的 11110000～11111110 组合给出, 剩下一个 11111111 用于把操作码长度扩展到 A2, 即从 8 位扩展到 12 位。

③ 一地址指令需 15 条, 由 12 位操作码的 111111110000～111111111110 组合给出, 剩下一个组合 111111111111 用于把操作码长度扩展到 A3, 即从 12 位扩展到 16 位。

④ 零地址指令需 16 条, 由 16 位操作码的 1111111111110000～1111111111111111 组合给出。

采用上述指令操作码扩展方法后, 三地址指令、二地址指令和一地址指令各 15 条, 零地址指令 16 条, 共计 61 条指令。

除了上面介绍的方法外, 还有多种其他的指令操作码扩展方法。例如, 可以形成 15 条三地址指令, 14 条二地址指令, 31 条一地址指令和 16 条零地址指令, 共计 76 条指令。

由此可见, 操作码扩展技术是一种重要的指令优化技术, 它可以缩短指令的平均长度, 减少程序的总条数, 并且能增加指令字所表示的操作信息。但是, 扩展操作码比固定操作码在译码时更复杂, 使控制器的设计难度增大, 而且需要更多的硬件来支持。

5.2.5 典型指令格式实例

为了增强对指令格式的认识, 下面举出几种典型类型的计算机指令格式, 这些计算机是 Intel 公司的 16 位微型机 Intel8086/8088 (CISC), IBM 公司的 32 位大型机 IBM370 系列 (CISC), Sun 微系统公司的 RISC 计算机 SPARC。

1. 微型机 Intel8086/8088 指令格式

Intel8086 是 Intel 公司于 1978 年推出的 16 位的微型机, 字长 16 位。Intel 8088 是在 8086 基础之上推出的扩展型准 16 位微型机, 字长 16 位, 但其外部数据总线 8 位, 这样便于与众多的 8 位外围设备连接。由于 Intel8086/8088 指令字较短, 所以指令采用变长指令字结构。指令格式包含单字长指令、双字长指令、三字长指令等多种。指令长度为 1～6 字节不等, 即有 8 位、16 位、24 位、32 位、40 位和 48 位六种, 其中第 1 个字节为操作码; 第 2 个字节指出寻址方式; 第 3 个至第 6 个字节则给出操作数地址等。基本指令格式如图 5-1 所示。

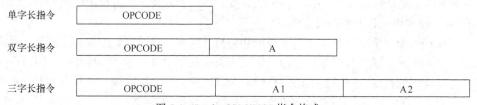

图 5-1　Intel　8086/8088 指令格式

单字长指令只有操作码, 没有操作数地址。双字长或三字长指令包含操作码和地址码。由于内存按字节编址, 所以单字长指令每执行一条指令后, 指令地址就加 1。双字长指令或三字长指令每执行一条指令后, 指令地址加 2 或加 3。

2. 大型机 IBM370 系列指令格式

IBM370 系统是 IBM 公司于 1970 年推出的 32 位大型机, 1983 年 IBM 又推出了 370 的扩充结构: IBM 370-XA(eXtended Architecture), 首次在 3080 系列上实现, 后来又有扩充结构 ESA/370,

于 1986 年推出 3090 系列。ESA/370 增加了指令格式，称为扩充格式，有 16 位操作码，包括了向量运算与 128 位长度的浮点运算指令。

IBM370 系列计算机的指令格式分为 RR 型指令、RRE 型指令、RX 型指令、RS 型指令、SI 型指令、S 型指令、SS 型（两种）及 SSE 型指令 9 类。其中 RR 型指令字长度为半个字长，SS 型指令和 SSE 型指令的指令字长度为一个半字长，其余五种类型的指令均为单字长指令。除 RRE 型、S 型、SSE 型指令操作码为 16 位外，其余几种类型指令的操作码均为 8 位。IBM370 系列计算机的指令格式如图 5-2 所示。

操作码的第 0 位和第 1 位组成 4 种不同编码，代表不同类型的指令：

00 表示 RR 型指令；

01 表示 RX 型指令；

10 表示 RRE 型、RS 型、S 型及 SI 型指令；

11 表示 SS 型和 SSE 型指令。

RR 型指令与 RRE 型指令是寄存器-寄存器型指令，参加运算的操作数都在通用寄存器中。

RX 型指令和 RS 型指令是寄存器-存储器型指令。其中，RX 是二地址指令：第一个源操作数与结果放在同一寄存器 R_1 中；第二个源操作数在存储器中，其地址=（X2）+（B2）+D2。RS 是三地址指令：R1 存放结果；R2 存放源操作数；另一个源操作数在主存中，其地址=(B2)+D2。

SI 型指令是存储器-立即数型指令，该指令将立即数 imm 送到地址=（B1）+D1 的存储器中。

SS 和 SSE 型指令是存储器-存储器指令，两个操作数都在存储器中，其地址分别为（B1）+D1 和（B2）+D2，同时（B1）+D1 也是目的地址。SS 和 SSE 型指令是可变字长的指令，用于十进制运算及字符串的运算和处理。

S 型指令是单地址存储器指令。

	第一个半字		第二个半字		第三个半字	
	第1个字节	第2个字节	第3个字节	第4个字节	第5个字节	第6个字节

RR型	OP	R1 R2				
RRE型	OP		R1 R2			
RX型	OP	R1 X2	B2 D2			
RS型	OP	R1 R2	B2 D2			
SI型	OP	I2	B1 D1			
S型	OP		B2 D2			
SS型	OP	L	B1 D1	B2 D2		
SS型	OP	L1 L2	B1 D1	B2 D2		
SSE型	OP		B1 D1	B2 D2		

图 5-2 IBM 370 系列计算机的指令格式

3. SPARC 计算机的指令格式

SPARC 是 Sun Microsystem 公司于 1987 年推出的 RISC 计算机，字长 32 位。SPARC 共有三种指令格式，即格式 1、格式 2 和格式 3，如图 5-3 所示。图中，OP、OP2、OP3 为指令操作码，OPf 为浮点指令操作码。整数部件 IU 的大部分指令码固定在第 31、30 位（OP）和第 24～19 位（OP3）上。为了增加立即数长度和位移量长度，共用 3 条指令来缩短指令码，其中，CALL 为调用指令；BRANCH 为转移类指令；SETHI 指令的功能是，将 22 位立即数左移 10 位，送入 Rd 所指示的寄存器中，然后再执行一条加法指令来补充后面 10 位数据，从而生成 32 位字长的数据。

Rs1、Rs2 为通用寄存器地址，一般用作源操作数寄存器地址。

Rd 为目的寄存器地址，通常用来保存运算结果或从存储器中取出数据。唯有执行 STORE 指令时，Rd 中保存的才是源操作数，并将此操作数送往存储器的指定地址中。

Simm13 是 13 位扩展符号的立即数，对其执行运算时，若它的最高位为 1，则最高位前面所有位均扩展为 1；若它的最高位为 0，那么最高位前面所有位都扩展为 0。

i 用来选择第 2 个操作数，若 i=0，则第 2 个操作数在 Rs2 中；若 i=1，则 Simm13 为第 2 个操作数。

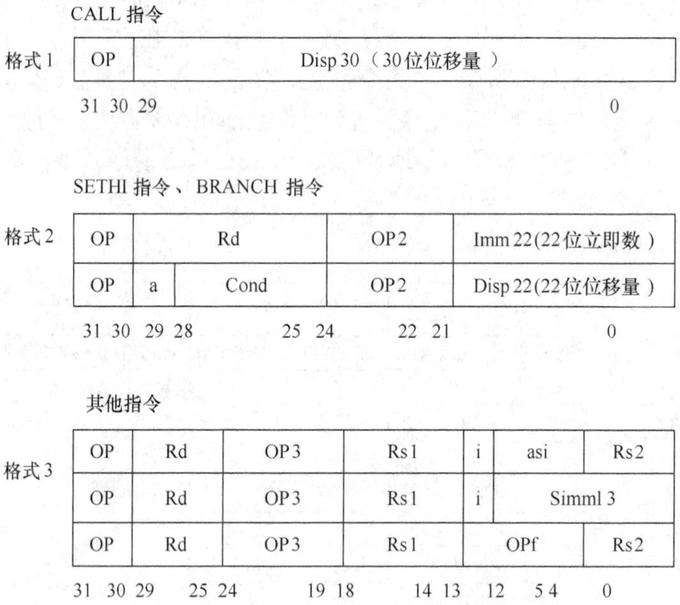

CALL 指令

格式 1

OP	Disp 30（30位位移量）

31 30 29   0

SETHI 指令、BRANCH 指令

格式 2

OP	Rd	OP2	Imm 22(22位立即数)
OP	a	Cond	OP2	Disp 22(22位位移量)

31 30 29 28   25 24   22 21   0

其他指令

格式 3

OP	Rd	OP3	Rs1	i	asi	Rs2
OP	Rd	OP3	Rs1	i	Simml 3	
OP	Rd	OP3	Rs1	OPf	Rs2	

31 30 29   25 24   19 18   14 13 12 5 4   0

图 5-3 Sun Microsystem RISC SPARC 指令格式

5.3 寻址方式

计算机运行的程序，主要由指令和数据组成。在计算机中，指令和数据一样都是以二进制代码的形式存储的。数据可能存放在存储器中，或者存放在运算部件的某个寄存器中，也可能就在指令中，而指令代码一般存放在存储器中。

当某个操作数或某条指令存放在某个存储单元中时，其存储单元的编号，就是该操作数或指令在存储器中的地址。

寻找并确定本条指令的数据（操作数）地址及下一条要执行的指令地址的方法，称为寻址方式。

寻址方式分为两大类：指令寻址方式和操作数寻址方式。在主存中，指令寻址方式与操作数寻址方式交替进行，前者比较简单，后者比较复杂。

寻址方式与计算机硬件结构紧密相关，而且对指令格式和功能有很大的影响。寻址方式与汇编程序的设计关系极为密切，与高级语言的编译程序设计也同样很密切。

不同的计算机有不同的寻址方式，但其基本原理是相同的。有的计算机寻址种类较少，一般是在指令的操作码中表示出寻址方式；有的计算机则采用多种寻址方式，在指令中专设一个字段表示操作数的来源或去向；还有一些计算机组合使用某些基本寻址方式，从而形成更复杂的寻址方式。为增加计算机的功能，每个机种都有多种不同的寻址方式。但是归纳起来，大多是由几种最基本的寻址方式经过不同的组合而形成的。

本节将介绍指令寻址和操作数寻址中常见的基本寻址方式。

5.3.1 指令寻址

所谓指令寻址方式，就是确定下一条将要执行的指令地址的方法。指令寻址有两种基本方式：顺序寻址方式和跳跃寻址方式。

1. 顺序寻址方式

指令在内存中是按地址顺序安排的，执行程序时，通常是一条指令接着一条指令顺序执行的。即从存储器中取出第 1 条指令，然后执行第 1 条指令；接着从存储器中取出第 2 条指令，再执行第 2 条指令；接着再从存储器中取出第 3 条指令，执行第 3 条指令……这种程序按指令地址顺序执行的过程，称为指令的顺序寻址方式。因此，必须在 CPU 中设置专用电路来控制指令按照指令在内存中的地址顺序依次逐条执行。该专用控制部件就是程序计数器（又称指令计数器 PC），计算机中就是由 PC 来计数指令的顺序号，控制指令顺序执行的。图 5-4（a）是指令顺序寻址方式的示意图。

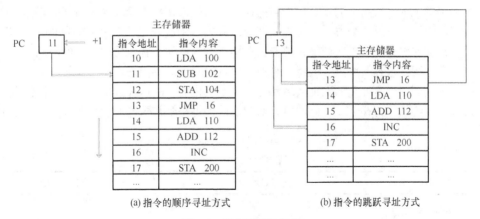

图 5-4 指令的寻址方式

2. 跳跃寻址方式

当程序要改变执行顺序时，指令的寻址就采取跳跃寻址方式。所谓跳跃，又称跳转，是指下一条指令的地址由本条指令修改 PC 后给出，图 5-4（b）是指令跳跃寻址方式的示意图。注意，程序跳跃后，按新的指令地址开始顺序执行。

指令跳跃寻址方式，可以实现程序转移或构成循环程序，从而缩短程序长度，或将某些程序作为公共程序引用。指令系统中的各种条件转移或无条件转移指令，就是为了实现指令的跳跃寻址而设置的。

5.3.2 数据寻址

所谓数据寻址方式（也称作操作数寻址方式），就是形成操作数的有效地址（EA）的方法。指令字中的地址码字段，通常是由形式地址和寻址方式特征位组成的，并不是操作数的有效地址。其表示形式如表 5-7 所示。

表 5-7   数据寻址方式表示形式

OPCODE	寻址方式特征 MOD	形式地址 A

形式地址，是指令字结构中给定的地址量。而寻址方式特征位，通常由间址位（I）和变址位（X）组成，若指令无间址和变址要求，则形式地址就是操作数的有效地址；若指令中指明要进行变址或间址变换，则形式地址就不是操作数的有效地址，而必须按指定的方式进行变换，才能形成有效地址。因此，操作数的寻址过程就是将形式地址变换为操作数的有效地址的过程。下面介绍典型而常见的操作数寻址方式。

1. 隐含寻址方式

指令字中并不明显指出操作数地址，而是将操作数的地址隐含在指令中。这种操作数隐含在 CPU 的寄存器或者主存储器的某指定存储单元中，指令中却没有明显给出操作数地址的寻址方式，称为隐含寻址方式。

例如，单地址指令，常以运算器中累加器 AC 中的数据为被操作数，指令字的地址码字段所指明的数为操作数，操作结果又放回累加器 AC 中。这类指令格式明显指出的只是第一操作数的地址，并没有明显地在地址字段中指出第二操作数的地址，但是，该指令规定累加器 AC 作为第二操作数的地址。因此，累加器 AC 对这类单地址指令来说是隐含地址。

2. 立即寻址方式

指令字中的地址字段指出的不是操作数的地址，而是操作数本身。这种所需的操作数由指令的地址码字段直接给出的寻址方式，称为立即寻址方式。用这种方式取一条指令时，操作数立即同操作码一起被取出，不必再次访问存储器去取操作数，从而节省了访问内存的时间，提高了指令的执行速度，所以这种寻址方式的特点是指令执行时间很短。但是，由于操作数是指令的一部分，不能修改，而指令所处理的数据大多都是在不断变化的，故这种方式只适用于操作数固定的情况。通常用于给某一寄存器或存储器单元赋初值或提供一个常数等。立即寻址方式表示形式如表 5-8 所示。

表 5-8   立即寻址方式表示形式

OPCODE	立即寻址方式	操作数 Data

3. 寄存器寻址方式

计算机的 CPU 设置有一定数量的通用寄存器，用于存放操作数、操作数的地址或者中间结果。当操作数没有放在存储器中，而是放在 CPU 的通用寄存器中时，存放操作数的寄存器，其地址编号便可通过指令地址码指出。这种所需要的操作数存放在某一通用寄存器中，由指令地址码字段给出该通用寄存器地址的方式，称为寄存器寻址方式。通用寄存器的数量一般在几个至几十个之间，比存储器单元少很多，因此地址码短。从寄存器中存取数据比从存储器中存取数据快得多，这种方式可以缩短指令长度，节省存储空间，提高指令的执行速度，在计算机中得到广泛应用。

4. 直接寻址方式

指令地址码字段直接给出操作数的有效地址，由于操作数的有效地址已由指令地址码直接给出而不需要经过某种变换或运算，所以称这种方式为直接寻址方式。采用直接寻址方式时，操作数的有效地址 EA 就是指令字中的形式地址 A，即 EA=A，所以这类指令中的形式地址 A 又称为直接地址，直接寻址方式表示形式如表 5-9 所示。

表 5-9　　　　　　　　　　　　　直接寻址方式表示形式

OPCODE	直接寻址方式	操作数直接地址 A

直接寻址方式又可分为寄存器直接寻址方式和存储器直接寻址方式。

（1）寄存器直接寻址方式

指令地址码字段直接给出所需操作数在通用寄存器中地址编号。其表示形式如表 5-10 所示。

表 5-10　　　　　　　　　　　　　寄存器直接寻址方式

OPCODE	寄存器直接寻址	寄存器地址编号 R_i

有效地址 EA 数学公式为 $EA=R_i$。

（2）存储器直接寻址方式

一般简称直接寻址方式，其指令地址码字段直接给出存放在存储器中操作数的存储地址，图 5-5 所示的是存储器直接寻址方式的示意图。

有效地址 EA 的数学公式为 EA=A。

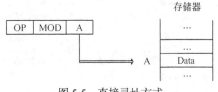

图 5-5　直接寻址方式

5. 间接寻址方式

间接寻址是相对直接寻址而言的。间接寻址时，指令地址码字段给出的不是操作数的真正地址，而是存放操作数地址的地址，换句话说就是形式地址 A 所指定单元中的内容才是操作数的有效地址。这种操作数有效地址由指令地址码所指示的单元内容间接给出的方式，称为间接寻址方式，简称间址。间接寻址又有一次间接寻址和多次间接寻址之分，一次间接寻址是指形式地址 A 是操作数地址的地址，即 EA=（A）；多次间接寻址是指这种间接变换在二次或二次以上。若 Data 表示操作数，间接寻址过程可用如下逻辑符号表示，即

一次间接寻址　　　　　　　　Data=（EA）=（（A））；

二次间接寻址　　　　　　　　Data=（（EA））=（（（A）））。

由于大多数计算机只允许一次间接寻址，因此下面均以一次间接寻址方式进行说明。

按寻址特征间址位 X 的要求，根据地址码指的是寄存器地址还是存储器地址，间接寻址又可分为寄存器间接寻址和存储器间接寻址两种。

（1）寄存器间接寻址方式

寄存器间接寻址时，需先访问寄存器，从寄存器读出操作数地址后，再访问存储器才能取得操作数。图 5-6（a）是寄存器间接寻址方式示意图。

有效地址 EA 数学公式为 EA=（R），即 Data=（EA）=（（R））。

（2）存储器间接寻址方式

存储器间接寻址时，需访问两次存储器才能取得数据，第一次先从存储器读出操作数地址，根据读出的操作数地址，第二次才能取出真正的操作数（参见图 5-6（b））。

有效地址 EA 数学公式为 EA=（A），即 Data=（EA）=（（A））。

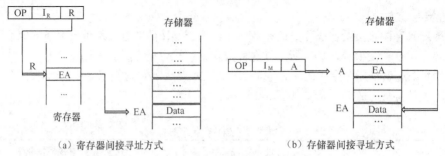

(a) 寄存器间接寻址方式　　　　　　　　　(b) 存储器间接寻址方式

图 5-6　间接寻址方式

6. 相对寻址方式

所谓相对寻址方式，是指根据一个基准地址及其相对量来寻找操作数地址的方式。根据基准地址的来源不同，它又分为基址方式和变址方式，以及 PC 相对寻址方式，这里主要指后者。

PC 相对寻址方式，一般简称相对寻址方式，是指将 PC 的内容（即当前执行指令的地址）与地址码部分给出的位移量（Disp）通过加法器相加，所得之和作为操作数的有效地址的方式。

采用相对寻址方式的好处是程序员无需用指令的绝对地址编程，因此，所编程序可以放在内存的任何地方，而位移量的值可正可负，相对于当前指令地址进行浮动。相对寻址方式的特征由寻址特征位 X_{PC} 指定。图 5-7 是相对寻址方式示意图。

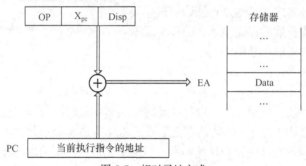

图 5-7　相对寻址方式

有效地址 EA 数学公式为 EA=（PC）+Disp。

7. 基址寻址方式

计算机中设置了一个寄存器，专门用来放基准地址，该寄存器就是基址寄存器（RB）。RB 既可在 CPU 中专设，也可由指令指定某个通用寄存器担任。使用基址寻址时，先将指令地址码给出的地址 A 和基址寄存器 RB 的内容通过加法器相加，所得的和作为有效地址，再从存储器中读出所需的操作数。这种操作数的有效地址由基址寄存器中的基准地址和指令的地址码 A 相加得到的方式称为基址寻址方式。 地址码 A 在这种方式下通常被称为位移量（Disp）。

基址寄存器主要为程序或数据分配存储区，对于多道程序或浮动程序很有用处，可实现从浮动程序的逻辑地址（编写程序时所用的地址）到存储器的物理地址（程序在存储器中的实际地址）的转换。例如，当程序浮动时，只要改变基址寄存器的内容即可，而不必修改程序。

当存储器的容量较大，由指令的地址码字段直接给出的地址不能直接访问到存储器的所有单元时，通常把整个存储空间分成若干个段，段的首地址存放于基址寄存器或段寄存器中，段内位移量由指令给出。存储器的实际地址就等于基址寄存器的内容（即段首地址）与段内位移量之和，这样通过修改基址寄存器的内容就可以访问到存储器的任一单元。这种方式又称为段寻址方式。

基址寻址主要解决程序在存储器中的定位和扩大寻址空间等问题。为保证计算机系统的安全性，一般基址寄存器中的值只能由系统程序设定，由特权指令执行，用户指令是不允许修改的。图 5-8（a）是基址寻址过程示意图。

有效地址 EA 数学公式为 EA=（RB）+Disp。

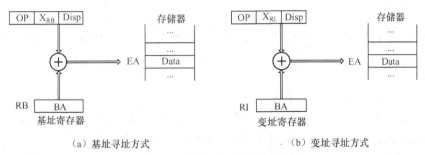

（a）基址寻址方式　　　　　　　　　　（b）变址寻址方式

图 5-8　基址与变址寻址方式

8. 变址寻址方式

变址寻址方式在有效地址的求法上与基址寻址方式类似，即把某个变址寄存器的内容，加上指令格式中的形式地址而形成操作数的有效地址，如图 5-8（b）所示。其中 X_{RI} 指出变址寻址方式的特征。

有效地址 EA 数学公式为 EA=（RI）+Disp。

变址寻址与基址寻址两种方式是计算机广泛采用的寻址方式，变址寻址方式也可以实现程序块的浮动，使有效地址按变址寄存器的内容实现有规律的变化，而不改变指令本身。正因为变址寻址和基址寻址的有效地址计算方法相同，所以许多教材在介绍这部分内容时将其合并为一种寻址方式。但是二者是有区别的，而且应用场合也不一样。习惯上采用基址寻址时，基址寄存器提供地址基准量而指令提供位移量；在采用变址寻址时，变址寄存器提供修改量而指令提供基准量。变址寻址对数组的处理非常有利。

9. 堆栈寻址方式

计算机中，堆栈是按照先进后出（FILO）原则存取数据的一个特定存储区，它可以是主存中指定的一段连续区域，也可以是 CPU 中的一组寄存器。由于在存储器中可以建立符合程序员要求的任意长度和任意数量的堆栈，而且可以用对存储器寻址的任何一条指令来对堆栈中的数据进行寻址，所以大多数计算机都是指定主存的一部分当做堆栈来使用，该堆栈也称为主存堆栈。

堆栈对数据的存取方式和寻址方法与一般存储器有所不同，一般存储器按指定的地址随机读/写数据，而堆栈中数据的读出和写入要遵照一定的规律，按先进后出原则存取。下面以主存堆栈为例，说明堆栈寻址过程。堆栈寻址方式如图 5-9 所示。

图 5-9　堆栈寻址方式

在堆栈结构中，堆栈的起始单元称为栈底，第一个存入堆栈的数据就放在栈底，第二个存入堆栈的数据则放在栈底上面相邻的空单元，以此类推……最后存入堆栈中的数据存放在栈顶。从堆栈中取出数据时，只能从栈顶取出。在 CPU 中设置一个专用的堆栈指示器，用来存放栈顶单元的地址，称为堆栈指针 SP。当堆栈工作时，数据存入和取出时，SP 都始终指向栈顶，任何堆栈操作都只能在栈顶进行。

① 数据压入过程：首先 SP 的内容减 1，使其指向栈顶单元，然后数据存入栈顶，即

$$（SP）-1—>SP$$

$$数据—>（SP ）$$

② 数据弹出过程：弹出一个数据的过程与压入过程相反，先从栈顶取出一个数据，然后 SP 的内容加 1，即

$$（SP）—>数据$$

$$（SP）+1—>SP$$

堆栈寻址方式在计算机中十分有用，为数据处理与程序控制提供了很大的便利。一般计算机中，堆栈主要用来暂存中断或子程序调用时的现场数据以及返回地址。

10. 复合型寻址方式

上面介绍的几种寻址方式，在计算机中可以组合使用。如把间接寻址方式同相对寻址方式或变址寻址方式相结合而形成复合型寻址方式。复合型寻址方式有如下几种类型。

（1）相对间接寻址

这种寻址方式先把 PC 的内容和形式地址（通常为位移量）Disp 相加得（PC）+Disp，然后再间接寻址求得操作数的有效地址，即先相对寻址再间接寻址。

操作数的有效地址 EA 数学公式为 EA=（（PC）+Disp）。

（2）间接相对寻址

这种寻址方式先将形式地址 Disp 作间接变换为（Disp），然后将间接变换值和 PC 的内容相加得到操作数的有效地址，即先间接寻址，再相对寻址。

操作数的有效地址 EA 数学公式为 EA=（PC）+（Disp）。

（3）变址间接寻址

这种寻址方式，先把变址寄存器 RI 的内容和形式地址 Disp 相加得（RI）+Disp，然后再间接寻址求得操作数的有效地址，即先变址再间址。

操作数的有效地址 EA 数学公式为 EA=（（RI）+Disp）。

（4）间接变址寻址

这种寻址方式先将形式地址 Disp 作间接变换为（Disp），然后将间接变换值和变址寄存器 RI 的内容相加得到操作数的有效地址，即先间址再变址。

操作数的有效地址 EA 数学公式为 EA=（RI）+（Disp）。

除了上述这些复合寻址方式外，还可以组合形成更复杂的寻址方式。例如，在一条指令中可以同时实现基址寻址与变址寻址，其有效地址为基址寄存器内容+变址寄存器内容+指令地址码。

不同计算机采用的寻址方式是不同的，即使是同一种寻址方式，在不同的计算机中也有不同的表达方式或含义。因此，用汇编语言编程时，必须详细了解所使用计算机的指令系统，才能编出正确而高效的程序。若用高级语言编程，则由编译程序解决有关寻址问题，用户不必考虑寻址方式。

5.3.3　寻址实例

一台计算机的指令系统通常有几十条至几百条指令，机器不同其指令系统也不相同。按照指令所完成的功能可将指令分为数据传送类指令、算术/逻辑运算指令、移位操作指令、转移指令、输入/输出指令、字符串处理指令、堆栈操作指令、特权指令等。

1. 数据传送指令

这类指令用于实现寄存器与寄存器、寄存器与主存储器、主存储器与主存储器之间的数据传

送，主要包括取数指令、存数指令、传送指令、成批传送指令、字节交换指令、清零累加器指令等。传送数据时，数据从源地址传送到目的地址，而源地址中的数据保持不变，因此，实际上是数据拷贝。有些机器设置了数据交换指令，能完成源操作数与目的操作数互换的操作，实现双向数据传送。

2. 算术/逻辑运算指令

（1）算术运算指令

这类指令用于实现二进制或十进制的定点算术运算和浮点运算功能，主要包括：二进制定点加、减、乘、除算术运算指令，浮点加、减、乘、除算术运算指令，十进制算术运算指令，求反、求补指令，算术移位指令，算术比较指令。大型机中还有向量运算指令，可以直接对整个向量或矩阵进行求和、求积运算。

（2）逻辑运算指令

这类指令用于实现对两个数进行逻辑运算和位操作的功能，主要包括逻辑与（逻辑乘）、或（逻辑加）、非（求反）、异或（按位加）等逻辑操作指令，以及位测试、位清除、位求反等位操作指令。

3. 移位操作指令

移位操作指令用于实现将操作数向左移动或向右移动若干位的功能，包括算术移位、逻辑移位和循环移位三种指令。

左移时，若寄存器中的数为算术操作数，则符号位不动，其他位左移，最低位补零。右移时，其他位右移，最高位补符号位。这种移位称为算术移位。

移位时，若寄存器中的操作数为逻辑数，则左移或右移时，所有位一起移位，最低位或最高位补零，这种移位称为逻辑移位。

循环移位按是否与"进位"位 C 一起循环分为小循环（即自身循环）和大循环（即和进位位 C 一起循环）两种，用于实现循环式控制，高、低字节互换或与算术、逻辑移位指令一起实现双倍字长或多倍字长的移位。

算术逻辑移位指令还有一个很重要的用途是实现简单的乘、除运算。算术左移或右移 n 位，可分别实现对带符号数据乘以 2^n 或整除以 2^n 的运算。同样，逻辑左移或右移 n 位，分别实现对无符号数据乘以 2^n 或整除以 2^n 的运算。移位指令的这个性质，对于无乘、除运算指令的计算机特别重要。移位指令的执行时间比乘除运算的执行时间短，因此，采用移位指令来实现简单的乘、除运算可取得较高的速度。

4. 转移控制指令

这类指令用于控制程序流的转移。通常情况下，计算机是按顺序方式执行程序的，但是，也经常会遇到离开原来的顺序而转移到另一段程序或循环去执行某段程序的情况。转移控制指令主要包括无条件转移指令、条件转移指令、过程调用与返回指令、中断调用与返回指令、陷阱指令等。

（1）无条件转移指令与条件转移指令

无条件转移指令不受任何条件限制，直接把程序转移到指令所规定的目的地，从那里开始继续执行程序。

条件转移指令根据计算机处理结果来控制程序的执行方向，实现程序的分支。执行时首先测试根据处理结果设置的条件码，然后判断所测试的条件是否满足，从而决定是否转移。条件码的建立与转移的判断可以在一条指令中完成，也可以由两条指令来完成。

在第一种情况中，通常在转移指令中先完成比较运算，然后根据比较的结果来判断转移的条件是否成立。如条件为"真"，则转移，如条件为假，则程序执行下一条指令。

在第二种情况中，由转移指令前面的指令来建立条件码，转移指令根据条件码来判断是否转移。通常用算术指令建立的条件码有结果为负（N）、结果为零（Z）、结果溢出（V）、进位或借位（C）、奇偶标志位（P）等。

转移指令的转移地址一般采用直接寻址和相对寻址方式来确定。若采用直接寻址方式，则称为绝对转移，转移地址由指令地址码部分直接给出；若采用相对寻址方式，则称为相对转移，转移地址为当前指令地址（PC的值）和指令地址部分给出的位移量相加之和。

（2）调用指令与返回指令

编写程序时，常常需要编写一些能够独立完成某一特定功能且经常使用的程序段，在需要时能随时调用，而不必多次重复编写，以便节省存储器空间和简化程序设计。这种程序段就称为子程序或过程。

除了用户自己编写的子程序以外，为了便于各种程序设计，系统还提供大量通用子程序，如申请资源、读/写文件、控制外围设备等。需要时，只需直接调用即可，而不必重新编写。通常使用调用（过程调用、系统调用、转子程序）指令来实现从一个程序转移到另一个程序的操作，例如，Call调用指令。调用指令与条件转移指令和无条件转移指令的主要区别在于前者需要保留返回地址，即当执行完被调用的程序后要回到原调用程序，继续执行Call指令的下一条指令，返回地址一般保留于堆栈中，随同保留的还有一些状态寄存器或通用寄存器中的内容。保留寄存器内容有两种方法：一是由调用程序保留从被调用程序返回后要用到的那些寄存器的内容，其步骤为先由调用程序将寄存器内容保存在堆栈中，当执行完被调用程序后，再从堆栈中取出并恢复寄存器内容；二是由被调用程序保留本程序要用到的那些寄存器内容，也是保存在堆栈中。这两种方法的目的都是保证调用程序继续执行时寄存器内容的正确性。

调用（Call）与返回（Return）是一对配合使用的指令，返回指令从堆栈中取出返回地址，然后继续执行调用程序的下一条指令。

（3）陷阱指令

在计算机运行过程中，有时可能会出现电源电压不稳、存储器校验出错、输入/输出设备出现故障、用户使用了未定义的指令或特权指令等种种意外情况，使计算机不能正常工作，这时，若不及时采取措施处理这些故障，将影响到整个系统的正常运行。因此，一旦出现这些情况，计算机就会发出陷阱信号，并暂停当前程序的执行（称为中断），转入故障处理程序进行相应的故障处理。陷阱实际上是一种意外事故中断，它中断的主要目的不是请求CPU的正常处理，而是通知CPU已出现了故障，并根据故障情况，转入相应的故障处理程序。

5. 输入/输出指令

输入/输出（I/O）指令主要用来启动外围设备，检查测试外围设备的工作状态，并实现外围设备和CPU之间，或外围设备与外围设备之间的信息传送。输入指令完成从指定的外围设备寄存器中读入一个数据；输出指令是把数据送到指定的外围设备寄存器中。此外，输出指令还可用来发送和接收控制命令和回答信号，用于控制外围设备的工作。不同机器的输入/输出指令差别很大，有的机器指令系统中含有输入/输出专用指令，这种系统其外围设备接口中的寄存器与存储器单元分开而独立编址；有的机器指令系统中没有设置输入/输出指令，这种系统的各个外围设备的寄存器和存储器单元统一编址，因此，CPU可以跟访问主存一样去访问外围设备，即可以使用取数指令、存数指令来代替输入/输出指令。

6. 字符串处理指令

字符串处理指令是一种非数值处理指令，主要用于信息管理、数据处理、办公室自动化等领域中，在文字编辑和排版时对大量的字符串进行各种处理。字符串处理指令主要包括字符串传送、字符串比较、字符串查找、字符串转换、字符串抽取、字符串替换等。

字符串传送是指将数据块从主存储器的某个区域传送到另一个区域；

字符串比较是指将一个字符串与另一字符串逐个字符进行比较，以确定其是否相等；

字符串查找是指在字符串中查找是否含有某一指定的子串或字符；

字符串转换是指把一种编码形式的字符串转换为另一种编码形式的字符串；

字符串抽取是指在字符串中提取某一子串或字符；

字符串替换是指把某一字符串用另一字符串替换。

7. 堆栈操作指令

堆栈操作指令通常有两条，一条是入栈指令，另一条是出栈指令。入栈指令（PUSH）执行两个动作：一是将数据从 CPU 取出并压入堆栈栈顶；二是修改堆栈指示器。出栈指令（POP）也执行两个动作：一是修改堆栈指示器；二是从栈顶取出数据到 CPU。这两条指令总是成对出现的，在程序的中断嵌套、子程序调用嵌套过程中使用它非常实用和方便。

8. 特权指令

特权指令是指具有特殊权限的指令。由于指令的权限最大，因此，使用不当，会破坏系统和其他用户信息。这类指令只用于操作系统或其他系统软件，一般不直接提供给用户使用。在多用户、多任务的计算机系统中特权指令是必不可少的，它主要用于系统资源的分配和管理，包括改变系统工作方式，检测用户的访问权限，修改虚拟存储器管理的段表、页表，完成任务的创建和切换等。

9. 其他指令

除上述各类指令外，还有多处理器指令，向量指令，状态寄存器置位、空操作、复位指令，测试指令，停机指令等控制指令，以及其他一些特殊控制指令。

5.4　复杂指令集和精简指令集

长期以来，计算机性能的提高往往是通过增加硬件的复杂性来获得。随着集成电路技术，特别是 VLSI（超大规模集成电路）技术的迅速发展，为了软件编程方便和提高程序的运行速度，硬件工程师采用的办法是不断增加可实现复杂功能的指令和多种灵活的编址方式。某些指令可支持高级语言语句归类后的复杂操作。致使硬件越来越复杂，造价也相应提高。

为实现复杂操作，微处理器除向程序员提供类似各种寄存器和机器指令功能外，还通过存于只读存储器（ROM）中的微程序来实现其极强的功能，在分析每一条指令之后执行一系列初级指令运算来完成所需的功能，这种设计的形式被称为复杂指令集计算机（Complex Instruction Set Computer，CISC）结构。一般 CISC 计算机所含的指令数目至少 300 条以上，有的甚至超过 500 条。

采用复杂指令系统的计算机有着较强的处理高级语言的能力，这对提高计算机的性能是有益的。IBM 公司设在纽约 Yorktown 的 JhomasI.Wason 研究中心于 1975 年组织力量研究指令系统的合理性问题，因为当时已感到，日趋庞杂的指令系统不但不易实现，而且还可能降低系统性能。1979 年以帕特逊教授为首的一批科学家也开始在美国加州大学伯克莱分校开展这一研究，结果表明，CISC 存在许多缺点：

首先，在这种计算机中，各种指令的使用率相差悬殊：一个典型程序的运算过程所使用的80%指令，只占一个处理器指令系统的 20%。事实上最频繁使用的指令是取、存和加这些最简单的指令。这样一来，长期致力于复杂指令系统的设计，实际上是在设计一种难得在实践中用得上的指令系统的处理器。

同时，复杂的指令系统必然带来结构的复杂性，这不但增加了设计的时间与成本还容易造成设计失误。此外，尽管 VLSI 技术现在已达到很高的水平，但也很难把 CISC 的全部硬件做在一个芯片上，这也妨碍单片计算机的发展，在 CISC 中，许多复杂指令需要极复杂的操作，这类指令多数是某种高级语言的直接翻版，因而通用性差。

由于采用二级的微码执行方式，它也降低那些被频繁调用的简单指令系统的运行速度。因而，针对 CISC 的这些弊病，帕特逊等人提出了精简指令的设想，即指令系统应当只包含那些使用频率很高的少量指令，并提供一些必要的指令以支持操作系统和高级语言，按照这个原则发展而成的计算机被称为精简指令集计算机（Reduced Instruction Set Computer，RISC）结构。

5.4.1 复杂指令集简介

复杂指令集，也称为 CISC（Complex Instruction Set Computer，CISC）指令集。在 CISC 微处理器中，程序的各条指令是按顺序串行执行的，每条指令中的各个操作也是按顺序串行执行的。顺序执行的优点是控制简单，但计算机各部分的利用率不高，执行速度慢。其实它是英特尔生产的 X86 系列（也就是 IA-32 架构）CPU 及其兼容 CPU，如 AMD、VIA。即使是现在新起的 X86-64（也被称为 AMD64）都是属于 CISC 的范畴。

CISC 的主要特点有：

1）指令系统复杂庞大，指令数目一般为 200 条以上。

2）指令的长度不固定，指令格式多，寻址方式多。

3）可以访存的指令不受限制。

4）各种指令使用频度相差很大。

5）各种指令执行时间相差很大，大多数指令需多个时钟周期才能完成。

6）控制器大多数采用微程序控制。

7）难以用优化编译生成高效的目标代码程序。

如此庞大的指令系统，对指令的设计提出了极高的要求，研制周期变得很长。后来人们发现，一味追求指令系统的复杂和完备程度不是提高计算机性能的唯一途径。在对传统 CISC 指令系统的测试表明，各种指令的使用频率相差悬殊，大概只有 20% 的比较简单的指令被反复使用，约占整个程序的 80%；而有 80% 左右的指令则很少使用，约占整个程序的 20%。从这一事实出发，人们开始了对指令系统合理性的研究，于是 RISC 随之诞生。

5.4.2 精简指令集简介

精简指令集，是计算机中央处理器的一种设计模式，也被称为 RISC（Reduced Instruction Set Computer 的缩写）。这种设计思路对指令数目和寻址方式都做了精简，使其实现更容易，指令并行执行程度更好，编译器的效率更高。常用的精简指令集微处理器包括 DECAlpha、ARC、ARM、AVR、MIPS、PA-RISC、PowerArchitecture（包括 PowerPC）和 SPARC 等。这种设计思路的产生是因为有人发现尽管传统处理器设计了许多特性让代码编写更加便捷，但这些复杂特性需要几个指令周期才能实现，并且常常不被运行程序所采用。此外，处理器和主内存之间运行速度的差别也变得越来越大。在这些因素促使下，出现了一系列新技术，使处理器的指令得以流水执行，同时降低处理器访问内存的次数。早期，这种指令集的特点是指令数目少，每条指令都采用标准字长、执行时间短、中央处理器的实现细节对于机器级程序是可见的。

精简指令系统计算机（RISC）的中心思想是要求指令系统简化，尽量使用寄存器-寄存器操作指令，指令格式力求一致，RISC 的主要特点有：

1）选取使用频率最高的一些简单指令，复杂指令的功能由简单指令的组合来实现。

2）指令长度固定，指令格式种类少，寻址方式种类少。

3）只有 Load/Store（取数/存数）指令访存，其余指令的操作都在寄存器之间进行。

4）CPU 中通用寄存器数量相当多。

5）采用指令流水线技术，大部分指令在一个时钟周期内完成。

6）以硬布线控制为主，不用或少用微程序控制。

7）特别重视编译优化工作，以减少程序执行时间。

值得注意的是，从指令系统兼容性看，CISC 大多能实现软件兼容，即高档机包含了低档机的全部指令，并可加以扩充。但 RISC 简化了指令系统，指令条数少，格式也不同于老机器，因此大多数 RISC 机器不能与老机器兼容。

5.4.3　CISC 和 RISC 的比较

CISC 和 RISC 的对比见表 5-11。

表 5-11　　　　　　　　　　　　　　CISC 与 RISC 的对比

对比项目　　　类别	CISC	RISC
指令系统	复杂，庞大	简单，精简
指令数目	一般大于 200 条	一般小于 100 条
指令字长	不固定	定长
可访存指令	不加限制	只有 Load/Store 指令
各种指令执行时间	相差较大	绝大多数在一个周期内完成
各种指令使用频度	相差很大	都比较常用
通用寄存器数量	较少	多
目标代码	难以用优化编译生成高效的目标代码程序	采用优化的编译程序，生成代码较为高效
控制方式	绝大多数为微程序控制	绝大多数为组合逻辑控制

和 CISC 相比，RISC 的优点主要体现在如下几点：

1）RISC 更能充分利用 VLSI 芯片的面积。CISC 的控制器大多采用微程序控制，其控制存储器在 CPU 芯片内所占的面积为 50%以上，而 RISC 控制器采用组合逻辑控制，其硬布线逻辑只占 CPU 芯片面积的 10%左右。

2）RISC 更能提高运算速度。RISC 的指令数、寻址方式和指令格式种类少，又设有多个通用寄存器，采用流水线技术，所以运算速度更快，大多数指令在一个时钟周期内完成。

3）RISC 便于设计，可降低成本，提高可靠性。RISC 指令系统简单，故机器设计周期短；其逻辑简单，故可靠性高。

4）RISC 有利于编译程序代码优化。RISC 指令少，寻址方式少，使编译程序容易选择更有效的指令和寻址方式。

5.5　小　　结

本章主要介绍了指令系统的发展和性能、指令格式和寻址方式。

在第一节，重点介绍了指令系统的发展和性能，从中可以了解到指令系统自20世纪50年代，从只有十几条指令的系统发展到现在的复杂指令系统 CISC（多达几百条指令）和精简指令系统 RISC。指令是计算机运行的最小功能单位。一个完善的指令系统应该具备的性能是：完备性、高效性、规整性、兼容性。

在第二节介绍了一般指令系统的指令格式，一条指令的指令格式分为两部分，操作码字段和地址码字段。操作码指出该指令应该执行什么性质的操作和具有何种功能。地址码指出该操作数所在的存储器地址或寄存器地址。根据指令中的操作数地址码的数目的不同，可将指令分成零地址、一地址、二地址、三地址指令和多地址指令。其中还列举了几种典型类型的计算机指令格式，有微型机 Intel 8086/8088 指令格式和大型机 IBM370 系列指令格式等。

第三节介绍了寻址方式，因为指令和数据在计算机中都是以二进制代码存储的，所以寻址方式又分为指令的寻址方式和操作数的寻址方式。指令的寻址方式主要是关于程序计数器 PC 的值的问题。而操作数的寻址方式主要是寻找操作数的有效地址。随后又介绍了寻址实例，给指令按照其功能分类，分为：数据传送类指令、算术/逻辑运算指令、移位操作指令、转移控制指令、陷阱指令、输入/输出指令、字符串处理指令、堆栈操作指令、特权指令、其他指令。

第四节介绍了复杂指令集和精简指令集各自的发展历程和特点。

习 题 5

（一）基础题

一、填空题

1. 指令系统是表征一台计算机_____的重要因素，它的格式和功能不仅直接影响到机器的硬件结构而且也影响到系统软件。

2. 一个较完善的指令系统应包含_____类指令，_____指令，_____类指令，程序控制类指令，I/O 类指令，字符串类指令，系统控制类指令。

3. 指令格式中，操作码字段表征指令的_____，地址码字段指示_____。微型机中多采用_____混合方式的指令格式。

4. 为了在一台特定的机器上执行程序，必须把_____映射到这台机器主存储器的_____空间上，这个过程称为_____。

5. 指令格式是指指令用_____表示的结构形式，通常格式中由_____字段和_____字段组成。

6. 条件转移、无条件转移指令、转子程序、返主程序、中断返回指令都属于_____类指令；这类指令在指令格式中所表示的地址不是_____的地址，而是_____下一条指令的地址。

7. 从操作数的物理位置来说，可将指令归结为三种类型：存储器-存储器，_____，_____。

8. RISC 的中文含义是_____，CISC 的中文含义是_____。

9. 堆栈是一种特殊的数据寻址方式，它采用_____原理。按结构不同，分为_____堆栈和_____堆栈。

10. 指令字长度有_____、_____、_____3 种形式。

11. 指令系统中采用不同寻址方式的目的主要是_____。

12. 零地址运算指令在指令格式中不给出操作数地址，它的操作数来自_____。

13. 一地址指令中，为完成两个数的算术运算，除地址译码指明的一个操作数外，另一个操作数常采用_____。

14. 二地址指令中，操作数的物理位置可安排在_____。

15. 操作数在寄存器中的寻址方式称为_____寻址。

16. 寄存器间接寻址方式中，操作数在_____中。

17. 变址寻址方式中，操作数的有效地址是_____。

18. 基址寻址方式中，操作数的有效地址是_____。

二、选择题

1. 用某个寄存器中操作数的寻址方式称为_____寻址。

    A. 直接　　　　　　B. 间接　　　　　　C. 寄存器直接　　　　D. 寄存器间接

2. 寄存器间接寻址方式中，操作数处在_____。

    A. 通用寄存器　　　B. 主存单元　　　　C. 程序计数器　　　　D. 堆栈

3. 指令系统采用不同寻址方式的目的是_____。

    A. 实现存储程序和程序控制

    B. 缩短指令长度，扩大寻址空间

    C. 可直接访问外存

    D. 提供扩展操作码的可能并减低指令译码的难度

4. 控制类指令的功能是_____。

    A. 进行算术运算和逻辑运算

    B. 进行主存与 CPU 之间的数据传送

    C. 进行 CPU 和 I/O 设备之间的数据传送

    D. 改变程序执行的顺序

5. 以下 4 种类型指令中，执行时间最长的是_____。

    A. RR 型指令　　　B. RS 型指令　　　C. SS 型指令　　　D. 程序控制指令

6. 在指令的地址字段中，直接指出操作数本身的寻址方式，称为_____。

    A. 隐含地址　　　　B. 立即寻址　　　　C. 寄存器寻址　　　D. 直接寻址

7. 设变址寄存器为 X，形式地址为 D，（X）表示寄存器 X 的内容，这种寻址方式的有效地址为_____。

    A. EA=(X)+D　　　　　　　　　B. EA=(X)+(D)

    C. EA=((X)+D)　　　　　　　　D. EA=((X))+(D)

8. 在指令的地址字段中，直接指出操作数本身的寻址方式，称为_____。

    A. 隐含寻址　　　　B. 立即寻址　　　　C. 寄存器寻址　　　D. 直接寻址

9. 在 CPU 中跟踪指令后继地址的寄存器是_____。

    A. 主存地址寄存器　　　　　　　B. 程序计数器

    C. 指令寄存器　　　　　　　　　D. 状态条件寄存器

10. 某寄存器中的值有时是地址，因此只有计算机的_____才能识别它。

    A. 译码器　　　　　B. 判别程序　　　　C. 指令　　　　　　D. 时序信号

11. 某种格式的指令的操作码有 4 位，能表示的指令有_____条。

    A. 4　　　　　　　　B. 8　　　　　　　C. 16　　　　　　　D. 32

12. 在下列寻址方式中取得操作数速度最慢的是_____。

    A. 相对寻址　　　　　　　　　　B. 基址寻址

    C. 寄存器寻址　　　　　　　　　D. 存储器间接寻址

13. 相对寻址方式的实际地址是_____。

A. 程序计数器的内容加上指令中形式地址值

B. 基址寄存器的内容加上指令中形式地址值

C. 指令中形式地址中的内容

D. 栈顶内容

14. 特权指令在多用户多任务的计算机系统中必不可少，它主要用于_____。

A. 检查用户的权限   B. 系统硬件自检和配置

C. 用户写汇编程序时调用   D. 系统资源的分配和管理

15. 下面_____不是 RISC 的特点。

A. 指令的操作种类比较少   B. 指令长度固定且指令格式较少

C. 寻址方式比较少   D. 访问内存需要的机器周期比较少

三、计算题

1. 某计算机有 14 条指令，其使用频度分别为

0.15，0.15，0.14，0.13，0.12，0.11，0.04，0.04，0.03，0.03，0.02，0.02，0.01，0.01

（1）这 14 条指令的指令操作码用等长码方式编码，其编码的码长至少为多少位？

（2）若只用两种码长的扩展操作码编码，其编码的码长至少多少位？

2. 某指令系统指令长 16 位，每个操作数的地址码长 16 位，指令分为无操作数、单操作数和双操作数 3 类。若双操作数指令有 K 条，无操作数指令有 L 条，问单操作数指令最多可能有多少条？

四、设计题

假设机器字长 16 位，主存容量 128KB，指令字长度为 16 位或 32 位，共有 128 条指令，设计计算机指令格式，要求有直接、立即数、相对、基址、间接、变址 6 种寻址方式。

（二）提高题

1.【2009 年计算机联考真题】某机器字长为 16 位，主存按字节编址，转移指令采用相对寻址，由两个字节组成，第一字节为操作码字段，第二字节为相对位移量字段。假定取指令时，每取一个字节 PC 自动加 1。若某转移指令所在主存地址为 2000H，相对位移量字段的内容为 06H。则该转移指令成功转移以后的目标地址是（   ）。

A. 2006H   B. 2007H   C. 2008H   D. 2009H

2.【2009 年计算机联考真题】下列关于 RISC 说法中，错误的是（   ）。

A. RISC 普遍采用微程序控制器

B. RISC 大多数指令在一个时钟周期内完成

C. RISC 的内部通用寄存器数量相对 CISC 多

D. RISC 的指令数、寻址方式和指令格式种类相对 CISC 少

3.【2011 年计算机联考真题】下列给出的指令系统特点中，有利于实现指令流水线的是（   ）。

Ⅰ. 指令格式规整且长度一致

Ⅱ. 指令和数据按边界对齐存放

Ⅲ. 只有 Load/Store 指令才能对操作数进行存储访问

A. 仅Ⅰ、Ⅱ   B. 仅Ⅱ、Ⅲ   C. 仅Ⅰ、Ⅲ   D. Ⅰ、Ⅱ、Ⅲ

4.【2011 年计算机联考真题】偏移寻址通过将某个寄存器内容与一个形式地址相加而生成有效地址。下列寻址方式中，不属于偏移寻址方式的是(   )。

A. 间接寻址   B. 基址寻址   C. 相对寻址   D. 变址寻址

第6章
总线

　　总线是一类信号线的集合，是模块间传输信息的公共通道，它是由导线组成的传输线束，计算机各部件间通过它可进行各种数据和命令的传送。按照计算机所传输的信息种类，计算机的总线可以划分为数据总线、地址总线和控制总线，分别用来传输数据、数据地址和控制信号。

　　总线是一种内部结构，它是 CPU、内存、输入、输出设备传递信息的公用通道，主机的各个部件通过总线相连接，外部设备通过相应的接口电路再与总线相连接，从而形成了计算机硬件系统。在计算机系统中，各个部件之间传送信息的公共通路叫总线，微型计算机是以总线结构来连接各个功能部件的。

　　本章主要介绍总线的结构和分类、通信和控制，最后给出了一些典型的总线。

6.1　总线的概述

　　计算机中各功能部件的连接方式有两种，一种是分散连接，即各部件间使用单独的信号线连接，这种方法的优点是多对部件可同时通信、通信性能好；缺点是可扩展性差，不能实现部件与外部操作的标准化。另一种是总线连接，即各部件连接到一组公共的信号线上，其优点是可扩展性好，能够实现部件操作标准化；缺点是多对部件间不能同时通信，总线易成为通信瓶颈。

　　随着计算机应用领域的不断扩大，I/O 设备的种类和数据量也越来越多，可扩展性成为计算机系统必备的特性，因此，总线连接是最常用的连接方式。而总线连接的缺点可以通过相关技术得以缓解。

　　总线是连接多个部件或设备的用于信息传输的一组信号线，是各个部件共享的传输介质。总线上如果出现两个或两个以上部件同时向总线发送信息，则导致信号冲突，使传输失败。因此，总线上同时只允许一个部件发送信息，而多个部件可以同时接收信息。

　　总线上连接的部件或设备进行信息传输操作时，能够发起操作的部件或设备叫主设备，如CPU；只可以响应操作的部件或设备称为从设备，如主存、I/O 设备等。

6.2　总线的结构和分类

6.2.1　总线的结构

　　总线结构是计算机内部各部件互连所采用的总线架构，可以分成单总线和多总线两种，多总线包括二总线、三总线等。

1. 单总线结构

单总线结构是一种较简单的总线结构，在小型机或微型机中经常被应用。单总线结构将所有模块（CPU、主存、I/O 接口）都连接到一组总线上，如图 6-1 所示。

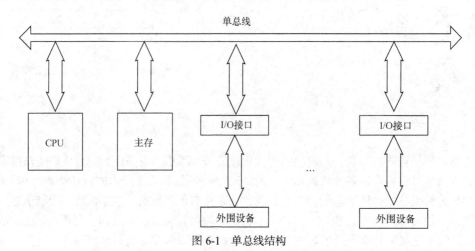

图 6-1 单总线结构

在这种结构中，主存与外围设备都使用同一组总线，因而可以采用统一编址方式，可以不用再为 I/O 设备编址，访问外围设备和主存一样方便。

但是在单总线结构中，由于所有模块分时共享这一组总线，如果外围设备较多时会产生传输的瓶颈现象，这样会造成传输效率的降低，为解决这个问题，宜采用下面介绍的多总线结构。

2. 双总线结构

将速度较慢的 I/O 设备从单总线结构的系统总线中分离出来，可以形成存储总线和 I/O 总线的双总线结构。在大、中型计算机中通常采用双总线结构。双总线结构中在 CPU 和主存之间增加一组高速存储总线，减轻了系统总线的负担。双总线结构如图 6-2 所示。

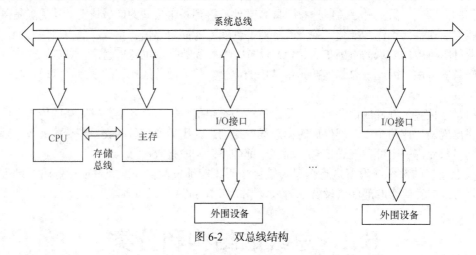

图 6-2 双总线结构

3. 三总线结构

为进一步提高 CPU 访问主存的速度，可以将 CPU 及主存从双总线结构的存储总线中分离出来，就形成了存储总线、I/O 总线及 DMA 总线的三总线结构。三总线结构应用在大多数计算机中，有三条各自独立的总线构成信息通道。这三条总线为：

（1）存储总线——连接 CPU 与主存之间的信息通道；

（2）I/O 总线——连接 CPU 与 I/O 设备间的信息通道；

（3）DMA 总线——连接主存和 I/O 外围设备间的信息通道。

三总线结构大大提高了系统的传输效率，如图 6-3 所示。

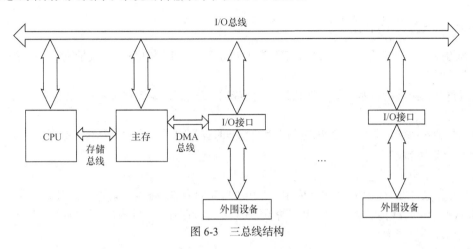

图 6-3　三总线结构

6.2.2　总线的分类

从不同的角度看，总线可以有不同的分类方法，如总线按数据传送方式可分为串行总线和并行总线，并行总线进一步分为 8 位、16 位等总线。最常见的有如下两种分类方法。

1. 按总线信号线功能分类

按照信号线的功能，即信号线上传输信息的不同，总线可分为数据总线、地址总线、控制总线。

（1）数据总线

数据总线用来指出部件间传输的数据信息，它是双向传输总线。数据总线的位数称为数据总线宽度，代表同时传输的二进制位数，是衡量总线性能的一个重要参数。例如，其他参数不变时，32 位数据总线的性能是 16 位数据总线性能的两倍。

（2）地址总线

地址总线用来指出总线传输时接收数据总线上的数据的目标设备号及内部单元地址，它是单向传输总线。地址总线的位数称为地址总线宽度，表明总线目标设备及设备内部单元的最大个数，即地址总线宽度。

（3）控制总线

控制总线用来实现总线传输过程控制，根据信号由主设备发出还是由从设备发出，有控制信号线和状态信号线两种类型，它们是单向总线。常见的控制信号线有时钟、存储器读、存储器写、设备就绪等。

2. 按总线连接部件分类

按总线连接部件的不同，总线可分为片内总线、系统总线、通信总线。

（1）片内总线

片内总线是芯片内的总线，用于连接芯片内部多个元器件，如 CPU 内部的总线通路。

（2）系统总线

指计算机内部连接 CPU、主存、I/O 设备五大部件的总线。由于这些部件通常都安装在主板或插件板上，所以可称为板级总线，如 ISA 总线。系统总线均由数据总线、控制总线及地址总线组成。

（3）通信总线

通信总线是计算机之间或计算机与其他系统之间通信的总线，如 USB 总线。

6.2.3 总线的性能指标

总线的性能指标主要有 4 个方面，总线的宽度、总线的时钟频率、总线带宽、总线负载能力。

（1）总线宽度

总线宽度指总线的位数，即总线可以同时传输的二进制位数，单位常用 bit（位）表示。

（2）总线时钟频率

总线时钟频率指控制同步总线操作时序的基准时钟频率，单位常用 MHz 表示。总线时钟频率越快，总线性能越好。

（3）总线带宽

总线带宽也可称为总线最大数据传输率，指单位时间内总线上可传输数据的最大位数，即总线带宽=总线宽度×总线传输次数/秒。单位常用 Mb/s（每秒百万位）或 MB/s（每秒百万字节）表示。

（4）总线负载能力

总线负载能力指总线上保持信号逻辑电平在正常范围内时所能直接连接的部件或设备数量，常用个数表示。这个指标反映总线的驱动能力，通常不太关注该指标。

6.3　总线通信与控制

6.3.1　信息的传送方式

系统总线的通信，按照传输数据的方式划分，可以分为串行通信和并行通信。

1. 串行通信

串行通信是指计算机与 I/O 设备之间数据传输的各位是按顺序依次一位接一位进行传送。通常数据在一根数据线或一对差分线上传输。

2. 并行通信

并行通信是指计算机与 I/O 口设备间通过多条传输线交换数据，数据的各位同时进行传送。

串行通信的传输速度慢，但使用的传输设备成本低，可利用现有的通信手段和通信设备，适合于计算机的远程通信；并行通信的速度快，但使用的传输设备成本高，适合于近距离的数据传输。

串行通信分为异步串行通信与同步串行通信。

1. 异步串行通信

所谓异步通信是指数据传送以字符为单位，字符与字符间的传送是完全异步的，位与位之间传送基本同步，其特点如下。

（1）以字符为单位传送信息。

（2）相邻两字符间的间隔是任意长。

（3）因为一个字符中的比特位长度有限，所以需要接收时钟和发送时钟只要相同就可以。

（4）异步方式特点简单地说就是字符间同步，字符内异步。

2. 同步串行方式

所谓同步通信，是指数据传送是以数据块（一组字符）为单位，字符与字符之间，字符内部的位与位之间都同步，同步串行通信的特点可以概括为以下几点。

（1）以数据块为单位传送信息。

（2）在一个数据块（信息帧）内，字符与字符、字符间无间隔。

（3）因为一次传输的数据块中包含的数据较多，所以接收时钟与发送时钟严格同步，通常要有同步时钟。

6.3.2　总线的通信

现在介绍共享总线的各个部件之间如何进行通信，即如何实现数据传输。通信方式是实现总线控制和数据传送的手段。总线的通信，按照时钟信号是否独立，可以分为同步通信、异步通信以及半同步通信。

1．同步通信

总线上的部件通过总线进行信息传送时，用一个公共的时钟信号来实现同步，这种方式称为同步通信（无应答通信）。这个公共的时钟信号可以由总线控制部件发送到每一个部件（设备），也可以让每个部件各自的时钟发生器产生，然而他们都必须由总线控制部件发出的时钟信号进行同步。

图 6-4 所示的是数据由输入设备向 CPU 传送的同步通信方式。总线周期从 t0 开始，到 t3 结束。总线时钟信号使整个数据同步传送。在 t0 时刻，由 CPU 产生的设备地址放在地址总线上，同时经控制总线指出操作的性质（读/写内存或读/写 I/O 设备）。有关设备接到地址码和控制信号后，在 t1 时刻按 CPU 要求把数据放到数据总线上。然后，CPU 在时刻 t2 进行数据选通，将数据接收到自己的寄存器中。此后，经过一段恢复时间，到 t3 时刻，总线周期结束，再开始一个新的数据传送过程。

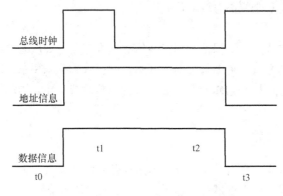

图 6-4　同步通信

同步通信适用于总线长度较短、各部件存取时间比较接近的情况。这是因为同步方式对任何两个设备之间的通信都给予同样的时间安排。就总线长度来讲，必须按距离最长的两个设备的传输延时来设计公共时钟，总线长了势必降低传输频率。

同步通信控制方式简单，灵活性差，系统中各部件工作速度差异较大时，总线工作效率明显下降，所以适合于速度差别不大的场合。

2．异步通信

异步通信允许总线上的各部件有各自的时钟，在部件之间进行通信时没有公共的时间标准，而是靠发送信息时同时发出本设备的时间标志信号，用"应答方式"来进行通信。

异步通信又分为单向方式和双向方式两种。单向方式不能判别数据是否正确传送到对方。由于在单总线系统和双总线系统中的 I/O 总线，大多数采用双向方式，因此，这里介绍双向方式，即应答式异步通信。

图 6-5 所示的发送数据的例子，表示了双向通信方式，这是一种全互锁的方式。

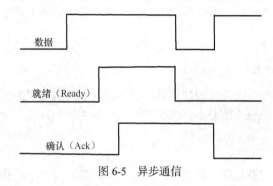

图 6-5　异步通信

此方式中部件将数据放在总线上，延迟 t 时间后发出 Ready 信号，通知对方数据已在总线上。接收部件以 Ready 信号作选通脉冲接收数据，并发出 Ack 作回答，表示数据已接收。发送部件收到 Ack 信号后可以撤除数据和 Ready 信号，以便进行下一次传送。

另一方面，接收部件在收到 Ready 信号下降沿时必须结束 Ack 信号，这样在 Ack 信号结束以前不会产生下一个 Ready 信号，从而保证了数据传送的可靠性。这种全互锁的双向通信中，Ready 信号和 Ack 信号的宽度是依据传输情况的不用而浮动变化的。传输距离不同，或者部件的存取速度不同，信号的宽度也不同，即"水涨船高"式的变化，从而解决了数据传输中存在的时间同步问题。

异步通信部件间采用应答方式进行联系，控制方式较同步复杂，灵活性高，当系统中各部件工作速度差异较大时，有利于提高总线工作效率。

3. 半同步通信

集同步与异步通信之优点，既保留了同步通信的基本特点，如所有的地址、命令、数据信号的发出时间，都严格参照系统时钟的某个前沿开始，而接收方都采用系统时钟后沿时刻来进行判断识别。同时又像异步通信那样，允许不同速度的模块和谐地工作，为此增设了一条"等待"响应信号线。

6.3.3　总线的控制

总线为多个部件所共享，要有一个控制机构来仲裁总线使用权。因为总线是公共的，所以当总线上的一个部件要与另一个部件进行通信时，就应该发出请求信号。总线上经常连接很多设备，在同一时刻，可能有多个部件要求使用总线，即分时共享总线。那么如何安排多个设备占用总线的先后顺序就成了一个关键问题，即判优控制。按一定的优先次序，来决定首先同意哪个部件使用总线。只有获得了总线使用权的部件，才能开始传送数据。

总线判优控制一般分为两种：集中式控制和分布式控制。总线控制逻辑电路集中在一处（如在 CPU 内部）时，称为集中式控制；控制逻辑电路分散在与总线连接的各个部件上，称为分布式控制。

下面以集中式控制中常见的链式查询方式、计数器定时查询方式、独立请求方式为例，介绍如何进行判优操作。

1. 链式查询方式

链式查询方式的总线控制如图 6-6 所示。

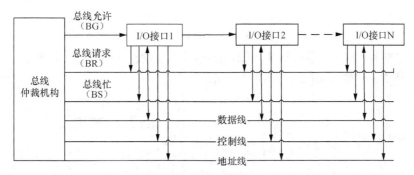

图 6-6 链式查询方式

链式查询判优控制线路中主要有 3 条控制线对总线实施判优控制。

（1）总线忙（BS）。该线有效，表示总线正在被某外围设备使用。

（2）总线请求（BR）。该线有效，表示至少有一个外围设备要求使用总线。

（3）总线允许（BG）。该线有效，表示总线控制部件响应总线请求。

当与总线相连的多个外设备同时向总线控制器发出总线请求时，总线控制器将总线允许信号沿图中所示的路径 0 I/O 接口 到 N I/O 接口依次进行传送，当传到某一个 I/O 外围设备时，如果该接口有请求，则将总线使用权交给该接口，同时该接口将总线忙信号置成"1"，该外围设备便使用总线传送数据。由此可见，离总线控制器最近的外围设备具有最高优先权。

链式查询方式的特点是，需要的仲裁信号线很少，可扩展性强，但对电路故障很敏感，容易产生断链现象。

2. 计数器定时查询方式

定时计数器查询的仲裁思想与链式查询方式基本相同，为了避免链式查询方式的断链现象，采用设备地址信号线代替 BG 信号线与各主设备连接。计数器定时查询方式的总线控制如图 6-7 所示。不同的主设备约定具有不同的设备地址，总线仲裁机构及各主设备均需要 $2+\log_2 n$ 根信号线实现仲裁。

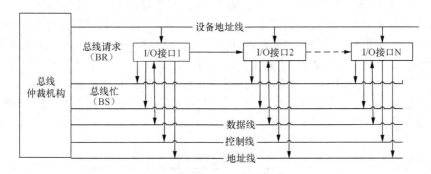

图 6-7 计数器定时查询方式

仲裁原理是，总线仲裁机构向设备地址线发出其内部计数器的计数信号，作为当前询问的设备号，各主设备自行判断自身设备地址与该设备号是否相同，若相同，表示该主设备正被询问，当自身有总线请求时，该主设备使 BS 有效，表示它占有了总线使用权；否则，BS 无效，总线仲裁机构定时查询下一个设备，直到一轮结束。

计数器定时查询方式的特点是，对电路故障不再敏感，但仲裁信号线数量增多，控制相对复杂。

3. 独立请求方式

独立请求方式的仲裁思想是，各主设备独立向总线仲裁机构提出总线请求，由总线仲裁机构自身进行仲裁，并直接将仲裁结果通知到相应主设备。

因此，各主设备只需一对总线请求、总线允许信号线，而总线仲裁机构则需要 $2n$ 根信号线实现仲裁，独立请求方式的总线控制如图 6-8 所示。

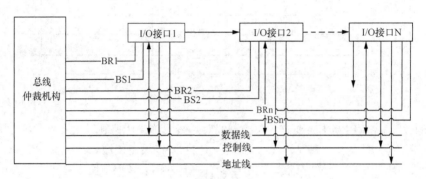

图 6-8　独立请求方式

独立请求方式的特点是仲裁速度快、优先次序控制灵活，但所需信号线数量较多，仲裁电路复杂。

6.4　典型的总线

6.4.1　ISA 和 EISA 总线

1. ISA 总线

ISA（Industrial Standard Architecture）总线为工业标准总线，是 IBM 公司 1984 年为推出 PC/AT 机而建立的系统总线标准，所以也称 AT 总线。ISA 总线的每个插槽由一个短槽和一个长槽构成。其中短槽每列有 18 对引脚，引线标为 C1～C18 和 D1～D18；长槽每列有 31 对引脚，引线标为 A1～A31 和 B1～B31。ISA 总线共有 98 根信号线，在原 PC/XT 总线的 62 根线的基础上扩充了 36 根线，与原 PC/XT 总线完全兼容。具有分立的数据线和地址线，能支持 0100H～03FFH 范围的 I/O 地址空间，具有 16MB 主存地址空间，可进行 8 位或 16 位数据访问，支持 16 级中断和 7 级 DMA 通道。支持 8 种总线事务类型：存储器读、存储器写、I/O 读、I/O 写、中断响应、DMA 响应、存储器刷新、总线仲裁等。ISA 总线的最高时钟频率为 8MHz，最大数据传输率为 16MB/s。ISA 总线信号定义如表 6-1 所示。

表 6-1　　　　　　　　　　　　　　ISA 总线信号引脚说明

引脚	信号	说明
A1	I/O CHCK	I/O 通道检验
A2～A9	D7～D0	数据通信
A10	I/O CHRDY	I/O 通道就绪
A11	AEN	地址允许脉冲
A12～A31	A19～A0	地址信号

引脚	信号	说明
B1、B10、B31、B18	GND	地
B2	RESET	复位信号
B3、B29、B16	+5V	电源
B4、B21~B25	IRQ9、IRQ7~IRQ3	中断请求信号
B5	-5V	电源
B6、B16、B18	DRQ2、DRQ3、DRQ1	DMA 请求信号
B7	-12V	电源
B8	OWS	零等待状态信号
B9	+12V	电源
B11	MEMV	存储器写指令
B12	MEMR	存储器读指令
B13	LOW	I/O 写指令
B14	LOR	I/O 读指令
B15、B17、B26	DACK3、DACK1、DACK2	DMA 响应信号
B19	REFRESH	刷新脉冲
B20	CLK	系统时钟
B27	T/C	结束记数信号
B28	ALE	地址锁存允许信号
B30	OSC	基本时钟
C1	SBHE	高字节允许信号
C2~C8	LB23~LB17	7 条高位地址总线
C9	SMEMR	内存读信号
C10	SMEMW	内存写信号
C11~C18	SD08~SD15	8 条高位数据总线
D1	MEMCS16	16 位存储器选择信号
D2	I/OCS16	16 位端口选择信号
D3~D5、D6~D7	IRQ10~IRQ12、IRQ14~IRQ15	中断请求
D8、D10、D12、D14	DACK0、DACK5~DACK7	DMA 响应信号
D9、D11、D13、D15	DRQ0、DRQ5~DRQ7	DMA 请求信号
D17	MASTER	主控信号

2. EISA 总线

EISA（Extended Industry Standard Architecture，扩展工业标准结构）是 EISA 集团为配合 32 位 CPU 而设计的总线扩展标准。它吸收了 IBM 微通道总线的精华，并且兼容 ISA 总线。EISA 总线是以 Compaq、AST、Zenith、Tandy 等公司为代表的几个公司，为解决瓶颈现象，针对 486 微机而设计的。它是在原 AT 总线的基础上进行扩展构成的。由原来 AT 总线的 98 个引脚扩展到 198 个引脚，与原 ISA 总线完全兼容。由 16 位数据总线扩展成 32 位总线体系结构。

它从 CPU 中分离出了总线控制权，是一种具有智能化的总线，支持多总线主控和突发传输方式。

EISA 总线的主要特点：

（1）最大时钟频率为 8.33MHz；

（2）具有分立的数据线和地址线；

（3）32 位数据线，具有 8 位、16 位、32 位数据传输能力，最大数据传输率为 33MB/s；

（4）地址线的宽度为 32 位，所以寻址能力达 232 B=4GB 。

6.4.2 PCI 和 AGP 总线

1. PCI 总线

CPU 的飞速发展，ISA/EISA 逐渐跟不上时代的步伐，造成硬盘、显示卡还有其他的外围设备只能通过慢速并且狭窄的瓶颈来发送和接收数据，使得整机的性能受到严重的影响。为了解决这个问题，1992 年 Intel 公司在发布 486 处理器的时候，也同时提出了 32 位的 PCI（周边组件互连）总线。PCI（Peripheral Component Interconnect）总线是一种高性能的 32 位局部总线，是 Intel 公司在 1991 年提出，后来与 IBM 、Compaq、HP 等公司联合成立 PCI 集团，从创立规范到如今，PCI 总线已成为了计算机的一种标准总线。由 PCI 总线构成的标准系统结构如图 6-9 所示。

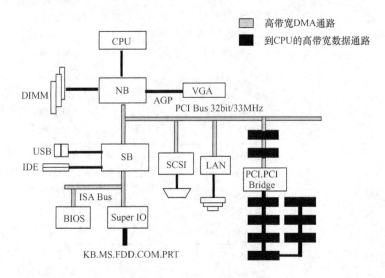

图 6-9　PCI 系统结构

PCI 是一种高带宽、独立于处理器的总线。主要用于高速外围设备的 I/O 接口和主机相连。PCI 总线的主要特点：

（1）采用时钟同步方式，总线时钟频率为 33MHz 或 66MHz，与 CPU 及时钟频率无关。

（2）数据线宽度为 32 位，可扩充到 64 位。

（3）PCI 总线支持无限突发传输方式和并发工作，即挂接在 PCI 总线上的外围设备能与 CPU 并发工作。

（4）最大数据传输率 133MB/s。

（5）能自动识别外围设备。

PCI 总线不同于 ISA 总线，PCI 总线的地址总线与数据总线是分时复用的。这样做的好处是，一方面可以节省接插件的引脚数，另一方面便于实现突发数据传输。在做数据传输时，由一个 PCI 设备做"发起者"（主控, Initiator 或 Master），而另一个 PCI 设备做目标（从设备, Target 或 Slave）。总线上的所有时序的产生与控制，都由 Master 来发起。PCI 总线在同一时刻只能供一对设备完成传输，这就要求有一个 "仲裁机构"（Arbiter），来决定谁有权力得到总线的主控权。

32 位 PCI 系统的引脚按功能来分有以下几类：

系统控制：

CLK——PCI 时钟，上升沿有效；

RST，Reset 信号。

传输控制：

FRAME#——标志传输开始与结束；

IRDY#——Master 可以传输数据的标志；

DEVSEL#——当 Slave 发现自己被寻址时置低应答；

TRDY#——Slave 可以传输数据的标志；

STOP#——Slave 主动结束传输数据的信号；

IDSEL——在即插即用系统启动时用于选中板卡的信号。

地址与数据总线：

AD[31::0]——地址/数据分时复用总线；

C/BE#[3::0]——命令/字节使能信号；

PA R——奇偶校验信号。

仲裁号：

REQ#——Master 用来请求总线使用权的信号；

GNT#——Arbiter 允许 Master 得到总线使用权的信号。

错误报告：

PERR#——数据奇偶校验错；

SERR#——系统奇偶校验错。

当 PCI 总线进行操作时，"发起者"（Master）先置 REQ#，当得到"仲裁机构"（Arbiter）的许可时（GNT#），会将 FRAME#置低，并在 AD 总线上放置 Slave 地址，同时 C/BE#放置命令信号，说明接下来的传输类型。所有 PCI 总线上设备都需对此地址译码，被选中的设备要置 DEVSEL#以声明自己被选中。然后当 IRDY#与 TRDY#都置低时，可以传输数据。当 Master 数据传输结束前，将 FRAME#置高以表明只剩最后一组数据要传输，并在传完数据后放开 IRDY#以释放总线控制权。

PCI 总线的传输是很高效的，发出一组地址后，理想状态下可以连续发数据，峰值速率为132MB/s。实际上，目前流行的 33M@32bit 北桥芯片一般可以做到。

2．AGP 总线

AGP 是加速图像接口（Accelerated Graphics Port），是英特尔推出的一种 3D 标准图像接口，它能够提供四倍于 PCI 的效率。

随着多媒体计算机的普及，对三维技术的应用也越来越广。处理三维数据不仅要求有惊人的数据量，而且要求有更宽广的数据传输带宽。例如，对于 640 像素×480 像素的分辨率而言，以每秒 75 次画面更新率计算，要求全部的数据带宽达 370MB/s；若分辨率提高到 800 像素×600 像素时，总线带宽高达 580MB/s。因此 PCI 总线成为传输瓶颈。为了解决此问题，Intel 于 1996 年 7月推出了 AGP，这是显示卡专用的局部总线，基于 PCI2.1 版规范并进行扩充修改而成，它采用点对点通道方式。以 66.7MHz 的频率直接与主存联系，以主存作为帧缓冲器，实现了高速缓冲。最大数据传输率（数据宽带为 32 位）为 266MB/s，是传统 PCI 总线带宽的 2 倍。AGP 还定义了一种"双激励的传输技术，能在一个时钟的上、下沿双向传输数据，这样 AGP 实现了传输频率66.7MHz×2，即 133MHz，最大数据传输率可增为 533MB/s。后来又依次推出了 AGP2X、AGP4X、AGP8X 多个版本，数据传输速率可达 2.1GB/s。

6.4.3 USB 总线

USB 总线为通用串行总线，USB 接口位于 PS/2 接口和串并口之间，允许外设在开机状态下热插拔，最多可串接下来 127 个外设，传输速率可达 480Mb/s，它可以向低压设备提供 5 伏电源，同时可以减少 PC 机 I/O 接口数量。

通用串行总线 USB（Universal Serial Bus）是由 Intel、 Compaq、Digital、IBM、Microsoft、NEC、Northern Telecom7 家世界著名的计算机和通信公司共同推出的一种新型接口标准。它基于通用连接技术，实现外设的简单快速连接，达到方便用户、降低成本、扩展 PC 连接外设范围的目的。它可以为外设提供电源，而不像普通的使用串、并口的设备需要单独的供电系统。另外，快速是 USB 技术的突出特点之一，USB 的最高传输率可达 12Mb/s，比串口快 100 倍，比并口快近 10 倍，而且 USB 还能支持多媒体。

6.4.4 其他类型的总线

1. I2C 总线

I2C（Inter – Integrated Circuit）总线是由 PHILIPS 公司开发的两线式串行总线，用于连接微控制器及其外围设备。是微电子通信控制领域广泛采用的一种总线标准。它是同步通信的一种特殊形式，具有接口线少、控制方式简单、器件封装形式小、通信速率较高等优点。

I2C 总线支持任何 IC 生产过程（NMOS CMOS、双极性）。两线——串行数据（SDA）和串行时钟 （SCL）线在连接到总线的器件间传递信息。每个器件都有一个唯一的地址识别（无论是微控制器——MCU、LCD 驱动器、存储器或键盘接口），而且都可以作为一个发送器或接收器（由器件的功能决定）。很明显，LCD 驱动器只是一个接收器，而存储器则既可以接收又可以发送数据。除了发送器和接收器外器件在执行数 据传输时也可以被看作是主机或从机。主机是初始化总线的数据传输并产生允许传输的时钟信号 的器件。此时，任何被寻址的器件都被认为是从机。

2. CAN 总线

CAN，全称为"Controller Area Network"，即控制器局域网，是国际上应用最广泛的现场总线之一。起先，CAN 被设计作为汽车环境中的微控制器通信，在车载各电子控制装置 ECU 之间交换信息，形成汽车电子控制网络。例如，发动机管理系统、变速箱控制器、仪表装备、电子主干系统中，均嵌入 CAN 控制装置。CAN 是一种多主方式的串行通讯总线，基本设计规范要求有高的位速率，高抗电磁干扰性，而且能够检测出产生的任何错误。当信号传输距离达到 10km 时，CAN 仍可提供高达 50Kbit/s 的数据传输速率。为促进 CAN 以及 CAN 协议的发展，1992 在欧洲成立了 CiA（CAN in Automation）。在 CiA 的努力推广下，CAN 技术在汽车电控制系统、电梯控制系统、安全监控系统、医疗仪器、纺织机械、船舶运输等方面均得到了广泛的应用。现已有 400 多家公司加入了 CiA，CiA 已经为全球应用 CAN 技术的权威。

CAN 的主要特性：

（1）低成本；

（2）极高的总线利用率；

（3）很远的数据传输距离（长达 10km）；

（4）高速的数据传输速率（高达 1Mbit/s）；

（5）可根据报文的 ID 决定接收或屏蔽该报文；

（6）可靠的错误处理和检错机制；

（7）发送的信息遭到破坏后，可自动重发；

（8）节点在错误严重的情况下具有自动退出总线的功能；

（9）报文不包含源地址或目标地址，仅用标志符来指示功能信息、优先级信息。

6.5 小 结

总线是连接计算机系统中各个部件的信息传输通道，是各个部件共享的传输介质。计算机工作过程中，各个部件之间就是依靠总线互相传输信息，按照分类方法不同，计算机总线的类别就会不同。总线的通信方式按照不同的分类方法可以分为同步和异步，也可以分为串行和并行。总线的控制则可分为集中式和分散式。计算机系统中常用的总线主要有 ISA 总线、EISA 总线、PCI 总线等。

习 题 6

（一）基础题

1. 什么是总线？总线传输有何特点？为了减轻总线负载，总线上的部件应具备什么特点？

2. 为什么要设置总线判优控制？常见的集中式总线控制有几种？各有何特点？哪种方式响应时间最快？哪种方式对电路故障最敏感？

3. 解释下列概念：总线宽度、总线带宽、总线复用、总线的主设备（或主模块）、总线的从设备（或从模块）、总线的传输周期和总线的通信控制。

4. 试比较同步通信和异步通信。

5. 为什么说半同步通信同时保留了同步通信和异步通信的特点？

6. 为什么要设置总线标准？你知道目前流行的总线标准有哪些？什么叫 plug and play？哪些总线有这一特点？

7. 画一个具有双向传输功能的总线逻辑图。

8. 设数据总线上接有 A、B、C、D 四个寄存器，要求选用合适的 74 系列芯片，完成下列逻辑设计：

（1）设计一个电路，在同一时间实现 D→A、D→B 和 D→C 寄存器间的传送；

（2）设计一个电路，实现下列操作：

T0 时刻完成 D→总线；

T1 时刻完成总线→A；

T2 时刻完成 A→总线；

T3 时刻完成总线→B。

（二）提高题

一、单项选择题

1.【2011 年计算机联考真题】在系统总线的数据线上，不可能传输的是（ ）。

　　A. 指令　　　　B. 操作数　　　C. 握手（应答）信号　　　D. 中断类信号

2.【2009 年计算机联考真题】假设某系统总线在一个总线周期中并行传输 8 字节信息，一个总线周期占用 2 个时钟周期，总线时钟频率为 10MHz，则总线带宽是（　　　）。

 A．10MB/s   B．20MB/s   C．40MB/s   D．80MB/s

3．【2010 年计算机联考真题】下列选项中的英文缩写均为总线标准的是（　　　）。

 A．PCI、CRT、USB、EISA   B．ISA、CPI、VESA、EISA

 C．ISA、SCSI、RAM、MIPS   D．ISA、EISA、PCI、PCI-Express

4．为了对 n 个设备使用总线的请求进行仲裁，在独立请求方式中需要使用的控制线数量约为（　　　）。

 A．n B．3   C．$\lceil \log_2 n \rceil$ D．$2n+1$

5．关于总线的叙述，以下正确的是（　　　）。

 Ⅰ．总线忙信号由总线控制器建立

 Ⅱ．计数器定时查询方式不需要总线同意信号

 Ⅲ．链式查询方式、计数器查询方式、独立请求方式所需控制线路由少到多排序是：链式查询方式、独立请求方式、计数器查询方式

 A．Ⅰ、Ⅲ   B．Ⅱ、Ⅲ   C．只有Ⅲ   D．只有Ⅱ

二、综合应用题

1．某总线的时钟频率为 66MHz，在一个 64 位总线中，总线数据传输的周期是 7 个时钟周期传输 6 个字的数据块。

1）总线的数据传输率是多少？

2）如果不改变数据块的大小，而是将时钟频率减半，这时总线的数据传输率是多少？

2．某总线支持二级 Cache 块传输方式，若每块 6 个字，每个字长 4 字节，时钟频率为 100MHz。

1）当读操作时，第一个时钟周期接收地址，第二、三个为延时周期，另用 4 个周期传送一个块，读操作的总线传输率为多少？

2）当写操作时，第一个时钟周期接收地址，第二个为延时周期，另用 4 个周期传送一个块，写操作的总线传输率是多少？

3）设在全部的传输中，70%用于读，30%用于写，则该总线在本次传输中平均传输率是多少？

3．在异步串行传输方式下，起始位为 1 位，数据位为 7 位，偶校验位为 1 位，停止位为 1 位，如果波特率为 1200bit/s，求这时的有效数据传输率为多少？

第7章
输入与输出系统

输入/输出系统是计算机系统中的主机与外部进行通信的系统。它由外围设备和输入/输出控制系统两部分组成，是计算机系统的重要组成部分。外围设备包括输入设备、输出设备和磁盘存储器、磁带存储器、光盘存储器等。从某种意义上也可以把磁盘、磁带和光盘等设备看成一种输入/输出设备，所以输入/输出设备与外围设备这两个名词经常是通用的。在计算机系统中，通常把处理机和主存储器之外的部分称为输入/输出系统，输入/输出系统的特点是异步性、实时性和设备无关性。

本章主要介绍程序查询及中断，存储器的直接存取方式，通道方式，输入与输出设备简介和 I/O 接口。

7.1　输入与输出系统简介

输入/输出设备同 CPU 在信息传输速率上相差很大。如果把高速工作的主机和不同速度工作的外围设备相连接，保证主机与外围设备在时间上同步，要讨论外围设备的定时问题。输入/输出设备同 CPU 交换数据时的输入和输出过程如下：

输入过程：

（1）CPU 把一个地址值放在地址总线上，这一步将选择某一输入设备；

（2）CPU 等候输入设备的数据成为有效；

（3）CPU 从数据总线读入数据，并放在一个相应的寄存器中。

输出过程：

（1）CPU 把一个地址值放在地址总线上，选择输出设备；

（2）CPU 把数据放在数据总线上；

（3）输出设备认为数据有效，从而把数据取走。

由于输入/输出设备本身的速度差异很大，因此，对于不同速度的外围设备，需要有不同的定时方式，总的来说，CPU 与外围设备之间的定时，有以下三种情况。

（1）速度极慢或简单的外围设备　对这类设备，如机械开关、显示二极管等，CPU 总是能足够快地作出响应。换句话说，对机械开关来讲，CPU 可以认为输入的数据一直有效，因为机械开关的动作相对 CPU 的速度来讲是非常慢的，对显示二极管来讲，CPU 可以认为输出一定准备就绪，因为只要给出数据，显示二极管就能进行显示，所以，在这种情况下，CPU 只要接收或发送数据就可以了。

（2）慢速或中速的外围设备　由于这类设备的速度和 CPU 的速度并不在一个数量级，或者由于设备（如键盘）本身是在不规则时间间隔下操作的，因此，CPU 与这类设备之间的数据交换通常采用异步定时方式。

如果 CPU 从外设接收一个字，则它首先询问外设的状态，如果该外设的状态标志表明设备已"准备就绪"，那么 CPU 就从总线上接收数据。CPU 在接收数据以后，发出输入响应信号，告诉外设已经把数据总线上的数据取走。然后，外设把"准备就绪"的状态标志复位，并准备下一个字的交换。如果 CPU 起先询问外设时，外设没有"准备就绪"，那么它就发出表示外设"忙"的标志。于是，CPU 将进入一个循环程序中等待，并在每次循环中询问外设的状态，一直到外设发出"准备就绪"信号以后，才从外设接收数据。CPU 发送数据的情况也与上述情况相似，外设先发出请求输出信号，而后，CPU 询问外设是否准备就绪。如果外设已准备就绪，CPU 便发出准备就绪信号，并送出数据。外设接收数据以后，将向 CPU 发出"数据已经取走"的通知。通常，把这种在 CPU 和外设间用问答信号进行定时的方式叫做应答式数据交换。

（3）高速的外围设备　由于这类外设是以相等的时间间隔操作的，而 CPU 也是以等间隔的速率执行输入/输出指令的，因此，这种方式叫做同步定时方式。一旦 CPU 和外设发生同步，它们之间的数据交换便靠时钟脉冲控制来进行。

7.2　程序查询及中断

本节主要介绍程序查询方式、程序中断及其处理。程序查询方式和程序中断方式适用于数据传输率比较低的外围设备，而存储器直接存取方式（DMA）、通道方式和外围处理机（PPU）方式适用于数据传输率比较高的设备。在单片机和微型机中多采用程序查询方式、程序中断方式和 DMA 方式。通道方式和 PPU 方式大都用在中、大型计算机中。

7.2.1　程序查询方式

程序查询方式一般采用状态驱动方式。传送时，CPU 首先通过接口将命令字发给外围设备，启动外围设备工作。接着 CPU 等待外围设备完成接收或发送数据的准备工作。在等待时间内，CPU 不断地用一条测试指令测试外围设备的状态。一旦 CPU 检测到外围设备处于"就绪"状态，就可以进行数据传送。程序查询方式的工作流程如图 7-1 所示。

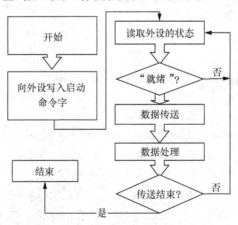

图 7-1　程序查询方式的工作流程图

从程序查询方式的工作流程可以看出，CPU 和外围设备之间的同步控制由程序中的指令来实现，因此硬件接口电路简单。由于外围设备的工作速度往往比 CPU 慢得多，CPU 要花很多时间在等待外围设备准备数据，而不能执行其他的操作，所以整机的工作效率较低。在实际的一个计算机系统中，往往有多台外围设备。在这种情况下，CPU 在执行程序的过程中可周期性地调用各外围设备的"询问"子程序，依次"询问"各个外围设备的"状态"。如果某个外围设备状态就绪，则转去执行这个外围设备的服务子程序；如果某个外围设备未准备就绪，则依次测试下一个外围设备，如图 7-2 给出了一种典型的询问程序的流程图。

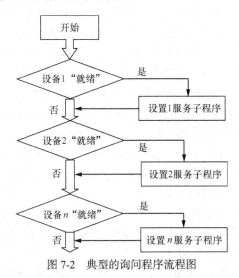

图 7-2　典型的询问程序流程图

设备服务子程序的主要功能如下：

（1）实现数据传送。在数据输入时，由输入指令将设备的数据传送到 CPU 的某寄存器中，再由访存指令把寄存器中数据存入内存某单元；在数据输出时，先由访存指令把内存单元的数据读入到 CPU 的寄存器中，再由输出指令将寄存器中的数据送至外围设备。

（2）修改内存地址，为下一个数据传送做好准备。

（3）修改传送字节数，以便确定数据块传送是否完成。

某外围设备的服务子程序执行完以后，接着查询下一个外围设备，被查询的外围设备的先后次序由询问程序确定。在图 7-2 中查询次序为 1，2，…，n。一般来说，CPU 总是先查询数据传输率高的外围设备，然后再查询数据传输率低的外围设备。

7.2.2　程序中断简介

在程序查询方式下，CPU 根据事先设定好的程序，按先后次序定时查询外围设备的状态，外围设备处于"被动"的地位。显然，在这种方式下，无论外围设备是否需要 CPU 提供的服务，CPU 都要通过执行询问程序才能最终确定。因此，这种方式效率较低。

"中断"是由外围设备或其他急需处理的事件引起的，外围设备处于"主动"的地位。"中断"使 CPU 将正在执行的程序暂停，然后转至另一服务程序去处理这一事件，待事件处理完毕后返回原程序继续执行。例如，现有 1 号、2 号、3 号外围设备处于中断工作方式，它们分别在时刻 t1、t2 和 t3 向 CPU 请求服务，其示意图如图 7-3 所示。

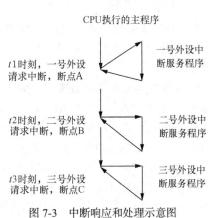

图 7-3　中断响应和处理示意图

为了进一步了解中断的概念，在此对图 7-3 所示的中断响应和处理过程做简单的说明。主程序按预先编制的程序顺序执行。在 $t1$ 时刻，1 号外围设备准备就绪，需要 CPU 为其服务，向 CPU 请求中断。这时，CPU 要暂停主程序的执行，转去为 1 号外围设备服务。因此，在 $t1$ 时刻，主程序产生一个"断点"（断点 A）。CPU 为 1 号外围设备服务的方式是执行预先编制的 1 号外围设备中断服务程序。待 1 号中断服务结束，即 1 号中断服务程序执行完毕后，CPU 返回"断点"处继续处理主程序的执行。在 $t2$ 时刻，2 号外围设备请求中断，产生断点 B，CPU 转去为 2 号外围设备服务，执行 2 号外围设备中断服务。2 号外围设备中断服务程序执行完毕后，返回断点 B 继续执行主程序。在 $t3$ 时刻，3 号外围设备请求中断，这时产生断点 C，CPU 转去执行 3 号外围设备的中断服务程序。为 3 号外围设备服务结束后，返回断点 C 执行主程序。

中断系统在计算机系统中的作用大概有以下 5 个方面：

（1）实现 CPU 和外围设备并行工作。现代的外围设备，大多是由微处理机控制工作的，因此，当 CPU 和外围设备之间不需要交换数据时，它们可以同时工作。只有当它们之间有数据要交换时，外围设备向 CPU 请求中断，CPU 中断正在执行的程序，转而执行中断服务程序。待中断服务程序执行完毕后，CPU 从断点处继续执行被中断程序，这时，CPU 和外围设备又可并行工作。中断系统是外围设备和 CPU 联系的必要手段。

（2）实现分时操作。中断系统是变更程序执行流程的有效手段，在多道程序工作的计算机系统中，CPU 执行的程序可以通过定时中断在各通道程序之间切换，实现分时操作。对多道程序和分时操作的选择，没有中断系统是不可能的。

（3）监督现行程序，提高系统处理故障的能力，增强系统的可靠性。当处理机发生运算溢出，非法操作码等程序性错误或机器故障时，就可以通过中断系统暂停现行程序的执行，保留现场，转入响应的中断服务程序，对错误或故障进行处理。

（4）实现实时处理。所谓实时处理，是指某个事件或现象出现时能及时地处理，而不是集中起来进行批处理。由于实时信息是随机的，只有通过中断系统及时响应和处理，才能避免信息的丢失和错误的操作。

（5）实现人机交换。在计算机工作过程中，人要随机地干预机器，了解机器的工作状态，给机器下达临时性的命令等。在没有中断系统的计算机中，这些功能几乎是无法实现的。利用中断系统实现人机交换很方便、很有效。

总之，中断系统在计算机中具有很重要的作用。中断系统和操作系统是密切相关的。在很多方面，操作系统是借助中断系统来控制和管理计算机系统的。

7.2.3　程序中断处理

CPU 从接收中断请求信号到中断服务结束，可分为两个阶段：一是中断响应，二是中断处理。

中断响应阶段主要解决三个问题：一是正确地找到对应的中断服务程序的入口地址，二是为中断返回做好准备，三是保证中断响应的完整性。整个中断响应过程如图 7-4 所示。

在一个计算机系统中，存在着多个中断源，每个中断源有其对应的中断服务程序的入口地址。在中断响应过程中，必须能识别当前请求

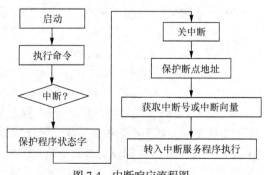

图 7-4　中断响应流程图

的中断的中断源,即 CPU 必须知道对应中断的中断号或中断向量。CPU 可以根据中断号或中断向量找到中断服务程序的入口地址,将此地址赋予程序计数器,即可跳转到中断服务程序的入口处,从而开始执行中断服务程序。中断号或中断向量一般存放在对应中断源的接口电路中。CPU 获取中断号或中断向量的方法是:在中断响应期间,CPU 往接口发送中断响应信号 INTA。接口接收到 INTA 信号后,将中断号或中断向量通过数据总线传送给 CPU。

中断服务程序结束后,必须能正确地返回到被中断的断点处继续原来程序的执行。必须正确返回的基础有两点:第一,当外围设备请求中断后,CPU 待当前基本操作结束后,才响应中断;第二,CPU 必须将当前程序计数器的值(断点地址)及 CPU 的状态(包括各种标志的程序状态字)压入堆栈保护起来,这些操作叫做现场保护。

由于中断请求是随机的,在一个中断响应过程中,可能有新的中断请求。为了不造成混乱,CPU 对新的中断请求应不予以响应。解决办法是:在中断响应期间,置 CPU 内的中断允许标志为无效状态。

中断服务程序是为外围设备编制的一个程序段。不同的外围设备,其功能要求也不同,因此,中断处理的具体内容是不同的,但中断服务程序有共同的结构,这一模式的流程图如图 7-5 所示。

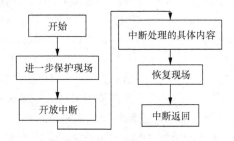

图 7-5 中断服务程序结构流程图

进入中断服务程序后,首先要进一步保护现场。因为中断的发生是随机的,虽然在中断响应期间,CPU 已经将程序计数器及程序状态字压入堆栈保护,但要使中断返回后,程序能正确地执行下去,必须将中断服务程序用到的一些寄存器的内容压入堆栈保护,以免中断服务程序修改这些现场数据。CPU 在响应中断期间,已经将中断允许标志清“0”,即 CPU 处于禁止中断状态。为了使更高的中断进入,进入中断服务程序后,需将中断允许标志置“1”,开放中断。中断服务程序的具体内容执行完成后,恢复现场,即将“进一步保护现场”时压入堆栈的内容从堆栈中弹出,传送给原来的那些寄存器,为中断返回做准备。

7.3 存储器直接存取方式

7.3.1 存储器直接存取的基本概念

直接存储器存取(DMA)方式,是一种完全由硬件控制的输入/输出工作方式,这种硬件就是 DMA 控制器。在正常工作时,CPU 是计算机系统的主控部件,所有工作周期均用于执行 CPU 的程序。在 DMA 方式下,CPU 释放总线的控制权,DMA 控制器接管总线,数据交换不经过 CPU,而直接在内存和外围设备之间进行。DMA 方式一般用于高速地传送成组数据。DMA 工作原理如图 7-6 所示。在 DMA 工作过程中,DMA 控制器将向内存发出地址和控制信号、修改内存地址、对传送的数据字进行计数,并且以中断的方式向 CPU 报告传送操作的结束。

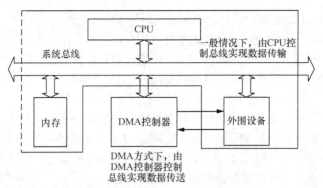

图 7-6 DMA 方式工作原理图

7.3.2 存储器直接存取的特点

DMA 传送主要用于需要高速大批量数据传送的系统中，以提高数据的吞吐量。如磁盘存取、图像处理、高速数据采集系统、同步通信中的收发信号等方面应用甚广。

DMA 传送方式的优点是以增加系统硬件的复杂性和成本为代价的，因为 DMA 方式和程序控制方式相比，是用硬件控制代替软件控制。另外，DMA 传送期间 CPU 被挂起，部分或完全失去对系统总线的控制，这可能会影响中断请求的及时响应与处理。因此在一些小系统或速度要求不高、数据传输量不大的系统中，一般并不用 DMA 方式。DMA 传送虽然脱离 CPU 的控制，但并不是说 DMA 传送不需要进行控制和管理。通常是采用 DMA 控制器来取代 CPU，负责 DMA 传送的全过程控制。目前 DMA 控制器都是可编程的大规模集成芯片，且类型很多，如 Z-80DMA，Intel8257、8237。由于 DMA 控制器是实现 DMA 传送的核心器件，对它的工作原理、外部特性以及编程使用方法等方面的学习，就成为掌握 DMA 技术的重要内容。

7.3.3 存储器直接存取的工作过程

DMA 的数据传送过程可分为两个阶段：DMA 传送前的预处理及数据传送。

1. DMA 传送预处理

DMA 传送预处理是对 DMA 控制器的初始化操作。在初始化操作时，CPU 作为主控部件，DMA 控制器作为从控设备，根据 DMA 传送要求，CPU 测试外围设备的状态，设置 DMA 初始化命令字。初始化命令字主要包括下列 6 个方面：

（1）设置 DMA 传送方式的数据传送方向，DMA 数据传送方向有 3 种选择：一是外围设备到内存的数据传送；二是内存到外围设备的数据传送；三是内存到内存的数据传送。

（2）设置 DMA 的数据传送方式。决定当前要传送的 DMA 方式是停止 CPU 访问方式、周期挪用方式，还是 DMA 控制器和 CPU 交替访问内存方式。

（3）设置 DMA 各通道的优先级。对于多个通道的 DMA 控制器来说，通过此命令决定各个通道的优先级。当两个以上的通道同时请求 DMA 传送时，DMA 控制器先响应优先级高的通道。

（4）开放或屏蔽 DMA 通道。与中断方式类似，CPU 也可以通过设置命令字开放或屏蔽某个 DMA 通道。当某个通道被屏蔽后，即使该通道有 DMA 请求，DMA 控制器也不予响应。

（5）设置 DMA 传送的字数据数。字数据数通常以补码形式设置。设置字数据数时，CPU 将实际要传送的字数据数以字计数器的长度为模取补，并将取补后的数据传送给字计数器。例如，当前要传送的字数据块的长度为 8192(2000H)，字计数器的长度为 16 位，则其补码为 57344(E000H)，CPU 将 57344 传送给字计数器。

（6）设置 DMA 传送的内存初始地址。若是内存到内存的 DMA 传送，则需两个 DMA 通道，一个 DMA 控制器通道的地址寄存器用来设置源数据区的初始地址，另一个用来设置目的数据区的初始地址。

2. 数据传送过程

在 DMA 传送过程中，DMA 控制器作为主控部件，控制总线实现数据传送。下面以外围设备向内存传送数据为例说明 DMA 的数据传送过程。

（1）外围设备向 DMA 控制器请求 DMA 传送。

（2）若该通道未被屏蔽，则 DMA 控制器进行优先级裁决。如果无更高优先级的 DMA 通道正在进行数据传送或同时请求 DMA 传送，则 DMA 控制器向 CPU 发总线请求信号。

（3）CPU 结束当前正在进行的基本操作后，释放总线的控制权，并向 DMA 控制器发一个总线响应信号。

（4）DMA 控制器接收总线响应信号后，获得总线的控制权，并将 DMA 响应信号传递给外围设备。

（5）DMA 控制器将地址寄存器的内容发往地址总线，同时发 I/O 读和存储器写等控制信号，以传送一个字数据。

（6）地址寄存器的内容加 1，字计数器的内容加 1。

（7）若为单字传送，则 DMA 过程结束。若为数据块传送，则判断字计数器是否溢出，如果未溢出，则继续第(5)步骤；若溢出，则 DMA 传送结束。

（8）若 DMA 结束，则 DMA 控制器将总线控制权交还给 CPU，CPU 继续原来的处理。内存到外围设备的 DMA 传送过程与上述类似。

7.4　通道方式

7.4.1　通道的作用和功能

在大型计算机系统中，如果仅仅采用前面介绍的程序查询、中断和 DMA 这 3 种输入/输出方式来管理外围设备，还存在以下两个问题。

（1）所有输入/输出操作都要由 CPU 控制，CPU 的负担较重，整个计算机的性能势必降低。对于低速外围设备，每传送一个字数都要由 CPU 执行程序来完成，而高速的外围设备虽然采用 DMA 方式降低了 CPU 的负担，但初始化等操作仍需 CPU 通过执行程序来完成。在大型计算机系统中，这种输入/输出操作对 CPU 的时间占用实际上是一种浪费。避免这种浪费的方法之一就是设置专用的 I/O 处理机来分担部分或大部分的输入/输出操作。

（2）大型计算机系统中外围设备虽然很多，但是一般并不同时工作。如果为每一台外围设备都配置一个接口，显然是一种浪费。采用 DMA 方式传送数据，虽然提高了输入/输出的速度，但它是以每一台外围设备都配置一个专用的 DMA 控制器为代价的。在微型或小型计算机系统中，由于外围设备的台数很少，因而采用 DMA 控制器的数量是有限的。而在大型计算机系统中，快速外围设备的数量较多，就存在着如何让 DMA 控制器能被多台外围设备共享的问题。

为了使 CPU 摆脱繁重的输入/输出操作，提高系统附加硬件的利用率，在大型计算机系统中采用通道方式传递数据是一种比较好的选择。通道处理机能够负担外围设备的大部分输入/输出工作，包括所有按字节传送方式工作的低速和中速外围设备，按数据块传送方式工作的高速外围设备。

在一台大型计算机系统中可以有多个通道，一个通道可以连接多个外围设备控制器，而一个设备控制器又可以管理一台或多台外围设备，这样就形成了非常典型的输入/输出系统的四级层次结构。

通道的基本功能是执行通道指令、组织外围设备和内存之间的数据传送、按 I/O 指令要求启动外围设备、向 CPU 报告中断等，具有以下 5 项功能。

（1）接收 CPU 的 I/O 指令，按指令要求与指定的外围设备进行通信。

（2）从内存取出属于该通道程序的通道指令，经译码后向设备控制器或外围设备发出各种命令。

（3）组织外围设备与内存之间进行数据传送，并根据需要提供数据传送的缓存空间，提高数据存入内存的地址和传送的数据量。

（4）从外围设备得到状态信息，形成并保存通道本身的状态信息，根据要求将这些状态信息送到内存的指定单元，供 CPU 使用。

（5）将外围设备的中断请求和通道本身的中断请求，按次序向 CPU 报告。

7.4.2　通道的类型

根据通道的工作方式分类，通道可分为字节多路通道、选择通道和数组多路通道。

1.　字节多路通道

字节多路通道是一种简单的共享通道，主要用于连接大量的低速设备。由于外围设备的工作速度较慢，通道在传送两个字节之间有很多空闲时间，利用这段空闲时间，字节多路通道可以为其他外围设备服务。因此，字节多路通道采用分时工作方式，依靠它与 CPU 之间的高速总线分时为多台外围设备服务。

2.　选择通道

选择通道用于连接高速的外围设备。高速外围设备需要很高的数据传输率，因此不能采用字节多路通道那样的控制方式。选择通道在物理上可以连接多台外围设备，但多台设备不能同时工作。也就是说在一段时间内，选择通道只能为一台外围设备服务，在不同的时间内可以选择不同的外围设备。一旦选中某一设备，通道就进入"忙"状态，直到该设备数据传输工作结束，才能为其他设备服务。

3.　数组多路通道

数组多路通道是字节多路通道和选择通道的结合，它的基本思想是：当某设备进行数据传输时，通道只为该设备服务；当设备在进行寻址等控制性操作时，通道暂时断开与该设备的连接，挂起该设备的通道程序，去为其他设备服务，即执行其他设备的通道程序。由于数组多路通道即保持了选择通道高速传输数据的优点，又充分利用了控制性操作的时间间隔为其他设备服务，使通道效率充分得到发挥，因此数组多路通道在实际的计算机系统中应用的最多。

7.4.3　通道的工作过程

通道的工作过程可分为启动通道、数据传输、通道程序结束 3 部分，如图 7-7 所示。

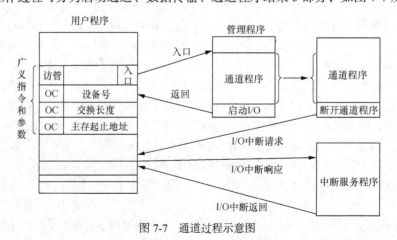

图 7-7　通道过程示意图

1）启动通道

在用户程序中使用访管指令进入管理程序，由 CPU 通过管理程序组织一个通道程序，并启动通道。

图中，广义指令由一条访管指令和若干参数组成，访管指令的地址码部分实际上是这条访管指令要调用的管理程序入口地址。当用户程序执行到要求进入输入/输出操作的访管指令时，产生自愿访管中断请求。CPU 响应这个中断请求后，转入管理程序入口。管理程序根据广义指令提供的参数，如设备号、交换长度和主存起始地址等信息来编制通道程序，在通道程序的最后，用一条启动输入/输出指令来启动通道开始工作。

2）数据传输

通道处理机执行 CPU 为它组织的通道程序，完成指定的数据输入/输出工作。

通道被启动后，CPU 就可以退出操作系统的管理程序，返回到用户程序继续执行原来的程序，而通道开始传输数据。

3）通道程序结束

当通道处理机执行完通道程序的最后一条通道指令——"断开通道指令"时，通道的数据传输工作就全部结束了。当通道程序结束后向 CPU 发出中断请求。CPU 响应这个中断请求后，第二次进入操作系统，调用管理程序对输入/输出中断进行处理。如果是正常结束，管理程序进行必要的登记等工作；如果是故障、错误等异常情况，则进行例外情况处理。然后 CPU 返回到用户程序继续执行。

这样，每完成一次输入/输出工作，CPU 只需要两次调用管理程序，大大减少了对用户程序的打扰。当系统中有多个通道同时工作时，CPU 与多种不同类型、不同工作速度的外围设备并行工作，可以充分发挥效能。

7.4.4　通道方式的发展

外围处理机（PPU）方式是通道方式的进一步发展。由于 PPU 基本上独立于主机工作，它的结构更接近一般处理机，甚至就是微小型计算机。在一些系统中，设置了多台 PPU，分别承担 I/O 控制、通信、维护诊断等任务。从某种意义上说，这种系统已变成分布式的多机系统。

7.5　输入与输出设备简介

输入设备是人或外部与计算机进行交互的一种装置，用于把原始数据和处理这些数的程序输入到计算机中。键盘、鼠标、摄像头、扫描仪、光笔、手写输入板、游戏杆、语音输入装置等都属于输入设备。计算机能够接收各种各样的数据，既可以是数值型的数据，也可以是各种非数值型的数据，如图形、图像、声音等都可以通过不同类型的输入设备输入到计算机中，进行存储、处理和输出。

输出设备（Output Device）是人与计算机交互的一种部件，用于数据的输出。它把各种计算结果数据或信息以数字、字符、图像、声音等形式表示出来。常见的有显示器、打印机、绘图仪、影像输出系统、语音输出系统、磁记录设备等。将计算机输出信息的表现形式转换成外界能接受的表现形式的设备。利用各种输出设备可将计算机的输出信息转换成印在纸上的数字、文字、符号、图形和图像等，或记录在磁盘、磁带、纸带和卡片上，或转换成模拟信号直接送给有关控制设备。有的输出设备还能将计算机的输出转换成语声。

7.5.1 输入设备简介

输入设备是向计算机输入信息的外部设备，是计算机与用户或其他设备通信的桥梁。输入设备是用户和计算机系统之间进行信息交换的主要装置之一，它将程序、数据，命令以及某些标志等信息按一定要求转换成计算机能够接收的二进制代码，并输送到计算机中进行处理的外部设备。

按输入的信息形态不同，输入设备可以分为：字符输入、图形输入、图像输入以及语音输入等。按功能和结构的不同，又可分为：键盘、鼠标、触摸屏、扫描仪、条形码扫描仪、数字化仪、数码影像输入设备、手写输入设备和语音识别器装置等。下面以上述第二种分类法介绍常用的输入设备。

（一）键盘

键盘是把一组按键按一定方式排列组合而成的输入设备，是计算机系统中最早采用人工输入方式的人机对话工具。它由按键开关、编码器、盘架和接口电路组成。工作时通过手指按下而产生相应的键开关动作，电路中产生触发电脉冲信号，控制编码器产生该键所代表的字符、数字等信息的编码，并翻译成计算机能够接收的二进制代码输入计算机中，同时在显示器屏幕上将该键所代表的信息显示出来。

（二）鼠标

鼠标，也称为鼠标器。鼠标器是一种能控制计算机 CRT 光标移动的定点输入设备，由于它的外形为一个小方盒子（或半圆形，现在已经出现了各式各样的形状），且通过一根电缆线经过接口与主机相连，像一个拖着尾巴的小老鼠，所以它的英文名叫 Mouse，中文译名叫鼠标器，或称滑鼠。第一个用于 IBM PC 机的鼠标器是 1982 年由 Mouse System 公司推出的，1983 年微软推出了它的两键 PC 机鼠标器，还配置了专门的支持软件。

根据按键数目的不同，鼠标可以分为 2 键鼠标器、3 键鼠标器和带滚轮的鼠标器，而且可以由软件定义各键的含义。根据工作原理来分又可以分为机械式鼠标和光电式鼠标。

鼠标器的一个重要参数是 DPI 值。所谓 DPI 值就是鼠标器移动时每英寸产生的点数。使用 DPI 值大的鼠标会感觉灵敏。但并不是 DPI 值越大越好，在精细作图时，DPI 值小，用鼠标作图就会更稳。

键盘和鼠标构成了计算机的基本输入设备。

（三）扫描仪

扫描仪（Scanner）是一种捕捉图像（照片、文本、图画、胶片等，甚至三维图像），并将其转化为计算机可以显示、编辑、存储和输出格式的数字化输入设备。扫描仪是一种精密的集光学、机械、电子于一身的高科技产品，是多媒体计算机的一种功能极强的输入设备。如今，扫描仪已被广泛用于各类图像处理、出版、印刷、广告制作、艺术设计、办公自动化、多媒体制作、图文数据库、图文通信、工程图纸输入等专业领域。

扫描仪的种类繁多，根据扫描仪扫描介质和用途的不同，目前市面上的扫描仪大体上分为：平板式扫描仪、名片扫描仪、胶片扫描仪、馈纸式扫描仪、文件扫描仪。除此之外还有手持式扫描仪、鼓式扫描仪、笔式扫描仪、实物扫描仪和 3D 扫描仪。

扫描仪的主要性能指标包括：分辨率、彩色深度、灰度级、扫描速度及其动态范围。

（四）数码影像输入设备

20 世纪 90 年代以来，多媒体计算机的应用日益广泛。数码摄影技术、数字视频处理技术和计算机技术的有机结合，使多媒体计算机的外部设备增添了新的一族——数码影像输入设备。其主流产品有数码相机、数码摄像机和数字摄像头 3 种。

数码相机又称数字相机。它是一种与计算机配套使用的、新型的数码影像设备。由于数码相机所获得的数字化图像可以很方便地在计算机中进行处理，所以伴随着多媒体计算机的迅速普及，数码相机也逐渐成为多媒体计算机的一种重要的输入设备。同时，数码相机技术也使传统所谓摄影技术发生了革命性变革，它不仅能够记录静止图像，而且能记录活动图像和声音，一步跨入多媒体视听领域。

数码相机的分类方法很多，各有其特点和局限性。按所采用的图像传感器分类，数码相机可以分为线阵 CCD 相机、面阵 CCD 相机和 CMOS 相机；按其对计算机的依赖程度分类，可分为脱机型相机和联机型相机；按机身结构分类，可分为简易型相机、单反型相机和后背型相机；按价格分类，可分为低档相机、中档相机和高档相机；按所采用的接口分类，可分为 PP 相机、USB 相机和 PCI 相机；按使用对象分类，可分为家用型相机、商业型相机和专业型相机。数码相机的主要性能指标包括：分辨率、彩色深度、光学镜头、镜头焦距、光圈和快门、白平衡、感光度、曝光补偿、曝光模式。

数码摄像机是一种记录声音和数码活动图像的数码视频设备。它的面世，最初是为了应用于家庭娱乐方面。由于它不仅可以记录活动图像，而且能够拍摄静态图像——相当于数码相机的功能，且记录的数字图像可以直接输入计算机进行编辑处理，从而使其应用领域大大扩展，成为多媒体计算机的一种重要的输入设备。

数字摄像头是随着互联网的发展而诞生的一种新的高科技的数码影像产品，是集灵活性、实用性和可扩展性于一身的网络视频通信产品，它用于网上传送实时影像，在网络电话和视频电子邮件中实现实时影像捕捉。其性能指标有摄像器件、像素的分辨率、压缩算法、接口方式和视频捕捉速度等。

（五）其他输入设备

数字化仪——数字化仪是将图像（胶片或像片）和图形（包括各种地图）的连续模拟量转换为离散的数字量的装置，是在专业应用领域中一种用途非常广泛的图形输入设备，是由电磁感应板、游标和相应的电子电路组成。当使用者在电磁感应板上移动游标到指定位置，并将十字叉的交点对准数字化的点位时，按动按钮，数字化仪则将此时对应的命令符号和该点的位置坐标值排列成有序的一组信息，然后通过接口（多用串行接口）传送到主计算机。再说得简单通俗一些，数字化仪就是一块超大面积的手写板，用户可以通过用专门的电磁感应压感笔或光笔在上面写或者画图形，并传输给计算机系统。不过在软件的支持上它是和手写板有很大的不同的，硬件的设计上也是各有偏重的。

数字化仪的种类较多。按测量坐标的原理不同，大体上可以分为机电式、超声波式、磁致伸缩式和电磁感应式 4 种。

其性能指标包括：分辨率、重复精度、精度、有效幅面、读取高度。

触摸屏——是一种定位设备。当用户用手指或其他设备触摸安装在计算机显示器前面的触摸屏时，所摸到的位置被触摸屏控制器测到，通过串行口或者其他接口送到 CPU，从而确定用户所输入的信息。

触摸屏有很多种类，按安装方式分可以分为外挂式、内置式、整体式、投影仪式；按结构和技术分类可以分为红外技术触摸屏、电容技术触摸屏、电阻技术触摸屏、表面声波触摸屏、压感触摸屏、电磁感应触摸屏。

其性能指标包括：清晰度、反光性、透光率、最大分辨率、压力轴响应、漂移、反应速度、光干扰、电磁场干扰、防刮擦、色彩失真、寿命。

笔输入设备——笔输入设备主要有手写板、手写笔。手写板和手写笔大多是配套使用的，从技术角度说，更为重要的是手写板的性能。目前有电阻压力式手写板、电磁式感应板和近期发展的电容式触摸板。

7.5.2　输出设备简介

输出设备（Output Device）通常用于数据的输出，包括显示设备、打印机和绘图仪等。

（一）显示设备

显示设备，是多媒体计算机系统中实现人机交互的实时监视的外部设备，是计算机不可缺少的输出设备。

显示设备主要由显示器和显示适配器（显示卡）组成。它的功能是能够在显示器的屏幕上迅速显示计算机的信息，并允许人们再利用键盘把数据和指令送入计算机时，通过计算机的硬件和软件功能，方便地对所显示的内容进行增删和修改。因此，显示设备也是实现人机对话的重要工具之一。多媒体计算机系统中的显示设备，按显示对象分类，可分为字符显示、图形显示和图像显示。若按显示器件分类，可分为阴极射线管（CRT）、等离子显示板（PDP）、发光二极管（LED）、场致发光板和液晶显示（LCD）等。

显示器的主要性能指标有点距、水平扫描频率、垂直扫描频率、带宽、分辨率、数字信号输入、模拟信号输入、兼容性、隔行及逐行扫描、认证、屏幕尺寸、可视面积和可视区尺寸、屏幕形状、能源消耗、屏幕控制。

显示适配器——现在流行叫显卡，因为显卡在如今多媒体处理中扮演着相当重要的角色，所以做点详细的介绍。显卡全称显示接口卡（Video card，Graphics card），是个人电脑最基本组成部分之一。显卡的用途是将计算机系统所需要的显示信息进行转换驱动，并向显示器提供行扫描信号，控制显示器的正确显示，是连接显示器和个人电脑主板的重要元件，是"人机对话"的重要设备之一。显卡作为电脑主机里的一个重要组成部分，承担输出显示图形的任务，对于从事专业图形设计的人来说显卡非常重要。民用显卡图形芯片供应商主要包括 AMD（ATI）和 Nvidia（英伟达）两家。显卡通常由总线接口、PCB 板、显示芯片、显存、RAMDAC、VGA BIOS、VGA 功能插针、VGA 插座及其他外围组件构成，现在的显卡大多还具有 DVI 显示器接口或者 HDMI 接口及 S-Video 端子接口。

（二）打印机

打印机（Printer）或称作列印机，是一种电脑输出设备，可以将电脑内储存的数据按照文字或图形的方式永久地输出到纸张或者透明胶片上。它可以按多种分类方法分类，按打印的实现方法分类，可以分为击打式和非击打式；按输出方式分，可以分为字符式、行式和页式；按工作原理可以分为机电式、激光式、喷墨式、热感应式和静电式。目前市场上的主流产品是针式打印机、喷墨打印机和激光打印机。

（三）绘图仪

绘图仪是计算机用来绘制图形的输出设备，又称绘图机。它在 CAD 和 CAM 领域中得到广泛引用。绘图仪既可以绘制图形，也可以输出图像。

目前，市场上的绘图仪的种类繁多，性能各异。一般地，绘图仪可以按不同的方法进行分类：按有无绘图笔划分可以分为矢量绘图仪和点阵绘图仪；按驱动方式划分，有步进电机驱动、伺服电机驱动、直线电机驱动、平面电机驱动等类型；按色彩划分有单色和彩色；按绘图的幅面尺寸分为大、中、小型绘图仪。其主要性能指标有:有效幅面尺寸、速度和加速时间、精度、脉冲当量。由于我们使用较少，所以不做过多介绍。

7.6　I/O 接口

I/O 接口（I/O 控制器）是主机和外设之间的交接界面，通过接口可以实现主机和外设之间的信息交换。主机和外设具有各自的工作特点，他们在信息形式和工作速度上具有很大的差异。接口正是为了解决这些差异而设置的。

1．I/O 接口的功能

I/O 接口的主要功能如下:

1）实现主机和外设之间的通信联络控制

解决主机和外设之间的时序配合问题。协调不同工作速度的外设和主机之间交换信息，以保证整个计算机系统能够统一、协调地工作。

2）进行地址译码和设备选择

当 CPU 送来选择外设的地址码后，接口必须对地址进行译码以产生设备选择信息，使主机能和指定外设交换信息。

3）实现数据缓冲

CPU 与外设之间的速度往往不匹配，为消除速度差异，接口必须设置数据缓冲寄存器，用于数据的暂存，以避免因速度不一样而丢失数据。

4）信号格式的转换

外设与主机两者的电平、数据格式都可能存在差异，接口应提供计算机与外设的信号格式的转换功能，如电平转换等。

5）传送控制命令和状态信息

当 CPU 要启动某一外设时，通过接口中的命令寄存器向外设发出启动命令。当外设准备就绪时，则将"准备好"状态信息送回接口中的状态寄存器，并反馈给 CPU。当外设向 CPU 提出中断请求和 DMA 请求时，CPU 也应有相应的响应信号反馈给外设。

2．接口与端口

CPU 同外设之间的信息传送实质是对接口中某些寄存器（即端口）进行读或写，如传送数据是对数据端口进行读或写操作。

内部接口：内部接口与系统总线相连，实质上是与内存、CPU 相连。数据的传输方式只能是并行传输。

外部接口：外部接口通过接口电缆与外设相连，外部接口的数据传输方式只能是串行传输方式，因此 I/O 接口需要具有并/串转换功能。

接口与端口是两个不同的概念，端口是指接口电路中可以进行读/写的寄存器，若干个端口加上相应的控制逻辑才可以组成接口。

3．I/O 接口的类型

从不同角度看，I/O 接口可分为不同的类型。

1）按数据传送方式可分为并行接口（一个字节或一个字所有位同时传送）和串行接口（一位一位地传送），接口要完成数据格式的转换（这里所说的数据传送方式是指外设和接口一侧的传送方式，而主机与接口一侧，数据总是并行传送的）。

2）按主机访问 I/O 设备的控制方式可分为程序查询接口、中断接口和 DMA 接口等。

3）按功能选择的灵活性可分为可编程接口和不可编程接口。

4. I/O 端口及其编址方式

I/O 端口是指接口电路中可以被 CPU 直接访问的寄存器，主要有数据端口、状态端口和控制端口，若干个端口加上相应的控制逻辑才可以组成接口。通常，CPU 能对数据端口执行读写操作，但只能对状态端口执行写操作。

I/O 端口要想能被 CPU 访问，必须要有端口地址，每一个端口都对应一个端口地址。而对 I/O 端口的编址方式有与存储器统一编址和独立编址两种。

1）统一编址，又称存储器映射方式，是指把 I/O 端口当做存储器的单元进行地址分配，这种方式 CPU 不需要设置专门的 I/O 指令，用统一的访存指令就可以访问 I/O 端口。

优点：不需要专门的访存指令，可使 CPU 访问 I/O 的操作更灵活、更方便，还可使端口有较大的编址空间。

缺点：端口占用了存储器地址，使内存容量变小，而且，利用存储器编址的 I/O 设备进行数据输入/输出操作，执行速度较慢。

2）独立编址，又称 I/O 映射方式，是指 I/O 端口地址与存储器地址无关，独立编址，CPU 需要设置专门的输入/输出指令访问端口。

优点：输入/输出指令与存储器指令有明显的区别，程序编制清晰，便于理解。

缺点：输入/输出指令少，一般只能对端口进行传送操作，尤其需要 CPU 提供存储器读/写、I/O 设备读/写两组控制信号，增加了控制的复杂性。

7.7　小　　结

输入/输出系统也许是计算机系统中最复杂多变的部分，原因是多方面的。

首先是有太多的 CPU 系列和型号，它们各自的运行速度、处理功能、接口逻辑都不相同。又有更多的外围设备，它们各自的运行原理、提供的功能、读写速度、接口逻辑更是千差万别。要把这么多不同的部件（设备）都能连接到一起，显然不是一件简单的事情，花样太多。

其次，在计算机系统中，会有许多不同的使用要求，不同的人和不同的应用场合，对算题速度、输入/输出速度、单位时间输入/输出的数据量、对随时发生事件的响应与处理的速度、对系统总体性能的要求上各不相同，差异太大。

企图用一种方式、一套办法全面解决这些问题显然是不现实的，至少从价格性能比的角度来看是不可接受的。研究人员应该在系统配置的灵活性、良好的可扩展性、硬件与软件的合理配合等多方面来解决问题。

首先，众多的部件和设备要相互连接与交换信息，建立尽可能公用的交换信息的通路是必要的，而且要提供各部件（设备）协调使用这些通路的规则，这些组成部分，在计算机内就是总线系统（Bus system），正如同在城市修筑的马路和建立的交通信号灯系统一样。

其次，要把众多不同的 CPU 与各种不同的输入/输出设备连接起来，要求二者任何一方作出修改以适应对方都是不可接受的。

最后，是如何支持多个 I/O 设备并发（同时）执行输入/输出操作，如何降低在输入/输出操作过程中对 CPU 干预的需求。与 CPU 相比，许多设备的读写速度是非常慢的，如果要求 CPU 一定等待这些设备读写完成之后才开始执行下一条指令，CPU 的大部分时间将花在等待上，系统性能会悲剧性地降低。为此，引进了程序中断方式和内存储器直接访问方式（DMA），甚至于另外配备一台小型计算机专门协助主 CPU 处理输入/输出操作，以保证主 CPU 的更强的计算能力被用到更重要的处理中。

习 题 7

（一）基础题

一、选择题

1. 主机、外设不能并行工作的方式（　　　）。

    A. 程序查询方式　　　　　B. 中断方式　　　　　C. 通道方式

2. 在单独（独立）编址下，下面的说法（　　　）是对的。

    A. 一个具体地址只能对应输入输出设备

    B. 一个具体地址只能对应内存单元

    C. 一个具体地址既可对应输入输出设备，也可对应内存单元

    D. 只对应内存单元或只对应 I/O 设备

3. 在关中断状态，不可响应的中断是（　　　）。

    A. 硬件中断　　　　　　　　B. 软件中断

    C. 可屏蔽中断　　　　　　　D. 不可屏蔽中断

4. 禁止中断的功能可由（　　　）来完成。

    A. 中断触发器　　　　　　　B. 中断允许触发器

    C. 中断屏蔽触发器　　　　　D. 中断禁止触发器

5. 在微机系统中，主机与高速硬盘进行数据交换一般用（　　　）方式。

    A. 程序中断控制　　　　　　B. DMA

    C. 程序直接控制　　　　　　D. 通道方式

6. 常用于大型计算机的控制方式是（　　　）。

    A. 程序中断控制　　　　　　B. DMA

    C. 程序直接控制　　　　　　D. 通道方式

7. DMA 数据的传送是以（　　　）为单位进行的。

    A. 字节　　　　　　　　　　B. 字

    C. 数据块　　　　　　　　　D. 位

8. DMA 是在（　　　）之间建立的直接数据通路。

    A. CPU 与外设　　　　　　　B. 主存与外设

    C. 外设与外设　　　　　　　D. CPU 与主存

9. 数组多路通道数据的传送是以（　　　）为单位进行的。

    A. 字节　　　　　　　　　　B. 字

    C. 数据块　　　　　　　　　D. 位

10. 通道是特殊的处理器，它有自己的（　　　），故并行工作能力较强。

    A. 运算器　　　　　　　　　B. 存储器

    C. 指令和程序　　　　　　　D. 以上均有

11. 下列 I/O 控制方式中，主要由程序实现的是（　　　）。

    A. PPU（外围处理机）　　　　B. 中断方式

C. DMA 方式   D. 通道方式

12. 产生中断的条件是（　　　）。

    A. 一条指令执行结束   B. 机器内部发生故障

    C. 一次 I/O 操作开始   D. 一次 DMA 操作开始

13. 在微机系统中，外设通过（　　　）与主板的系统总线相连接。

    A. 适配器   B. 设备控制器

    C. 计数器   D. 寄存器

14. 对于低速输入输出设备，应当选用的通道是（　　　）。

    A. 数组多路通道   B. 字节多路通道

    C. 选择通道   D. DMA 专用通道

二、填空题

1. 实现输入输出数据传送方式分成三种：＿＿＿＿＿、＿＿＿＿＿和程序控制方式。

2. 输入输出设备寻址方式有＿＿＿＿＿和＿＿＿＿＿。

3. CPU 响应中断时最先完成的两个步骤是＿＿＿＿＿和＿＿＿＿＿。

4. 内部中断是由＿＿＿＿＿引起的，如运算溢出等。

5. 外部中断是由＿＿＿＿＿引起的，如输入/输出设备产生的中断。

6. DMA 的含义是＿＿＿＿＿，用于解决＿＿＿＿＿。

7. DMA 数据传送过程可分为＿＿＿＿＿、数据块传送和＿＿＿＿＿三个阶段。

8. 基本 DMA 控制器主要由＿＿＿＿＿、＿＿＿＿＿、数据寄存器、控制逻辑、标志寄存器及地址译码与同步电路组成。

9. 在中断服务中，开中断的目的是允许＿＿＿＿＿。

10. 一个中断向量对应一个＿＿＿＿＿。

11. 接口收到中断响应信号 INTA 后，将＿＿＿＿＿传送给 CPU。

12. 中断屏蔽的作用有两个，即＿＿＿＿＿和＿＿＿＿＿。

13. 串行接口之所以需要串、并数据的转换电路，是因为＿＿＿＿＿。

14. CPU 响应中断时，必须先保护当前程序的断点状态，然后才能执行中断服务程序，这里的断点状态是指＿＿＿＿＿。

15. 通道是一个特殊功能的＿＿＿＿＿，它有自己的＿＿＿＿＿专门负责数据输入/输出的传送控制，CPU 只负责＿＿＿＿＿的功能。

16. CPU 对外设的控制方式按 CPU 的介入程度，从小到大为＿＿＿＿＿＿＿、＿＿＿＿＿＿＿、＿＿＿＿＿＿＿。

三、判断题

1. 所有的数据传送方式都必须由 CPU 控制实现。

2. 屏蔽所有的中断源，即为关中断。

3. 一旦中断请求出现，CPU 立即停止当前指令的执行，转去受理中断请求。

4. CPU 响应中断时，暂停运行当前程序，自动转移到中断服务程序。

5. 中断方式一般适合于随机出现的服务。

6. DMA 设备的中断级别比其他外设高，否则可能引起数据丢失。

7. CPU 在响应中断后可立即响应更高优先级的中断请求(不考虑中断优先级的动态分配)。

8. DMA 控制器和 CPU 可同时使用总线。

9. DMA 是主存与外设之间交换数据的方式，也可用于主存与主存之间的数据交换。

10. 为保证中断服务程序执行完毕以后，能正确返回到被中断的断点继续执行程序，必须进行现场保存操作。

四、计算题

1. 若输入/输出系统采用字节多路通道控制方式，共有 8 个子通道，各子通道每次传送一个字节，已知整个通道最大传送速率为 1200B/s，求每个子通道的最大传输速率是多少？若是数组多路通道，求每个子通道的最大传输速率是多少？

2. 某字节多路通道共有 6 个子通道，若通道最大传送速率为 1500B/s，求每个子通道的最大传输速率是多少？

3. 用异步方式传送 ASCII 码，数据格式为：数据位 8 位、奇校验位 1 位、停止位 1 位。当波特率为 4800b/s 时，每个字符传送的速率是多少？每个数据位的时间长度是多少？数据位的传送速率又是多少？

4. 假定某外设向 CPU 传送信息最高频率为 40K 次/秒，而相应中断处理程序的执行时间为 40μs，问该外设能否用中断方式工作？

五、简答题

程序查询方式、程序中断方式、DMA 方式各自适用的范围是什么？下面这些结论正确吗？为什么？

（1）程序中断方式能提高 CPU 利用率，所以在设置了中断方式后就没有再应用程序查询方式的必要了。

（2）DMA 方式能处理高速外部设备与主存间的数据传送，高速工作性能往往能覆盖低速工作要求，所以 DMA 方式可以完全取代程序中断方式。

（二）提高题

1.【2009 年计算机联考真题】下列选项中，能引起外部中断的事件是（　　）。
    A. 键盘输入　　　　　B. 除数为 0　　　　C. 浮点运算下溢　　　　D. 访存缺页

2.【2011 年计算机联考真题】假定不采用 Cache 和指令预取技术，且机器处于"开中断"状态。则在下列有关指令执行的叙述中，错误的是（　　）。
    A. 每个指令周期中 CPU 都至少访问内存一次
    B. 每个指令周期一定大于或等于一个 CPU 周期
    C. 空操作指令的指令周期中任何寄存器的内容都不会改变
    D. 当前程序在每条指令执行结束时都可能被外部中断打断

附　录

期末复习题（一）

一、选择题

1. 计算机系统中的存储器系统是指_____。
   A. RAM 存储器
   B. ROM 存储器
   C. 主存储器
   D. Cache、主存储器和外存储器

2. 某机字长 32 位，其中 1 位符号位，31 位表示尾数。若用定点小数表示，则最大正小数为_____。
   A. $+(1-2^{-32})$
   B. $+(1-2^{-31})$
   C. 2^{-32}
   D. 2^{-31}

3. 算术／逻辑运算单元 74181ALU 可完成_____。
   A. 16 种算术运算功能
   B. 16 种逻辑运算功能
   C. 16 种算术运算功能和 16 种逻辑运算功能
   D. 4 位乘法运算和除法运算功能

4. 存储单元是指_____。
   A. 存放一个二进制信息位的存储元
   B. 存放一个机器字的所有存储元集合
   C. 存放一个字节的所有存储元集合
   D. 存放两个字节的所有存储元集合

5. 相联存储器是按_____进行寻址的存储器。
   A. 地址方式
   B. 堆栈方式
   C. 内容指定方式
   D. 地址方式与堆栈方式

6. 变址寻址方式中，操作数的有效地址等于_____。
   A. 基址寄存器内容加上形式地址（位移量）
   B. 堆栈指示器内容加上形式地址（位移量）
   C. 变址寄存器内容加上形式地址（位移量）
   D. 程序记数器内容加上形式地址（位移量）

7. 以下叙述中正确描述的句子是：_____。
   A. 同一个 CPU 周期中，可以并行执行的微操作叫相容性微操作
   B. 同一个 CPU 周期中，不可以并行执行的微操作叫相容性微操作
   C. 同一个 CPU 周期中，可以并行执行的微操作叫相斥性微操作
   D. 同一个 CPU 周期中，不可以并行执行的微操作叫相斥性微操作

8. 计算机使用总线结构的主要优点是便于实现积木化，同时_____。

    A. 减少了信息传输量

    B. 提高了信息传输的速度

    C. 减少了信息传输线的条数

    D. 加重了 CPU 的工作量

9. 带有处理器的设备一般称为_____设备。

    A. 智能化   B. 交互式

    C. 远程通信   D. 过程控制

10. 某中断系统中，每抽取一个输入数据就要中断 CPU 一次，中断处理程序接收取样的数据，并将其保存到主存缓冲区内。该中断处理需要 X 秒。另一方面，缓冲区内每存储 N 个数据，主程序就将其取出进行处理，这种处理需要 Y 秒，因此该系统可以跟踪到每秒_____次中断请求。

    A. $N/(NX+Y)$ B. $N/(X+Y)N$

    C. $\min[1/X,1/Y]$ D. $\max[1/X,1/Y]$

二、填空题

1. 存储 A. _____并按 B. _____顺序执行，这是 C. _____型计算机的工作原理。

2. 移码表示法主要用于表示 A. _____数的阶码 E，以利于比较两个 B. _____的大小和 C. _____操作。

3. 闪速存储器能提供高性能、低功耗、高可靠性及 A. _____能力，为现有的 B. _____体系结构带来巨大变化，因此作为 C. _____用于便携式电脑中。

4. 微程序设计技术是利用 A. _____方法设计 B. _____的一门技术。具有规整性、可维护性、C. _____等一系列优点。

5. 衡量总线性能的重要指标是 A. _____，它定义为总线本身所能达到的最高 B. _____。PCI 总线的带宽可达 C. _____。

三、设机器字长 32 位，定点表示，尾数 31 位，数符 1 位，问：

（1）定点原码整数表示时，最大正数是多少？最小负数是多少？

（2）定点原码小数表示时，最大正数是多少？最小负数是多少？

四、设存储器容量为 32 字，字长 64 位，模块数 m=4，分别用顺序方式和交叉方式进行组织。存储周期 T = 200ns，数据总线宽度为 64 位，总线周期 τ=50ns。问顺序存储器和交叉存储器的带宽各是多少？

期末复习题（二）

一、选择题

1. 六七十年代，在美国的_____州，出现了一个地名叫硅谷。该地主要工业是_____，它也是_____的发源地。

    A. 马萨诸塞 ，硅矿产地，通用计算机

    B. 加利福尼亚，微电子工业，通用计算机

    C. 加利福尼亚，硅生产基地，小型计算机和微处理机

    D. 加利福尼亚，微电子工业，微处理机

2. 若浮点数用补码表示，则判断运算结果是否为规格化数的方法是_____。

    A. 阶符与数符相同为规格化数

    B. 阶符与数符相异为规格化数

    C. 数符与尾数小数点后第一位数字相异为规格化数

    D. 数符与尾数小数点后第一位数字相同为规格化数

3. 定点 16 位字长的字，采用 2 的补码形式表示时，一个字所能表示的整数范围是_____。

    A. $-2^{15} \sim +(2^{15}-1)$ B. $-(2^{15}-1) \sim +(2^{15}-1)$

    C. $-(2^{15}+1) \sim +2^{15}$ D. $-2^{15} \sim +2^{15}$

4. 某 SRAM 芯片，存储容量为 64K×16 位，该芯片的地址线和数据线数目为_____。

    A. 64, 16   B. 16, 64

    C. 64, 8   D. 16, 16

5. 交叉存储器实质上是一种_____存储器，它能_____执行_____独立的读写操作。

    A. 模块式，并行，多个   B. 模块式，串行，多个

    C. 整体式，并行，一个   D. 整体式，串行，多个

6. 用某个寄存器中操作数的寻址方式称为_____寻址。

    A. 直接   B. 间接   C. 寄存器直接   D. 寄存器间接

7. 流水 CPU 是由一系列叫做"段"的处理线路所组成，和具有 m 个并行部件的 CPU 相比，一个 m 段流水 CPU_____。

    A. 具备同等水平的吞吐能力

    B. 不具备同等水平的吞吐能力

    C. 吞吐能力大于前者的吞吐能力

    D. 吞吐能力小于前者的吞吐能力

8. 描述 PCI 总线中基本概念不正确的句子是_____。

    A. HOST 总线不仅连接主存，还可以连接多个 CPU

    B. PCI 总线体系中有三种桥，它们都是 PCI 设备

    C. 以桥连接实现的 PCI 总线结构不允许许多条总线并行工作

    D. 桥的作用可使所有的存取都按 CPU 的需要出现在总线上

9. 计算机的外围设备是指_____。

    A. 输入/输出设备

    B. 外存储器

    C. 远程通信设备

    D. 除了 CPU 和内存以外的其他设备

10. 中断向量地址是：_____。

    A. 子程序入口地址

    B. 中断服务例行程序入口地址

    C. 中断服务例行程序入口地址的指示器

    D. 中断返回地址

二、填空题

1. 为了运算器的 A. _____，采用了 B. _____进位，C. _____乘除法和流水线等并行措施。

2. 相联存储器不按地址而是按 A. _____访问的存储器，在 Cache 中用来存放 B. _____，

在虚拟存储器中用来存放 C. _____。

　　3. 硬布线控制器的设计方法是：先画出 A. _____流程图，再利用 B. _____写出综合逻辑表达式，然后用 C. _____等器件实现。

　　4. 磁表面存储器主要技术指标有 A. _____，B. _____，C. _____和数据传输率。

　　5. DMA 控制器按其 A. _____结构，分为 B. _____型和 C. _____型两种。

　　三、求证：$[X]_补 + [Y]_补 = [X + Y]_补$ 　　　　（mod　2）

　　四、某计算机字长 32 位，有 16 个通用寄存器，主存容量为 1M 字，采用单字长二地址指令，共有 64 条指令，试采用四种寻址方式（寄存器、直接、变址、相对）设计指令格式。

期末复习题（三）

一、选择题

1. 对计算机的产生有重要影响的是：_____。

　　A. 牛顿、维纳、图灵

　　B. 莱布尼兹、布尔、图灵

　　C. 巴贝奇、维纳、麦克斯韦

　　D. 莱布尼兹、布尔、克雷

2. 假定下列字符码中有奇偶校验位，但没有数据错误，采用偶校验的字符码是_____。

　　A. 11001011　　　　B. 11010110　　　　C. 11000001　　　　D. 11001001

3. 按其数据流的传递过程和控制节拍来看，阵列乘法器可认为是_____。

　　A. 全串行运算的乘法器

　　B. 全并行运算的乘法器

　　C. 串—并行运算的乘法器

　　D. 并—串型运算的乘法器

4. 某计算机字长 32 位，其存储容量为 16MB，若按双字编址，它的寻址范围是_____。

　　A. 16MB　　　　B. 2M　　　　C. 8MB　　　　D. 16M

5. 双端口存储器在_____情况下会发生读/写冲突。

　　A. 左端口与右端口的地址码不同　　　　B. 左端口与右端口的地址码相同

　　C. 左端口与右端口的数据码相同　　　　D. 左端口与右端口的数据码不同

6. 程序控制类指令的功能是_____。

　　A. 进行算术运算和逻辑运算

　　B. 进行主存与 CPU 之间的数据传送

　　C. 进行 CPU 和 I/O 设备之间的数据传送

　　D. 改变程序执行顺序

7. 由于 CPU 内部的操作速度较快，而 CPU 访问一次主存所花的时间较长，因此机器周期通常用_____来规定。

　　A. 主存中读取一个指令字的最短时间

　　B. 主存中读取一个数据字的最长时间

　　C. 主存中写入一个数据字的平均时间

　　D. 主存中读取一个数据字的平均时间

8. 系统总线中控制线的功能是_____。

    A. 提供主存、I/O 接口设备的控制信号、响应信号

    B. 提供数据信息

    C. 提供时序信号

    D. 提供主存、I/O 接口设备的响应信号

9. 具有自同步能力的记录方式是_____。

    A. NRZ_0 B. NRZ_1 C. PM   D. MFM

10. IEEE1394 的高速特性适合于新型高速硬盘和多媒体数据传送，它的数据传输率可以是_____。

    A. 100 兆位/秒   B. 200 兆位/秒

    C. 400 兆位/秒   D. 300 兆位/秒

二、填空题

1. Cache 是一种 A. _____存储器，是为了解决 CPU 和主存之间 B. _____不匹配而采用的一项重要硬件技术。现发展为多级 Cache 体系，C. _____分设体系。

2. RISC 指令系统的最大特点是：A. _____；B. _____，C. _____种类少。只有取数／存数指令访问存储器。

3. 并行处理技术已成为计算计技术发展的主流。它可贯穿于信息加工的各个步骤和阶段。概括起来，主要有三种形式 A. _____并行；B. _____并行；C. _____并行。

4. 软磁盘和硬磁盘的 A. _____原理与 B. _____方式基本相同，但在 C. _____和性能上存在较大差别。

5. 流水 CPU 是以 A. _____为原理构造的处理器，是一种非常 B. _____的并行技术。目前的 C. _____微处理器几乎无一例外地使用了流水技术。

三、CPU 执行一段程序时，Cache 完成存取的次数为 3800 次，主存完成存取的次数为 200 次，已知 Cache 存取周期为 50ns，主存为 250ns，求 Cache/主存系统的效率和平均访问时间。

四、某加法器进位链小组信号为 $C_4C_3C_2C_1$，低位来的信号为 C_0，请分别按下述两种方式写出 $C_4C_3C_2C_1$ 的逻辑表达式。

（1）串行进位方式   （2）并行进位方式

期末复习题（四）

一、选择题

1. 完整的计算机应包括_____。

    A. 运算器、存储器、控制器   B. 外部设备和主机

    C. 主机和实用程序   D. 配套的硬件设备和软件系统

2. 用 64 位字长（其中 1 位符号位）表示定点整数时，所能表示的数值范围是_____。

    A. $[0, 2^{64}-1]$ B. $[0, 2^{63}-1]$

    C. $[0, 2^{62}-1]$ D. $[0, 2^{63}]$

3. 四片 74181ALU 和 1 片 74182CLA 器件相配合，具有如下进位传递功能_____。

    A. 行波进位   B. 组内先行进位，组间先行进位

    C. 组内先行进位，组间行波进位   D. 组内行波进位，组间先行进位

4. 某机字长 32 位，存储容量为 1MB，若按字编址，它的寻址范围是_____。

    A. 1M   B. 512KB   C. 256K   D. 256KB

5. 某一 RAM 芯片，其容量为 512×8 位，包括电源和接地端，该芯片引出线的最小数目应是_____。

    A. 23   B. 25   C. 50   D. 19

6. 堆栈寻址方式中，设 A 为通用寄存器，SP 为堆栈指示器，M_{SP} 为 SP 指示器的栈顶单元，如果操作的动作是：$(A) \rightarrow M_{SP}$，$(SP) -1 \rightarrow SP$，那么出栈的动作应是_____。

    A. $(M_{SP}) \rightarrow A$，$(SP) + 1 \rightarrow SP$ B. $(SP) + 1 \rightarrow SP$，$(M_{SP}) \rightarrow A$

    C. $(SP) -1 \rightarrow SP$，$(M_{SP}) \rightarrow A$ D. $(M_{SP}) \rightarrow A$，$(SP) -1 \rightarrow SP$

7. 指令周期是指_____。

    A. CPU 从主存取出一条指令的时间

    B. CPU 执行一条指令的时间

    C. CPU 从主存取出一条指令加上 CPU 执行这条指令的时间

    D. 时钟周期时间

8. 在_____的微型计算机系统中，外设可和主存储器单元统一编址，因此可以不使用 I/O 指令。

    A. 单总线   B. 双总线   C. 三总线   D. 多总线

9. 在微型机系统中，外围设备通过_____与主板的系统总线相连接。

    A. 适配器   B. 设备控制器   C. 计数器   D. 寄存器

10. CD-ROM 光盘的标准播放时间为 60 分钟。在计算模式 1 情况下，光盘的存储容量为：_____。

    A. 601MB   B. 527MB   C. 630MB   D. 530MB

二、填空题

1. 按 IEEE764 标准，一个浮点数由 A. _____，阶码 E，尾数 m 三部分组成。其中阶码 E 的值等于指数的 B. _____加上一个固定 C. _____。

2. 存储器的技术指标有 A. _____，B. _____，C. _____和存储器带宽。

3. 指令操作码字段表征指令的 A. _____，而地址码字段指示 B. _____。微小型机多采用 C. _____混合方式的指令格式。

4. 总线有 A. _____特性，B. _____特性，电气特性，C. _____特性。

5. 不同的 CRT 显示标准所支持的最大 A. _____和 B. _____数目是 C. _____的。

三、

设有两个浮点数 $N_1 = 2^{j1} \times S_1$，$N_2 = 2^{j2} \times S_2$，其中阶码 2 位，阶符 1 位，尾数四位，数符一位。设：$j_1 = (-10)_2$，$S_1 = (+0.1001)_2$，

    $j_2 = (+10)_2$，$S_2 = (+0.1011)_2$

求：$N_1 \times N_2$，写出运算步骤及结果，积的尾数占 4 位，要规格化结果，用原码阵列乘法器求尾数之积。

四、

已知某 8 位机的主存采用半导体存储器，地址码为 18 位，若使用 $4K \times 4$ 位 RAM 芯片组成该机所允许的最大主存空间，并选用模块条的形式，问：

（1）若每个模块条为 $32K \times 8$ 位，共需几个模块条？

（2）每个模块内共有多少片 RAM 芯片？

（3）主存共需多少 RAM 芯片？CPU 如何选择各模块条？

五、

已知 X=−0.01111，Y=+0.11001，求 $[X]_补$，$[-X]_补$，$[Y]_补$，$[-Y]_补$，X+Y=？，X−Y=？

期末复习题（五）

一、选择题

1. 至今为止，计算机中的所有信息仍以二进制方式表示的理由是_____。
   A. 节约元件　　　　　　　　　　B. 运算速度快
   C. 物理器件的性能决定　　　　　　D. 信息处理方便

2. 用 32 位字长（其中 1 位符号位）表示定点小数时，所能表示的数值范围是_____。
   A. $[0, 1 - 2^{-32}]$　　　　　　　　B. $[0, 1 - 2^{-31}]$
   C. $[0, 1 - 2^{-30}]$　　　　　　　　D. $[0, 1]$

3. 已知 X 为整数，且 $[X]_{补} = 10011011$，则 X 的十进制数值是_____。
   A. +155　　　　　　　　　　　　B. −101
   C. −155　　　　　　　　　　　　D. +101

4. 主存储器是计算机系统的记忆设备，它主要用来_____。
   A. 存放数据　　　　　　　　　　B. 存放程序
   C. 存放数据和程序　　　　　　　　D. 存放微程序

5. 微型计算机系统中，操作系统保存在硬盘上，其主存储器应该采用_____。
   A. RAM　　　　　B. ROM　　　　　C. RAM 和 ROM　　　　D. CCP

6. 指令系统采用不同寻址方式的目的是_____。
   A. 实现存储程序和程序控制
   B. 缩短指令长度，扩大寻址空间，提高编程灵活性
   C. 可直接访问外存
   D. 提供扩展操作码的可能并降低指令译码的难度

7. 在 CPU 中跟踪指令后继地址的寄存器是_____。
   A. 主存地址寄存器　　　　　　　　B. 程序计数器
   C. 指令寄存器　　　　　　　　　　D. 状态条件寄存器

8. 系统总线地址的功能是_____。
   A. 选择主存单元地址
   B. 选择进行信息传输的设备
   C. 选择外存地址
   D. 指定主存和 I/O 设备接口电路的地址

9. CRT 的颜色数为 256 色，则刷新存储器每个单元的字长是_____。
   A. 256 位　　　　　B. 16 位　　　　　C. 8 位　　　　　D. 7 位

10. 采用 DMA 方式传送数据时，每传送一个数据就要用一个_____时间。
    A. 指令周期　　　　　　　　　　B. 机器周期
    C. 存储周期　　　　　　　　　　D. 总线周期

二、填空题

1. 指令格式中，地址码字段是通过 A. ＿＿＿＿＿来体现的，因为通过某种方式的变换，可以给出 B. ＿＿＿＿＿地址。常用的指令格式有零地址指令、单地址指令、C. ＿＿＿＿＿三种。

2. 双端口存储器和多模块交叉存储器属于 A. ＿＿＿＿＿存储器结构。前者采用 B. ＿＿＿＿＿技

术，后者采用 C. ＿＿＿＿＿＿＿技术。

3. 硬布线控制器的基本思想是：某一微操作控制信号是 A. ＿＿＿＿＿＿＿译码输出，B. ＿＿＿＿＿＿＿信号和 C. ＿＿＿＿＿＿＿信号的逻辑函数。

4. 当代流行的标准总线追求与 A. ＿＿＿＿＿＿＿、B. ＿＿＿＿＿＿＿、C. ＿＿＿＿＿＿＿无关的开发标准。

5. CPU 周期也称为 A. ＿＿＿＿＿＿＿；一个 CPU 周期包含若干个 B. ＿＿＿＿＿＿＿。任何一条指令的指令周期至少需要 C. ＿＿＿＿＿＿＿个 CPU 周期。

三、（9分）求证：$[x]_{补}-[y]_{补}=[x]_{补}+[-y]_{补}$

四、（9分）CPU 执行一段程序时，Cache 完成存取的次数为 5000 次，主存完成存取的次数为 200 次。已知 Cache 存取周期为 40ns，主存存取周期为 160ns。求：

1. Cache 命中率 H。
2. Cache/主存系统的访问效率 e。
3. 平均访问时间 Ta。

期末复习题（六）

一、选择题

1. 八位微型计算机中乘除法大多数用＿＿＿＿＿＿实现。
   A. 软件　　　　　B. 硬件　　　　　C. 固件　　　　　D. 专用片子

2. 在机器数＿＿＿＿＿＿中，零的表示是唯一的。
   A. 原码　　　　　B. 补码　　　　　C. 移码　　　　　D. 反码

3. 某 SRAM 芯片，其容量为 512×8 位，除电源和接地端外，该芯片引出线的最小数目应是＿＿＿＿＿＿。
   A. 23　　　　　　B. 25　　　　　　C. 50　　　　　　D. 19

4. 某机字长 32 位，存储容量 64MB，若按字编址，它的寻址范围是＿＿＿＿＿＿。
   A. 8M　　　　　　B. 16MB　　　　　C. 16MB　　　　　D. 8MB

5. 采用虚拟存储器的主要目的是＿＿＿＿＿＿。
   A. 提高主存储器的存取速度
   B. 扩大主存储器的存储空间，并能进行自动管理和调度
   C. 提高外存储器的存取速度
   D. 扩大外存储器的存储空间

6. 算术右移指令执行的操作是＿＿＿＿＿＿。
   A. 符号位填 0，并顺次右移 1 位，最低位移至进位标志位
   B. 符号位不变，并顺次右移 1 位，最低位移至进位标志位
   C. 进位标志位移至符号位，顺次右移 1 位，最低位移至进位标志位
   D. 符号位填 1，并顺次右移 1 位，最低位移至进位标志位

7. 微程序控制器中，机器指令与微指令的关系是＿＿＿＿＿＿。
   A. 每一条机器指令由一条微指令来执行
   B. 每一条机器指令由一段用微指令编成的微程序来解释执行
   C. 一段机器指令组成的程序可由一条微指令来执行
   D. 一条微指令由若干条机器指令组成

8. 同步传输之所以比异步传输具有较高的传输频率是因为同步传输_____。

    A. 不需要应答信号   B. 总线长度较短

    C. 用一个公共时钟信号进行同步   D. 各部件存取时间较为接近

9. 美国视频电子标准协会定义了一个 VGA 扩展集，将显示方式标准化，这称为著名的_____显示模式。

    A. AVGA   B. SVGA

    C. VESA   D. EGA

10. CPU 响应中断时，进入"中断周期"，采用硬件方法保护并更新程序计数器 PC 内容，而不是由软件完成，主要是为了_____。

    A. 能进入中断处理程序，并能正确返回源程序

    B. 节省主存空间

    C. 提高处理机速度

    D. 易于编制中断处理程序

二、填空题

1. 多媒体 CPU 是带有 A._____技术的处理器。它是一种 B._____技术，特别适合于 C._____处理。

2. 总线定时是总线系统的核心问题之一。为了同步主方、从方的操作，必须制订 A._____。通常采用 B._____定时和 C._____定时两种方式。

3. 通道与 CPU 分时使用 A._____，实现了 B._____内部数据处理和 C._____并行工作。

4. 2000 年超级计算机最高运算速度达到 A._____次。我国的 B._____号计算机的运算速度达到 3840 亿次，使我国成为 C._____之后，第三个拥有高速计算机的国家。

5. 一个定点数由 A._____和 B._____两部分组成。根据小数点位置不同，定点数有纯小数和 C._____两种表示方法。

三、已知：x = 0.1011，y = −0.0101，求：$\left[\frac{1}{2}x\right]_\text{补}$，$\left[\frac{1}{4}x\right]_\text{补}$，$[-x]_\text{补}$，$\left[\frac{1}{2}y\right]_\text{补}$，$\left[\frac{1}{4}y\right]_\text{补}$，$[-y]_\text{补}$，x+y=?，x−y=?

四、用 16K × 1 位的 DRAM 芯片构成 64K × 8 位的存储器。要求：

（1）画出该芯片组成的存储器逻辑框图。

（2）设存储器读/写周期均为 0.5μs，CPU 在 1μs 内至少要访存一次。试问采用哪种刷新方式比较合理？两次刷新的最大时间间隔是多少？对全部存储单元刷新一遍，所需实际刷新时间是多少？